U0168899

配电网灾害与防治

主　编　陈彬
副主编　舒胜文　易　弢　王　健

中国电力出版社
CHINA ELECTRIC POWER PRESS

内 容 提 要

本书为一本专门论述配电网灾害防治理论和实践的著作，介绍了影响配电网的风害、水害、冰害、雷害、地质灾害五种主要自然灾害的种类与定义、形成与发展以及时空特征；深入分析了这五种配电网自然灾害的灾损类型、致灾机理和破坏机理；建立了配电网自然灾害风险评估体系，阐述了风险评估方法，实现了配电网自然灾害区划与绘制；从灾情监测、灾害预报与模型、灾害预警体系和灾害预警方法等多维度构建了配电网灾害监测与预警体系；形成了配电网自然灾害的预防、治理技术与措施，给出了配电网自然灾害防治的典型案例；探讨了配电网灾害的应急管理。

本书可供从事配电网自然灾害防治规划、研发、设计、施工、运维和抢修相关工作的技术与管理人员学习使用，可供电力应急管理人员阅读，也可供大专院校相关专业广大师生参考。

图书在版编目（CIP）数据

配电网灾害与防治/陈彬主编 . —北京：中国电力出版社，2020.3（2023.5重印）
ISBN 978-7-5198-4174-4

Ⅰ．①配… Ⅱ．①陈… Ⅲ．①配电系统—灾害防治 Ⅳ．①TM727

中国版本图书馆 CIP 数据核字（2020）第 022717 号

出版发行：中国电力出版社
地   址：北京市东城区北京站西街 19 号（邮政编码 100005）
网   址：http://www.cepp.sgcc.com.cn
责任编辑：刘子婷（010-63412785）
责任校对：黄 蓓 朱丽芳
装帧设计：张俊霞
责任印制：石 雷

印   刷：固安县铭成印刷有限公司
版   次：2020 年 3 月第一版
印   次：2023 年 5 月北京第二次印刷
开   本：710 毫米×1000 毫米 16 开本
印   张：23
字   数：408 千字
印   数：1001—1500 册
定   价：92.00 元

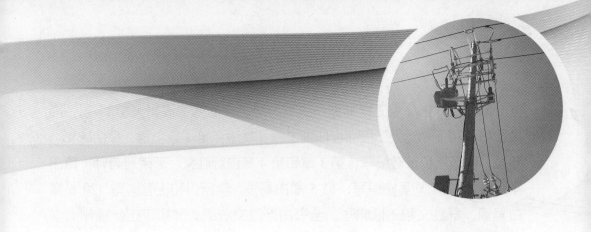

前　言

　　配电网处于电力输送的末端，直接面向用户，其供电可靠性已经成为评价电力企业供电能力的一个重要经济技术指标。与输电网相比，配电网网架结构相对薄弱，容易遭受自然灾害影响而导致大面积停电事故。随着电力用户尤其是生命线工程用户对灾害发生时配电网供电可靠性要求的日渐提高，供电企业愈加重视配电网应对自然灾害能力的提升工作，在配电网主要自然灾害与防治的多个环节开展了一些探索性研究，并取得了一定的应用成效。

　　本书为专门论述配电网灾害防治理论和实践的著作，介绍了影响配电网的风害、水害、冰害、雷害、地质灾害五种主要自然灾害的种类与定义、形成与发展以及时空特征；深入分析了这五种配电网自然灾害的灾损类型、致灾机理和破坏机理；建立了配电网自然灾害风险评估体系，阐述了风险评估方法，实现了配电网自然灾害区划与绘制；从灾情监测、灾害预报与模型、灾害预警体系和灾害预警方法等多维度构建了配电网灾害监测与预警体系；形成了配电网自然灾害的预防、治理技术与措施，给出了配电网自然灾害防治的典型案例；探讨了配电网灾害的应急管理。

　　本书编写人员主要来自国家电网有限公司强台风环境电网抗风减灾科技攻关团队，本书系统性地总结了该团队十多年来从事配电网自然灾害研究与防治一线的科研攻关成果和实际工程经验，并吸收采纳了国内外先进技术和优秀成果。本书贴近生产、方法先进、论述翔实、分析透彻。

本书由陈彬高级工程师担任主编，舒胜文老师（福州大学）、易弢高级工程师和王健高级工程师担任副主编，其中：第1章和第2章由陈彬、易弢、李衍川和王健编写；第3章和第4章由舒胜文、郭晓君老师（莆田学院）、钱健和陈吴晓编写；第5章由易弢、李衍川和王健编写，第6章由吴涵、舒胜文和王健编写。全书由舒胜文统稿，陈彬审定。福州大学陈超、郑凌铭等研究生对全书的文字、图表进行了校对和编辑，为本书的最终完成花费了很多心血。此外，国网陕西电力公司电力科学研究院刘健教授级高级工程师（博士生导师）受邀为本书封面精心挥毫作画，哈尔滨工业大学于继来教授在笔者编写过程中给予了悉心的学术指导，在此向两位表示特别的感谢。

本书在编写过程中，得到了国网福建省电力有限公司、国网新疆电力有限公司及两家公司所属相关单位的诸多专家的指导，在此向他们表示衷心的感谢。本书引用或参考了相关文献，部分图片和文字摘自互联网，在此向其一并表示衷心感谢。

"不忘初心、方得始终"，在书籍撰写期间，编委会成员中有的远赴新疆挂职锻炼、有的到高校任教、有的调整岗位任职，但大家仍能坚持不懈、齐心协力，终于顺利完成书稿。由于时间仓促，作者水平有限，书中不妥或疏漏之处在所难免，恳请读者批评指正。

编　者

追风护网　勇毅笃行

2019 年 8 月

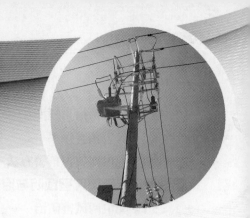

目　录

第1章 灾害概述

开展配电网灾害防治工作，首先要了解影响配电网运行的自然灾害的种类与定义、形成与发展、结构与强度以及时空特征等。

1.1 影响配电网的主要灾害

1.1.1 我国灾害概况与特征

1.1.1.1 我国自然灾害概况

由自然因素造成人类生命、财产、社会功能和生态环境等损害的事件或现象，我们称为自然灾害或自然灾害事件。自然灾害按其属性可以分为突发性灾害和缓变性灾害，其中缓变性灾害发展至一定危险度后又可诱发突发性灾害。突发性自然灾害的致灾过程一般较短，有的在几天、几小时甚至几分、几秒钟内表现为灾害行为，如洪涝、台风、雷暴、冰雹等。本书涉及的配电网灾害主要指突发性灾害。

气象灾害是大气运动过程中出现的天气现象或气候状态的变化，在强度和时空尺度上超出了人类生存环境的承载能力，直接或间接地对自然和社会产生了破坏性的影响，是一种影响范围大，致灾损失重且又频繁发生的自然灾害。按照产生的影响，气象灾害可以分为原生灾害和次生灾害，原生灾害是指由气象原因直接造成生命伤亡与人类社会财产损失的自然灾害；次生灾害是由气象原因引发的其他自然灾害。据统计，最近 30 年，全球 86%的重大自然灾害、59%的因灾死亡、84%的经济损失和 91%的保险损失都是由气象灾害及其衍生的次生灾害引起的。

我国疆域辽阔，北起漠河附近的黑龙江江心，南到南沙群岛的曾母暗沙，西起帕米尔高原，东至黑龙江、乌苏里江汇合处。陆地面积 960 万 km²，陆上边界线超 2 万 km，海岸线总长度约 3.2 万 km，内海和边海水域面积 470 万 km²，

海域分布有大小岛屿 7600 个。我国地理位置比较优越，处于 3°52′～53°31′N 的中纬度位置，北回归线穿越华南地区，我国的经度位置大约为 73°40′～135°5′E，不同纬度的太阳入射角和昼夜长度差别很大。我国处于世界上最大大陆——欧亚大陆与最大大洋——太平洋之间，西南又有被称作"世界屋脊"的青藏高原，季风气候异常发达，海陆对比形成行星尺度的气候特征，地形分布则造成了与其尺度相当的天气气候特征。我国地势西高东低，山地、高原、丘陵约占陆地面积的 67%，盆地和平原约占 33%。

我国气候具有夏季高温多雨、冬季寒冷少雨、高温期与多雨期一致的季风气候特征，对大陆、大洋的影响非常显著。冬季盛行从大陆吹向海洋的偏北风，夏季盛行从海洋吹向陆地的偏南风。冬季风产生于亚洲内陆，性质寒冷、干燥，在其影响下，中国大部分地区冬季普遍降水少，气温低，北方更为突出。夏季风来自东南面的太平洋和西南面的印度洋，性质温暖、湿润，在其影响下，降水普遍增多，雨热同季。中国受冬、夏季风交替影响的地区较广，具有典型的大陆性季风气候特征。

1.1.1.2　我国气象灾害特征

我国是世界上受气象灾害影响最为严重的国家之一。我国气象灾害表现为灾害种类多、发生频率高、分布地域广、持续时间长、灾害损失重、社会影响大。随着我国经济社会的快速发展，经济社会活动流动性加大，生存环境对气象灾害将更加敏感，承灾体更加暴露易损，致灾因子更加复杂多样，同样的极端天气气候事件所造成的经济损失和社会影响将比过去显著增多（平均每年造成的经济损失占全部自然灾害的 70%以上），应对防范气象灾害的难度、广度和深度显著加大。

1.　灾害种类多

由于我国地理位置、特定的地形地貌和气候特征，致使我国气象灾害的种类之多属世界少见。世界高纬、中纬和低纬度，内陆和沿海各国发生的气象灾害，我国均有可能发生。国家标准《自然灾害分类与代码》中把自然灾害划分为气象水文灾害、地质地震灾害、海洋灾害、生物灾害和生态环境灾害共 5 类灾害 39 种灾害。

由于地球各个圈层之间的相互作用和反馈的关系，气象灾害往往会诱发更多的次生、衍生灾害。如台风和强冷空气带来的强风，严重威胁沿海地区和海上作业、航运；持续性的强降水会导致江河洪水泛滥并引发泥石流、山体滑坡等地质灾害；大面积持续干旱、洪涝、连续高温或低温则会导致农牧业严重受损、疾病流行等。

本书列出表 1-1 所示的气象水文灾害及其较易引发的地质地震灾害的灾种。

表 1-1 　　　　　　　　　　　　自然灾害分类

代码	名称	含义
010000	气象水文灾害	由于气象和水文要素的数量或强度、时空分布及要素组合的异常，对人类生命财产、生产生活和生态环境等造成损害的自然灾害
010100	干旱灾害	因降水少、河川径流及其他水资源短缺，对城乡居民生活、工农业生产以及生态环境等造成损害的自然灾害
010200	洪涝灾害	因降雪、融雪、冰凌、溃坝（堤）、风暴潮等引发江河洪水、山洪、泛滥以及渍涝等，对人类生命财产、社会功能等造成损害的自然灾害
010300	台风灾害	热带或副热带洋面上生成的气旋性涡旋大范围活动，伴随大风、暴雨、风暴潮、巨浪等，对人类生命财产造成损害的自然灾害
010400	暴雨灾害	因每小时降雨量 16mm 以上，或连续 12h 降雨量 30mm 以上，或连续 24h 降雨量 50mm 以上的降水，对人类生命财产等造成损害的自然灾害
010500	大风灾害	平均或瞬时风速达到一定速度或风力的风，对人类生命财产造成损害的自然灾害
010600	冰雹灾害	强对流性天气控制下，从雷雨云中降落的冰雹，对人类生命财产和农业生物造成损害的自然灾害
010700	雷电灾害	因雷雨雨中的电能释放、直接击中或间接影响到人体或物体，对人类生命财产造成损害的自然灾害
010800	低温灾害	强冷空气入侵或持续低温，使农作物、动物、人类和设施因环境温度过低而受到损失，并对生产生活等造成损害的自然灾害
010900	冰雪灾害	因降雪形成大范围积雪、暴风雪、雪崩或路面、水面、设施凝冻结冰，严重影响人畜生存与健康，或交通、电力、通信系统等造成损害的自然灾害
011000	沙尘暴灾害	强风将地面尘沙吹起使空气混蚀，水平能见度小于 1km，对人类生命财产造成损害的自然灾害
011200	大雾灾害	近地层空气中悬浮的大量微小水滴或冰晶微粒的集合体，使水平能见度降低到 1km 以下，对人类生命财产特别是交通安全造成损害的自然灾害
019900	其他气象水文灾害	除上述灾害以外的气象水文灾害
020000	地质地震灾害	由地球岩石圈的能量强烈释放剧烈运动或物质强烈迁移，或是由长期累积的地质变化，对人类生命财产和生态环境造成损害的自然灾害
020100	地震灾害	地壳快速释放能量过程中造成强烈地面振动及伴生的地面裂缝或变形，对人类生命安全、建（构）筑物和基础设施等财产、社会功能和生态环境等造成损害的自然灾害
020200	火山灾害	地球内部物质快速猛烈地以岩浆形式喷出地表，造成生命和财产直接遭受损失，或火山碎屑流、火山熔岩流、火山喷发物（包括火山碎屑和火山灰）及其引发的泥石流、滑坡、地震、海啸等对人类生命财产、生态环境等造成损害的自然灾害

续表

代码	名称	含　义
020300	崩塌灾害	陡崖前缘的不稳定部分主要在重力作用下突然下坠滚落，对人类生命财产造成损害的自然灾害
020400	滑坡灾害	斜坡部分岩（土）体主要在重力作用下发生整体下滑，对人类生命财产造成损害的自然灾害
020500	泥石流灾害	由暴雨或水库、池塘溃坝或冰雪突然融化形成强大的水流，与山坡上散乱的大小石块、泥土、树枝等一起相互充分作用后，在沟谷内或斜坡上快速运动的特殊流体，对人类生命财产造成损害的自然灾害
020600	地面塌陷灾害	因采空塌陷或岩溶塌陷，对人类生命财产造成损害的自然灾害
020700	地面沉降灾害	在欠固结或半固结土层分布区，由于过量抽取地下水（或油、气）引起水位（或油、气）下降（或油、气田下陷）、土层固结压密而造成的大面积地面下沉，对人类生命财产造成损害的自然灾害
020800	地裂缝灾害	岩体或土体中直达地表的线状开裂，对人类生命财产造成损害的自然灾害
029900	其他地质灾害	除上述灾害以外的地质灾害

2. 分布地域广

世界上任何国家和地区都无一例外地会遭受多种气象灾害的侵袭。在我国几乎所有的气象灾害都出现过，如台风、暴雨洪涝、高温、干旱、低温冷冻害、冰雹、沙尘暴、雷电等，有时，很多地区还会在同一时间段内连续或间断地遭受多种灾害的侵袭。根据统计，我国东南部的自然灾害种类多、发生频次高，向西北逐步减少。

我国 70%以上的国土、50%以上的人口以及 80%的工农业生产地区和城市，每年不同程度受到气象灾害的冲击和影响，同时我国气象灾害也具有明显的局域性特征。如我国西北地区及内蒙古、西藏等地属于干燥的大陆性气候，常年干旱、冬季冻害严重。东北、华北、西北地区东部以及黄淮地区北部一带，干旱和霜冻发生较为频繁。江淮、江南、华南是全国暴雨洪涝、热带气旋灾害最为严重的地区，也是雷雨大风、龙卷等灾害性天气多发区。西南地区中东部一带地形复杂，干旱、冰雹、低温阴雨和暴雨引发的泥石流、崩塌等灾害发生频繁。

3. 发生频率高

世界时间上发生最频繁的自然灾害为热带气旋、水灾、地震和干旱，气象灾害占了大半。在我国，根据 1951～2000 年的气象灾害数据资料统计，每年较大范围的旱灾平均为 7.5 次、涝灾为 5.8 次，登陆热带风暴及以上等级的热带气旋为 6.9 个。如黄淮海地区几乎每年都会出现不同程度的干旱，每三年出现一次较重的旱灾。淮河、秦岭以南地区，平均每年都会不同程度地出现洪涝灾害，华南地区平均三年出现 1～2 次、江南地区北部至江淮地区平均 2～3 年出现一次较为严重的暴雨洪涝灾害。

由于我国大部分地区属于季风性气候，气象灾害还有明显的季节性特征。春季以干旱、沙尘暴、寒潮、雪害、低温连阴雨等灾害为主；夏季的暴雨洪涝、台风、干旱、雷暴、高温等灾害影响最大；秋季台风、干旱、冷害、连阴雨、霜冻等灾害最重；冬季主要有寒潮、大风、雪害、冻害等。而对国民经济影响严重的暴雨洪涝、热带气旋灾害等多发生在每年的 5～9 月。

4. 造成损失重

据历史数据资料统计，我国平均每年因各种气象灾害造成的农作物受灾面积 4800 多万公顷，造成人员死亡近 4000 人（图 1-1 所示为 1991～2015 年全国气象灾害造成的死亡人数分布图），直接经济损失达 2000 多亿元，受重大气象灾害影响的人口达 4 亿人次。气象灾害不仅给人民生命财产及社会发展带来严重影响，还对我国的粮食安全、社会安定、资源环境等构成严重威胁。

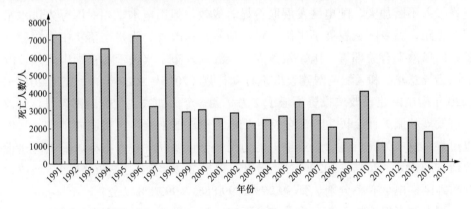

图 1-1　1991～2015 年全国气象灾害造成死亡人数分布图

除具有全球气象灾害的特征外，与同纬度的其他国家和地区相比，洪涝、台风和干旱对我国造成的灾害尤为严重，且具有鲜明的特点：

一是热带气旋影响严重。我国海岸线总长度约 3.2 万 km，领海海域广阔，从辽宁到广西漫长的沿海地区都可能有热带气旋登陆，而东南部更是频繁遭遇热带气旋灾害。全球每年平均出现约 80 个中心附近风力达 8 级以上的热带气旋，其中在西北太平洋和南海的最多（约 27 个，占 34% 左右）。1961～2010 年间，在我国沿海登陆的热带气旋平均约 7 个，最多年份达到 12 个，使我国成为世界上少数几个遭受热带气旋影响最为严重的国家之一。

二是洪涝灾害最为严重。我国在东亚季风气候的影响下，频繁发生持续大暴雨，进而造成严重的洪涝灾害。我国约三分之二的资产、二分之一的人口、三分之一的耕地分布在受洪涝威胁的区域内，是世界上洪涝灾害最严重的国家之一。

三是干旱灾害非常显著。旱灾是我国频繁发生且造成损失巨大的灾害之一，对我国的农业生产具有显著影响。在1951-2000年间，全国年平均干旱受灾面积就达到近2200万公顷之多。

进入21世纪以来，随着地球温室效应加剧、生态环境恶化和厄尔尼诺现象增强，极端气象灾害呈现越来越高发的态势。气象灾害时空分布、损失程度和影响深度广度出现新变化，各类灾害的突发性、异常性、难以预见性日显突出，防灾减灾的地位和作用更加凸显。

▶▶ 1.1.2 配电网灾害分类

配电网是国民经济和社会发展的重要公共基础设施。近年来，我国配电网建设投入不断加大，配电网发展取得显著成效，但用电水平相对国际先进水平仍有差距，城乡区域发展不平衡，供电质量有待改善。为贯彻落实中央"稳增长、防风险"有关部署，国家发改委、能源局发布了《关于加快配电网建设改造的指导意见》和《配电网建设改造行动计划（2015～2020年）》，提出2015～2020年配电网建设改造投资不低于2万亿元，全面加快现代配电网建设，支持经济发展和服务社会民生。配电网处于电力输送的末端，直接面向用户，其供电可靠率已成为评价电力企业供电能力的一个重要经济技术指标。《配电网建设改造行动计划（2015～2020年）》指出，力争2020年中心城市（区）、城镇、农村地区供电可靠率分别达到99.99%、99.88%、99.72%以上。

配电网直接连接千家万户、点多面广，配电设备遍布城市和农村的大街小巷，长期暴露于自然环境中；与输电网相比，网架结构和设备防护水平相对薄弱、抵御灾害能力相对脆弱，首当其冲地比输电网更容易遭受自然灾害影响。一旦发生自然灾害尤其是极端气象灾害，如东南沿海的台风、长江等流域的洪涝以及雷电、冰雪等，配电设备往往会遭受波及，从而导致大面积停电事故，单次灾害的直接影响可以达到数以百万计用户的严重程度，其后果是灾难性的。大面积的灾情一旦发生，抢修复电工作的及时性、有效性问题则直接影响到人民正常生活和社会经济发展。对于电网企业而言，配电网的大面积故障停电不仅造成用户端的停电损失，也会对上游的发输电系统造成不可估量的损失。

如上所述，自然灾害已成为电网特别是配电网面临的最主要的外部威胁。

近年来，电网公司与气象部门不断加强合作，国家电网公司与中国气象局于 2008 年 12 月联合下发了《关于进一步加强威胁电网安全灾害性天气预警和应对工作的通知》。2010 年 12 月国家电网公司与中国气象局又签署了《关于提高电网气象防灾减灾能力的合作框架协议》。

鉴于气象灾害是自然灾害中的一个大类，而且是发生面最广、出现最频繁的自然灾害。本书所指的灾害主要是指对供电系统产生显著影响的突发性气象灾害，当前国内尚未在配电网的灾害防治方面进行过系统性的研究，本书主要论述的配电网灾害类型较多，因篇幅所限和生产实际需要，本书作者在国家分类方法基础上，根据我国配电网受气象灾害影响的具体情况，归并分类为风害、水害、冰害、雷害和地质灾害。本书首先将逐一详细论述每一大类灾害的分类和定义、形成和发展、时空分布特征，然后详细论述灾损类型、机理和模式，并针对各类灾害提出风险评估与区划方法、监测与预警方法，接着提出配电网灾害的预防，结合实际列出了配电网灾害防治的典型案例，最后介绍了配电网灾害应急管理。

1.2　风害

大风灾害，是指平均或瞬时风速达到一定速度或风力的风，对人类生命财产造成严重损害的一种自然灾害。对于配电网风害，我们可以理解为是在平均或瞬时风速达到一定速度或风力的风，对配电设备造成严重损害或对正常供电造成严重影响的一种灾害。

风即空气在大气圈中的流动，既有水平方向，也有垂直方向。描述风一般用两个要素：一是方向，即风的来向，如风从东面吹来，则称为东风，风向一般用 16 个方位来描述，以北风（0°或 360°）为基准，顺时针旋转；二是风力，即风的强度，国际通用风力等级通常按英国人蒲福（Beaufort）于 1805 年拟定的等级划分原则。

1.2.1　风的种类与定义

由于大气中的热力和动力现象存在明显的时空不均匀性，使得大气运动如同一条湍流不息的河流，既有整体流动，也有很多局部的漩涡和激流。在气象学中，将具有一定的温度、气压或风等气象要素空间结构特征的大气运动系统称为天气系统。如低压、高压、气旋、冷锋、暖锋等，都是较为常见的天气系统。

包含强风的天气系统可称为风气候（Wind Climate）。典型的、对近地层输

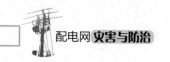

配电线路、建筑影响较大的风气候天气系统包括大气环流、热带气旋、温带气旋、龙卷和雷暴。不同的天气系统水平尺度、时间尺度、最大风速差异明显。

因此，风常根据其在不同的天气系统或具体成因的不同而被分成不同的类型，我国常见的易对配电网和配电设备造成损坏的主要有以下几种。

（1）冷空气大风：也称为寒潮大风，是伴随着寒潮出现的大风，是大气环流带来的最为典型的一种强风灾害，往往伴随配电网冰灾。

（2）台风：在热带或副热带海洋上产生的强烈的空气漩涡称为热带气旋。在西北太平洋和南海，当热带气旋风力达到一定级别时我们称之为台风。台风带来狂风、暴雨和风暴潮的同时往往伴随洪涝、泥石流等次生灾害，具有明显的群发性特征。

（3）爆发性温带气旋大风：一种出现在中高纬度地区具有冷中心性质的近似椭圆形漩涡，直径与台风相仿，常伴有暴雨或强对流天气。

（4）龙卷风：龙卷风是极不稳定的大气中由于空气强烈对流运动而产生的一种高速旋转的强风漩涡，典型特征是伴随有漏斗状云柱，具有活动范围小、风速高、破坏性强的特点。

（5）雷暴风：雷暴风是在雷暴天气中的下沉气流在近地面区域形成的一种强风，往往也被称为雷暴冲击风和飑线风。雷暴云带过境处风向急转，风速剧增，气压徒升，气温骤降，常伴有雷暴、暴雨、冰雹和龙卷风等剧烈天气现象，同样具有突发性强、破坏力大的特点。

（6）地形性大风：地形性风是指因特殊地理位置、地形或地表性质等影响而产生的带有地方性特征的中、小尺度风系，往往也被称为地方性大风，主要有海（湖）陆风、山谷风（坡风）、冰川风、焚风、布拉风和峡谷风等。造成危害的地方性风主要有山谷风、布拉风、峡谷风等。

1.2.2 风的形成与发展

由于地球纬度的影响，太阳辐射在地球大气和地表上分布的不均匀的，而地球表面水陆分布和高低分布的不均匀性以及地球的自转等因素又造成了太阳对地表加热和地表向大气热辐射的时空不均匀性。上述因素使得对流层中大气温度分布存在时空的不均匀性，进一步引起了大气的热力和动力现象以及压力场的时空不均匀性，从而造成了空气的竖向对流和水平流动。当空气变冷，重量增加就往下沉，当空气变热，重量减轻就会往上升。热空气上升的地方，冷空气就会从旁边流过来补充其空缺，由此就形成了风。关于空气流动的热力学原理，汉弗莱（Humphreys）曾于1940年提出一个理想模型，用来简单说明温

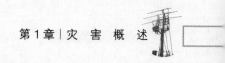

度对风形成的影响，本书不展开介绍。

我们知道，太阳是地球获取能量的主要来源。地球表面受到太阳辐射的能量是不均匀的，受太阳照射角度、大气透明度、云量、海拔高度和地理纬度的影响，此外地球表面的水陆分布也是不均匀的，从而使大气的受热也不均匀，存在温度差和气压差。地球上温差最大的地方是两极和赤道，在地球表面存在如图 1-2 所示的大气环流。

当然，实际的地球流动要比图 1-2 复杂得多，除了前面介绍的太阳辐射和地表水陆分布外，地球自转偏向力也是一个重要影响因素。

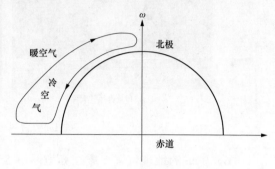

图 1-2　大气环流的简化模型

所谓地球自转偏向力是指由于地球沿其主轴向右偏移，而在南半球移动的物体的轨迹会向左偏移。法国物理学家科里奥利（Coriol-is）于 1835 年首次详细研究了这种现象，因此这个现象也被称为"科里奥利效应"。

需要说明的是，地球自转偏向力（也称科里奥利力）并不是真正的力，而是一种惯性。科里奥利效应不仅会使地球上沿南北向流动的气流发生东西向偏转，而且当某处出现低气压时，周围的空气会沿着稍微偏离低气压中心的路径向中心汇聚，从而在局部形成漩涡。这种现象类似于江河海流中的漩涡，因而被称为气旋。夏秋季节，在我国东南沿海经常出现的台风就是热带气旋发展的结果。

1.2.2.1　台风的形成

台风发源于热带海面，温度高，大量的海水被蒸发到了空中，形成一个低气压中心。随着气压的变化和地球自身的运动，流入的空气旋转起来，形成一个旋转的空气漩涡，即热带气旋。图 1-3 所示为 1319 号台风"天兔"和 1614 号台风"莫兰蒂"的卫星云图。

台风的形成是一个非常复杂的过程，一般认为其形成的基本条件有：

（1）有台风初始胚胎，如热带扰动。

（2）洋面表层海温在 26℃以上。

（3）对流层中下层水汽充沛、湿度大。

（4）初始胚胎上空的大气层结存在较强的位置不稳定。

（5）弱的水平风速垂直切变。

(a) 1319号台风"天兔"　　　　　　　　(b) 1614号台风"莫兰蒂"

图 1-3　台风云图

（6）生成的地理位置一般在赤道两侧 5°N（S）之外。

值得注意的是，上述条件只是台风形成的必要条件，而非充分条件，达到这些条件却未必一定会使台风形成。实际上台风的形成是环境大风、内部条件和海洋状态三者相互作用的更为复杂的结果，因此台风形成的预报至今仍是一个世界性难题，在预报技术上主要依赖卫星遥感资料的应用和全球数值预报模式的改进。

1.2.2.2　龙卷风的形成

生成龙卷风的强对流气团通常被称为超级气团，它们比普通对流气团更加强大持续时间更长。雷电云层中的竖直漏斗形漩涡的龙卷风，是最具破坏性的风暴。

一般认为龙卷风的形成要具备四个基本条件：

（1）要有很强的风速切变，观测发现龙卷风发生时的最大风速切变层其厚度多为 0.5～2.5km。

（2）大气层结不稳定，具有很强的超绝热稳定梯度。

（3）都支持强烈上升运动（通常可达 20m/s）的小尺度积云雨中，具有极丰富的水汽含量。

（4）有适宜的环流场配置，构成对流层的底层有强烈的暖湿辐合。

1.2.2.3　雷暴风的形成

雷暴从热源中吸收能量，暖湿空气向上移动，并于上部较干的空气混合。由于蒸发作用，空气快速冷却，使得密度增大而下沉，然后凝结产生大雨或冰雹。大雨或冰雹在下降过程中对冷空气施加拖曳力，强下沉气流到达地面并产生短时强烈的雷暴风。

一般认为雷暴风的形成要具备三个基本条件：

（1）低压大气中的水蒸气，即湿度大。

（2）大气的不稳定性，即竖向的负温度梯度大于中性大气的绝热率。

（3）促发初始快速对流的上升机制，这可能由山峰或冷锋等因素导致。

1.2.2.4 地形性大风的形成

地形性大风常由地形的动力作用或地表热力作用引起。如在山区山坡地形下因早晚日照温差大，引起的山谷风，以及因地形的峡谷效应（狭管效应）产生的峡谷风。

山谷风是由于山坡上和坡前谷中同高度上自由大气间有温差而形成的风，是以 24h 为周期的一种地方性风。白天，由于山谷与谷底附近空气之间的热力差异引起风从谷底吹向山顶，这种风称为"谷风"，如图 1-4（a）所示；到夜晚，风从山顶吹向谷底称"山风"，如图 1-4（b）所示。山风和谷风总称为山谷风。

图 1-4 山谷风示意图

当气流由开阔地带流入地形构成的峡谷时，由于空气质量不能大量堆积，于是加速流过峡谷，风速增大。当流出峡谷时，空气流速又会减缓。这种地形峡谷对气流的影响称为狭管效应。由狭管效应而增大的风，称为峡谷风或穿堂风。山地的许多风口和许多地方出现的地形雨都与气流经过狭窄地形密切相关。

1.2.3 风的结构与强度

1.2.3.1 风的结构

1. 台风

台风是强烈发展的热带气旋，中心附近最大平均风力在 12 级或以上，其直径通常为几百千米，厚度为几十千米，台风结构示意图如图 1-5 所示。一个典型的成熟的台风一般由三个部分组成：中心为台风眼，向外为漩涡风雨区，再外为外围大风区。台风眼的平均直径 40~45km，外围大风区通常可伸及眼区以外 300~400km，其垂直高度一般 10km。在台风内，接近中心大气压最低，

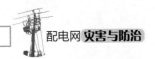

紧贴台风风眼周围风力最强。发育很好的台风具有广布的厚云覆盖层,并伴有急风暴雨带。

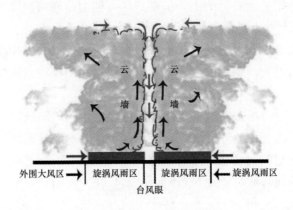

图 1-5 台风结构示意图

2. 龙卷风

龙卷风的直径很小,一般在几米到几百米之间,平均 250m 左右,最大为 1km 左右,持续时间一般仅为几分钟到几十分钟。龙卷风的移动路径多为直线,所以龙卷风的破坏往往是沿一条线,其形状如图 1-6 所示。

作为非良态风的龙卷风与良态风的最大区别是:良态风大多是大、中尺度的低曲率拟直线流的脉动风,而龙卷风具有小尺度、高曲率、快速旋转的特性。

图 1-6 龙卷风

3. 雷暴风

大量分析表明,雷暴云带水平长度大约为几十千米到几百千米,宽度约为 1 到几千米,产生的雷暴风的水平尺度几百米至几千米,铅直范围 100m。通常雷暴云经过之处,风向急转,风速急剧增大,并伴有雷雨、冰雹、龙卷风等灾害性天气,有突发性强、破坏力大的特点。

这里需要特别强调的是,许多研究人员已对雷暴风的特性进行了跟踪测试和数值模拟分析,目前为大家所接受的研究结论是:雷暴风平均风速沿高度方向的变化也就是平均风剖面(风廓线),与普通的近地风完全不同,前者呈现出中间大、两头小的葫芦状分布。图 1-7

为根据不同的模型（Oseguera & Bowles，Vicroy 和 Wood）得到的一个雷暴风风速沿高度的分布情况。可以看出，其风速沿高度的分布明显区别于良态近地风，雷暴风风速从地表开始迅速急剧增大，在距离地面大约 60m 高度处达到最大，然后随着高度的增加又迅速减小。

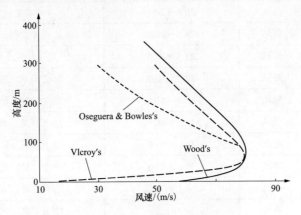

图 1-7　雷暴风风速沿高度的分布

1.2.3.2　风的强度

本章节将重点介绍蒲福风力等级以及台风等级。因我国未对龙卷风和雷暴风做等级划分，故两者只做简单强度介绍。

1. 蒲福风力等级

按照蒲福等级划分原则，风力分成 0～12 共 13 个等级，它是按照陆上地物征象、海面和渔船征象以及 10m 高度处的风速、海面波浪高等进行划分。自 1946 年以来，风力等级又作了扩充，增加了 13～17 级 5 个等级。具体的风力等级划分见表 1-2。

表 1-2　　　　　　　　　　风 力 等 级 划 分

风力等级	名称	风速范围（m/s）	陆地现象
0 级	无风	0～0.2	静，烟直上
1 级	软风	0.3～1.5	烟能表示风向
2 级	轻风	1.6～3.3	感觉有风，树叶微响
3 级	微风	3.4～5.4	树叶一直摆动，旗帜展开
4 级	和风	5.5～7.9	吹起地面灰尘和纸张
5 级	清劲风	8.0～10.7	小树枝摆动
6 级	强风	10.8～13.8	大树枝摆动，举伞困难

配电网 **灾害与防治**

续表

风力等级	名称	风速范围（m/s）	陆地现象
7级	疾风	13.9～17.1	全树摆动，行走困难
8级	大风	17.2～20.7	树枝折毁，步行阻力极大
9级	烈风	20.8～24.4	可吹起房屋瓦片
10级	狂风	24.5～28.4	将树木拔起，损坏房屋
11级	暴风	28.5～32.6	陆上少见，破坏力大
12级	飓风	32.7～36.9	陆上罕见，破坏力极大
13级	飓风	37.0～41.4	陆上罕见，破坏力极大
14级	飓风	41.5～46.1	陆上罕见，破坏力极大
15级	飓风	46.2～50.9	陆上罕见，破坏力极大
16级	飓风	51.0～56.0	陆上罕见，破坏力极大
17级	飓风	56.1～61.2	陆上罕见，破坏力极大
17级以上	飓风	≥61.3	陆上罕见，破坏力极大

2. 台风（热带气旋）等级划分

根据世界气象组织的规定，2006 年我国颁布了 GB/T 19201《热带气旋等级》，热带气旋按底层中心附近最大风速划分为六个等级：

（1）热带低压：风速 10.8～17.1m/s，即风力 6～7 级。

（2）热带风暴：风速 17.2～24.4.1m/s，即风力 8～9 级。

（3）强热带风暴：风速 24.5～32.6m/s，即风力 10～11 级。

（4）台风：风速 32.7～41.4m/s，即风力 12～13 级。

（5）强台风：风速 41.5～50.9m/s，即风力 14～15 级。

（6）超强台风：风速≥51.0m/s，即风力 16 级或以上。

需要特别注意的是，这里的风速是指热带气旋底层中心附近最大 2min 平均风速。

目前我国在台风预报预警服务信息中，针对强度达到热带风暴及以上级别的热带气旋，已统一使用"台风（等级）"的称呼，如 2016 年第 1 号台风"尼伯特"（超强台风级）、2017 年第 10 号台风"海棠"（热带风暴级）。

3. 龙卷风和雷暴风

龙卷风虽然持续时间一般仅为几分钟到几十分钟，且直径较小，但是其风速最大的可达到 100～200m/s，且急速旋转，可拔树倒屋，对配电线路破坏性极大。龙卷风的移动路径多为直线，平均移动速度约为 15m/s，最快的可达到

70m/s，移动距离一般为几百米到几千米。所以，龙卷风的破坏往往是沿一条线。

雷暴风的水平尺度仅为几百米至几千米，铅直范围 100m 左右，特点是突发、风速急剧增大，可达 50～100m/s，破坏力极强。雷暴风是小区域强冷空气从空中高速砸下形成的，气流是向外的，即离开风着地点的方向，就像一个高压水龙头的水垂直喷向地面以后向四周飞溅，这是它与龙卷风的不同之处。龙卷风是向中心方向运动的气流，在其所造成的破坏现象中可以看到非常明显的向一个中心旋转的迹象，例如，树木以及附近植物的倒伏方向呈现明显的旋转。

●●● 1.2.4 风害的时空特征

1.2.4.1 总体风时空分布特征

中国有三个大风多发区：一是青藏高原大部，年大风日数高达 75 天以上，是中国范围最大的大风日数高值区；二是内蒙古中北部地区和新疆西北部地区，年大风日数在 50 天以上；三是东南沿海及其岛屿，年大风日数多达到 50 天以上。此外，山地隘口及孤立山峰处也是大风日数多发区。

1.2.4.2 台风

我国地处亚欧大陆的东南部、太平洋西岸，属台风多发地区，尤其是东南沿海的广东、台湾、福建、海南等省区。历史资料统计 1949～2010 年间共有 432 个台风在我国沿海登陆，平均每年 7 个。图 1-8 所示为 1949～2010 年登陆台风在我国沿海各地区的分布情况。可以看出，除河北、天津以外，自南向北的我国沿海地区均有台风登陆，但登陆频次最高的省份是广东省，平均每年有 2.66 次台风登陆；其他较高的省份有台湾、福建、海南和浙江，平均每年有 1.82 次、1.42 次、1.42 次和 0.60 次台风登陆，每年台风在上述五省的登陆频次占台风登陆总频次的 90.39%。

我国台风登陆直接影响范围北起辽宁，南至两广和海南的广东沿海地区。台风深入内陆后引发的暴雨洪水影响范围更大，可影响我国内陆的大部分地区，往往造成流域性洪水和严重的局部暴雨洪涝灾害。

从台风的年际变化来看，登陆频次存在非常明显的年际变化，多台风年和少台风年差别很大，20 世纪 60 年代和 90 年代明显偏多，50 年代和 70 年代明显偏少。进入 21 世纪以后，登陆台风呈偏多的趋势，且登陆时强度明显增加，平均每年有 8 个台风登陆我国，其中有一半是最大风力超过 12 级的台风或强台风。从月季变化来看，除 1～3 月外，其余月份均有台风登陆我国，登陆时间集中在盛夏初秋的 7～9 月，这一期间平均每年有 5.47 个台风登陆，占台风登陆总数的 78.48%。

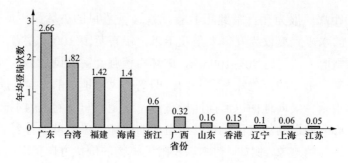

图 1-8　1949～2010 年登陆台风在沿海各地区的分布

1.2.4.3　龙卷风

我国位于世界上最大的季风区，空气条件不同于北美地区，没有明显的上干冷、下暖湿的结构，逆温层也很少见，高低空垂直风切变也不是很强。我国夏季多暴雨，湿层深厚，低空急流常导致辐合上升，所以出现大范围龙卷风的概率较小。但一些中小规模的龙卷风时有发生，主要分布在华东地区的山东、江苏、安徽、上海、浙江和中南地区的湖北、广东等省市。由于地理和气候条件的原因，长江三角洲是龙卷风灾情最严重地区。

龙卷风的形成及其强度与地形环境因素有很大关系。我国出现龙卷风的相对次数虽少，相对来说，都集中发生在某些局部地区，造成的破坏仍是很严重。如江苏省高邮市，自 21 世纪以来，几乎每年夏天都有龙卷风光临。专家分析，高邮多发龙卷风的原因主要是受高邮湖周边的地形以及东路冷空气影响。

我国出现龙卷风的季节多集中在 5～9 月，出现的时间也一般是在午后到傍晚，尤其是在雷雨天气时。

1.2.4.4　雷暴风

雷暴风在全球各地均有发生，中纬度地区是其高发地区，美国、澳大利亚以及我国华北地区的辽宁，华东地区的山东、上海、江苏，华中地区的重庆、江西等地均有发生，往往发生在起伏地形或热力分布不均的区域。从时间上来看春末夏初 5 月到 7 月是我国雷暴风多发时节。

1.2.4.5　地形性大风

我国西北地区受山谷风和峡谷风的危害比较严重，以新疆为例，全新疆主要有阿拉山口、三十里风区、罗布泊、哈密南戈壁、百里风区、北疆东部、准格尔西部、额尔齐斯河西部八大风区，这些风区多为风口、峡谷、河谷，且呈孤岛分布，最大风速超过 12 级。大风以春夏季居多，春季冷暖空气交替频繁，地区间气压梯度加大，常出现强劲的大风；夏季气层不稳定，多阵性大风；冬

季大风最多的地方是河谷隘道和高山地带。

1.3 水害

1.3.1 水害的种类与定义

在各大重大自然灾害中，水灾害是影响最广、死亡人数最多的灾害，而我国土地资源紧张，经济密度在地理上分布很不平衡，所以对水灾害更为敏感。

根据长期统计分析，危害我国的水灾害种类很多，其中易对配电网和配电设备造成损坏的主要有以下几种：

（1）江河洪水。江河洪水是暴雨、冰雪急剧融合等自然因素或水库垮坝等人为因素引起的江河湖库水量迅速增加或水位急剧上涨，对人民生命财产造成危险的现象。

（2）山洪。山河也是洪水的一类，特指发生在山区溪沟中的快速、强大的地表径流现象，特点是流速快，历时短，暴涨暴落，冲刷力与破坏力强，往往携带大量泥沙的地表径流。

（3）内涝。内涝是指过多雨水受地形、地貌、土壤阻滞，造成大量积水和径流，淹没低洼地造成的灾害。

（4）泥石流。泥石流是山区特有的一种自然地质现象。它是由于降水产生在沟谷或山坡上的一种挟带大量泥沙、石块和巨砾等固体物质的特殊洪流，是高浓度的固体和液体的混合颗粒流。泥石流经常瞬间爆发，突发性强，来势凶猛，且具有强大的能量，破坏性极大，是山区最严重的自然灾害。

其他诸如干旱、灾害性海浪、风暴潮等对配电网影响较小的水灾害，本书未做详细介绍。

1.3.2 水害的形成与发展

水害是由自然系统和社会经济系统共同作用形成的，是自然界的降雨、洪水等作用于人类社会的产物，是自然与人之间关系的表现，是自然系统与人类物质文化系统相互作用的产物，具有自然和社会的双重属性。本书主要讨论影响水害形成与发展的自然属性。

1.3.2.1 江河洪水

影响我国洪水形成与发展的主要有气候、降水、气温和地貌。

1. 季风气候的特点

从气候来看。影响洪水形成及洪水特性的气候要素中，最重要、最直接的是降水;对于冰凌洪水、融雪洪水、冰川洪水及冻土区洪水来说,气温也是重要要素。我国大部分地区为典型的季风气候,随着季风的进退,雨带出现和雨量的大小有明显季节变化。受季风控制的我国广大地区,当夏季风前缘到达某地时,这里的雨季也就开始,往往形成大的雨带;当夏季风南退时,这一地区雨季也随之结束。季风进退同主要雨带的季节性位移关系密切。

随着季风的进退,盛行的气团在不同季节中产生了各种天气现象,其中与洪水关系最密切的是梅雨和台风。

(1)梅雨是指长江中下游地区和淮河流域每年6月上中旬至7月上中旬的大范围降水天气。一般是间有暴雨的连续性降水,形成持久的阴雨天气。梅雨开始与结束的早晚,降雨多少,直接影响当年洪水的大小。

(2)台风每年6~10月,由我国东南低纬度海洋形成的台风北移,携带大量水汽途经太湖地区,造成台风型暴雨。根据1950~2000年在我国台风统计,登陆台风具有明显的季节性特点,7~9月的登陆总数约占全年的77%,为登陆的集中时段。

2. 降水

降水是影响洪水的重要气候要素,尤其是暴雨和连续性降水。我国是一个暴雨洪水问题严重的国家。暴雨对于灾害性洪水的形成具有特殊重要的意义。

(1)年降水量地区分布。形成大气降水的水汽主要来自海洋水面蒸发,我国境内降水的水汽主要来自印度洋和太平洋,夏季风(包括东南季风和西南季风)的强弱对我国降水的地区分布和季节变化有着重要影响。

我国多年平均年降水量地区分布的总趋势是:从东南沿海向西北内陆递减。400mm等雨量线由大兴安岭西侧向西南延伸至我国和尼泊尔的边境。以此线为界,东部明显受季风影响,降水量多,属湿润地区;西部不受或受季风影响较小,降水稀少,属干旱地区。

我国是一个多山的国家,各地降水量多少受地形的影响也很显著。这主要是因为山地对气流的抬升和阻碍作用,使山地降水多于邻近平原、盆地,山岭多于谷地,迎风坡降水多于背风区。

(2)降水的年内分配。各地降水年内各季分配不均,绝大部分地区降水主要集中在夏季风盛行的预计。各地雨季长短,因夏季风活动持续时间长短而异。在东南沿海的琼、桂、粤、闽、台等省区,夏季风开始较早,9、10月还有台风影响,雨季可长达7个月左右;西南地区降水受西南季风影响,雨季也较长,近半年之久;长江中、下游地区一般开始于4月,长约5个月;淮河以北的华北和东北地区,6月开始进入雨季,8月雨季结束,雨季最短。冬季我国降水较少,特别是北方地区在强大的西伯利亚高压控制下,气候干燥,降水尤少。

降水强度对洪水的形成和特性具有重要意义。我国各地大的降水一般发生在雨季,往往一个月的降水量可占全年降水量的 1/3,甚至超过一半,而一个月的降水量又往往由几次或一次大的降水过程所决定。在西北、华北等地这种情况尤为显著。东南沿海一带,最大强度的降水一般与台风影响有关。江淮梅雨期间,也常常出现暴雨和大暴雨。

3. 气温

气温对洪水最明显的影响主要表现在融雪洪水、冰凌洪水和冰川洪水的形成、分布和特性方面。

我国地域辽阔,跨度大,境内多高山,致使南北温差很大,地形对气温分布影响显著。我国气温分布总的特点是:在东半部,自南向北气温逐渐降低;在西半部,地形影响超过了维度影响,地势愈高气温愈低。气温的季节变化则深受季风进退活动的影响。

4. 地貌

我国地貌十分复杂,地势多起伏,高原和山地面积比重很大,平原辽阔,对我国的气候特点、河流发育和江河洪水形成过程有着深刻的影响。

我国的地势总轮廓是西高东低,东西高差悬殊。高山、高原和大型内陆盆地主要位于西部,丘陵、平原以及较低的山地多见于东部。因而向东流入太平洋的河流多,流路长且水量大。

自西向东逐层下降的趋势,表现为地形上的三个台阶,称作“三个阶梯”,其中最低的第三级阶梯是我国东部宽广的平原和丘陵地区,由东北平原、黄淮河平原(华北平原)、长江中下游平原等几乎相连的大平原和江南广大丘陵盆地,以及由北向南的长白山-千山山脉、山东低山丘陵及浙、闽、粤等近海山脉组成,是我国洪水泛滥危害最大的地区。另外,三个地形阶梯之间的隆起地带,是我国外流河的三个主要发源地带和著名的暴雨中心地带。

我国是一个多山的国家,山地面积约占全国面积的 33%,高原面积约占26%,丘陵地区占10%,山间盆地约占19%,平原仅占12%,平原是全国防洪的重点所在。

我国山脉按其走向可分为东西走向、南北走向、北东走向和北西走向四大类。水汽输送受其影响,使我国降水分布形成大尺度带状特点。

1.3.2.2 山洪

山洪按其成因可以分为暴雨山洪、冰雪山洪、溃水山洪三种类型。三种山

洪的成因可能单独作用，也可能几种成因联合作用。在这三类山洪中，以暴雨山洪在我国分布最广、爆发频率最高，危害也最严重，故以暴雨山洪为主进行阐述。

山洪是一种地表径流水文现象，它同水文学相邻的地质学、地貌学、气候学、土壤学及植物学等都有密切的关系。但是山洪形成中最主要和最活跃的因素，仍是水文因素。影响我国山洪形成与发展的主要有降水、地形、地质、土壤和森林植被。

1. 降水

山洪的形成必须有快速、强烈的水源供给。暴雨山洪的水源是由暴雨降水直接供给的。我国是一个多暴雨的国家，在暖热季节，大部分地区都有暴雨出现，由于强烈的暴雨侵袭，往往造成不同程度的山洪灾害。

所谓暴雨，是指降雨急骤而且量大的降雨。一般来说，虽然有的降雨强度大（1分钟十几毫米），但总量不大，这类降雨有时并不能造成明显灾害。而有的降雨虽然强度小些，但持续时间长，也可能造成灾害。所以定义"暴雨"时，不仅要考虑降雨强度，还要考虑降雨历时，一般是以24h雨量来定。

由于我国各地暴雨天气系统不同，暴雨强度的地理分布不均，暴雨出现的气候特征以及各地抗御暴雨山洪的自然条件不同。因此，暴雨的定义亦因地区而有所不同。此外，一般降雨强度大的阵性降雨其每小时降雨强度的变率也较大，甚至1h降雨就可达到50mm以上，不过就多数情况看，1h降雨同24h降雨有一定的关系，因此，暴雨可用表1-3的各级雨量来定义。

表1-3　　　　　　　　　　降 雨 量 级 划 分

降雨量级	1h降雨量（mm）	12h降雨量（mm）	24h降雨量（mm）
微雨	<0.1	<0.1	<0.1
小雨	0.1～2.0	0.1～5.0	0.1～9.9
中雨	2.1～5.0	5.1～14.9	10.0～24.9
大雨	5.1～10.0	15.0～29.9	25.0～49.9
暴雨	10.1～20.0	30.0～69.9	50.0～99.9
大暴雨	20.1～40.0	70.0～139.9	100.0～249.9
特大暴雨	>40.0	≥140.0	≥250.0

需要特别指出，强暴雨的局地性和短历时雨强对于山洪以及泥石流的激发起着重要作用。

2. 地形

我国地形复杂、山区广大。按各种地形的分布百分率计，山地占33%，高原占26%，丘陵占10%。因此由山地、丘陵和高原构成的山区面积超过全国面积的2/3。在广大的山区，每年均不同程度的有山洪发生。

陡峻的山坡坡度和沟道纵坡为山洪发生提供了充分的流动条件。由降雨产生的地表径流在高差大、切割强烈、沟道坡度陡峻的山区有足够的动力条件顺坡而下，向沟谷汇集，快速形成强大的洪峰流量。

地形的起伏，对降雨的影响也极大。湿热空气在运动中遇到山岭障碍，气流沿山坡上升，气流中水汽升得越高，受冷越甚，逐渐凝结成云而降雨。地形雨多降落在山坡的迎风面，而且往往发生在固定的地方。从理论上分析，暴雨主要出现在空气上升运动最强烈的地方。地形有抬升气流，加快气流上升速度的作用，因而山区的暴雨大于平原，也为山洪提供了更加充分的水源。

3. 地质

地质条件对山洪的影响主要表现在两个方面：一是为山洪提供固定物质；二是影响流域的产流与汇流。

山洪多发生在地质构造复杂，地表岩层破碎，滑坡、崩塌、错落发育地区，这些不良地质现象为山洪提供了丰富的固体物质来源。此外，岩石的物理、化学风化及生物作用形成的松散碎屑物，在暴雨作用下参与山洪运动。雨滴对表层土壤的冲蚀及地表水流对坡面及沟道的侵蚀，也极大地增加了山洪中的固体物质含量。

地质变化过程决定了流域的地形，构成流域的岩石性质，滑坡、崩塌等现象，为山洪提供物质来源，对于山洪破坏力的大小，起着极其重要的作用。但是决定山洪是否形成或是什么时候形成，一般并不取决于地质变化工程。换言之，地质变化过程只决定山洪中挟带泥沙多少的可能性，并不能决定山洪何时发生及其规模。因而，尽管地质因素在山洪形成中起着十分重要的作用，但山洪仍是一种水文现象而不是一种地质现象。

4. 土壤

山区土壤（或残坡积层）的厚度对山洪的形成有着重要的作用。一般来说，厚度越大，越有利于雨水的渗透与蓄积，减小和减缓地表径流，对山洪的形成有一定的抑制作用；反之，暴雨很快集中并产生面蚀或狗蚀土层，夹带泥沙而形成山洪，对山洪起促进作用。

5. 森林植被

森林植被对山洪的形成影响主要表现在两个方面。一方面，森林通过林冠

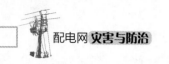

截留降雨，枯枝落叶层吸收降雨，雨水在林区土壤中的入渗等，削减和降低雨量和雨强，从而影响了地表径流量。另一方面，森林植被还阻挡了雨滴对地表的冲蚀，减少了流域的产沙量。总而言之，森林植被对山洪有显著的抑制作用。

1.3.2.3 内涝

内涝按地形地貌可以分为平原坡地、平原洼地、水网圩区、山区谷底、沼泽化与沼泽地区、城市地区。在这三类地形地貌中，以城市地区内涝对配电网，尤其是站房类设备影响最为严重，故以城市内涝为主进行阐述。

降雨过量是发生涝灾的主要原因。灾害的严重程度往往与降雨强度、持续时间、一次降雨总量和分布范围有关。我国的涝灾主要分布于各大流域的中下游平原，也是我国东部发生季风暴雨的地区。我国南方地区的年降雨量大于北方地区，汛期平均月雨量和最大月雨量很接近；北方年雨量小，最大月雨量相对较大。因此，北方形成的灾害性降雨频次并不低于南方。

在城市地区，城市面积远小于天然流域集水面积。面积区域一般划分为若干管道排水区，每个排水片由雨水井收集降雨产生的地面径流。因此，城市雨水井单位集流面积是很小的，地面集流时间在 10min 之内；管道排水片服务面积也不大，一个排水片的汇流时间一般不会超过 1h。因此，短历时高强度的暴雨，尤其是对流雨，会在几十分钟内造成城市地面严重积水。由于雷雨具有形成速度快，无法预测的特点，易造成城市地面暴雨积水的突发性。由于城市排水片集水面积小，汇流时间快，城市管道排水标准是按照短历时暴雨重现期作为设计标准的。

1.3.2.4 泥石流

泥石流是在一定的地理条件下形成的由大量土石和水构成的固液两相流体，泥石流的形成需具备三项必须条件，即特定的地形形态和坡度、丰富的疏松土石供给以及集中的水源补充。而这些条件又受控于地质环境、气候、植被、水文条件等诸因素及其组合状况。

1. 地形、地质条件

泥石流爆发区的地质条件一般较为复杂，诸种地质应力的强烈作用为泥石流提供了丰富的固定物源。地层、地质构造和新构造（含地震）对地形、地貌和疏松固体物质的产生起着控制作用，从而也控制了泥石流的分布状况。我国泥石流分布与岩性关系统计情况如表 1-4 所示。根据不同岩性地区出现泥石流数量的比例，并考虑不同岩性分布面积的差异，可以得出：变质岩和碎屑岩泥石流最易发育，岩浆岩和黄土地区次之，碳酸盐岩地区泥石流最难发育。地形条件是自然界经长期地质构造运动形成的高差大、坡度陡的坡谷地形。

表 1-4 泥石流分布与岩性关系统计表

主要岩性	变质岩	碎屑岩	岩浆岩	碳酸盐岩	黄土
泥石流数量百分比（%）	42	31	9	7	11

地形地貌是泥石流形成的空间条件，对泥石流的制约作用主要表现在地形形态和坡度是否有利于积蓄疏松固定物质、汇集大量水源和产生快速流动等方面。地质高亢，地形陡峭，河流深切，沟谷比降大的地形极有利于暴雨径流汇集，造成大落差，使泥石流获得巨大的能量。从区域地貌形态类型来看，只有相对高差较大、切割较强烈的山区才具备发育泥石流的基本条件。

2. 固体碎屑物质

充足的固体碎屑物质是泥石流发育的基础之一，通常决定于地质构造、岩性、地震、新构造运动和不良的物理地质现象。固体碎屑物来自于山体崩塌、滑坡、岩石表层剥落、水土流失、古老泥石流的堆积物，及由人类经济活动形成的丰富碎屑物。

3. 充足的水体

水是激发泥石流爆发的主要条件，是泥石流的组成部分和搬运介质。随着自然地质环境和气候条件的不同，充足的水体主要源自暴雨、冰雪融化、地下水、湖库溃决等，最多的是降雨发生的泥石流。它是泥石流形成的动力条件。

特大暴雨是泥石流爆发的主要动力条件。我国东部处于季风气候区，降雨量大而集中，一般中雨、大雨、暴雨和大暴雨均可激发泥石流发生，尤其 1h 雨强在 30mm 以上和 10min 雨强在 10mm 以上的短历时暴雨。

连续性降雨后的暴雨是泥石流爆发的又一主要动力条件。由于前期降水使山坡上土体和破碎岩层含水饱和，弧度降低，松散储备物质已不稳定，再在暴雨激发下极易形成泥石流。

1.3.3 水害的时空特征

1.3.3.1 江河洪水

全国每年都会遇到不同程度的洪水灾害，但各地洪灾发生的频率是不同的。洪灾频率地区之间的变化与自然条件、社会经济状况关系密切，地区之间的变化有一定规律。

（1）洪灾常发区主要分布在东部平原丘陵区，其位置大致从辽东半岛、辽河中下游平原并沿燕山、太行山、伏牛山、巫山到雪峰山等一系列山脉以东地区，这一地区处于我国主要江河中下游，地势平衍，河道比较平缓，人口、耕地集中，受台风、梅雨风影响，暴雨频率，强度大。除东部平原丘陵地区外，西部四川盆地、汉中盆地和渭河平原，也是洪灾常发区。

（2）在东部洪灾常发区，洪灾频率也不相同，其中有7个主要频发区，其位置自北往南一次为：辽河中下游、海河北部平原、鲁北徒骇马颊河地区、鲁西及卫河下游、淮北及里下河地区、长江中游、珠江三角洲。上述7个洪灾频发区的形成有历史原因，也有地理上的条件，一个共同的特点是它们都位于湖泊周边低洼地和江河入海口。其中海河下游、淮北部分地区和洞庭湖区为全国洪灾频率最高的地区。

（3）中部高原地区除了若干盆地洪灾频率比较高以外，大部分地区属于洪灾低发或少发区，灾害性洪水的范围大多是局地性的。东北地处边陲，地广人稀，除嫩江、松花江沿江地带为洪灾低发区外，大部分地区为洪灾少发区。

集中性和阶段性是我国洪灾时间分布上的两个重要特点。

（1）集中性。暴雨洪水量级年际之间的变化极不稳定，常遇洪水和稀遇的特大洪水，其量级往往差别悬殊。大江大河少数特大洪水所造成的灾害，在洪灾总损失中占有很大比重。洪灾损失虽然年年都有，但主要集中在几个特大水灾年。

（2）阶段性。洪灾的阶段性，是指在全国范围内，连续一个时期水灾频繁、灾情严重，而另一个时期风调雨顺或者水灾较轻，在时序分布上二者呈阶段性交替出现。从1846~1945年来看，重灾期和轻灾期交替出现，周期长度最长的25年，最短的15年。1950年以来，全国水灾灾情历年变化也反映了这种阶段性特征。1954~1964年是水灾比较频繁的时期；1965~1979年，七大江河水势比较平稳，没有发生大面积水灾，是水灾比较轻的一个时期；1980年以后水灾又趋频繁。

1.3.3.2 山洪

我国山洪的分布很广，在多暴雨的山区、丘陵和高原都有山洪的发生，只是破坏力大小因地因时差异很大。因此，山洪的分布一般比泥石流的分布更大。我国山洪地域性分布广，全国2/3的山丘区都有发生，其中以西南山区、西北山区、华南地区、华北土石山区最为强烈。

山洪的时空分布与暴雨的时空分布相一致。每年春夏之交我国华南地区暴雨开始增多，山洪发生的几率随之增大，受其影响的珠江流域在5~6月的雨季易发生山洪；随着雨季的延迟，西江流域在6月中旬至7月中旬易发生山洪；6~7月主雨带北移，受其影响的长江流域易发生山洪；湘赣地区在4月中旬即可能发生山洪；5～7月湖南境内的沅、资、澧流域易发生山洪；清江和乌江流域在6～8月发生山洪；四川汉江流域为7～10月发生山洪；7～8月在西北、华北地区易发生山洪；此外，由于受台风天气系统的影响，沿海一带在6～9月的雨季也可能发生山洪。

1.3.3.3 内涝

我国地域辽阔，地形复杂，大部分地区为典型的季风气候，因此雨涝的分布有明显的地域性和时间性。我国西部少雨，仅四川是雨涝多发区。主要的雨涝集中分布在大兴安岭—太行山—武陵山一线以东，这个地区又被南陵、大别山—秦岭、阴山分别为4个雨涝多发区。我国大约2/3的国土面积，有着不同类型和不同危害程度的洪涝灾害，最严重的地区是七大江河流域的中下游的广阔平原区。

从降水的年际变化来看，地表径流来自大气降水，内涝灾害与降雨量的年际变化和年内分配关系密切。近100年来，我国的年降水呈现明显的年际振荡。全国极端降水值和极端降水平均强度都有增强趋势，极端降水量占总降水量的比率趋于增大。内涝灾害与气候条件密切相关，气候的周期性动态变化，可导致内涝灾害周期性出现。

从降水的年内变化来看，我国大部分地区属于东亚季风气候，随着季节的转换，盛行风向发生显著变化，气候的干湿和寒暑状况交替，雨涝时间分布特点是南部早，北部晚，大部分降雨集中在夏季数月。4月中旬到5月上旬雨带轴线在长江以南、南岭、武夷山一带摆动。4月中旬，雨带大致位于两湖盆地和南岭山脉之间。5月上旬，雨带笼罩了长江以南和南岭以北的广大地区。从5月上旬起至6月上旬，雨带位置逐渐南退，雨带局限于南岭以南、华南沿海。6月中旬起，雨带开展往北推进，降雨强度进一步加大，雨带大致位于武夷山西北坡、赣南、湘南一带。6月下旬雨带跃到长江中下游，范围扩大，雨带轴线近乎东西向，在两湖盆地一带。7月上旬，雨带轴线位于淮河流域。7月中旬，雨带迅速北移，轴线越过黄河。8月上旬雨带到达最北位置，此时正是华北雨季。8月中旬以后，雨带开始南退，北方雨季也随之结束。

1.3.3.4 泥石流

泥石流分布广泛、活动频繁、类型多样、危害严重，经常发生在峡谷地区和地震火山多发区，在暴雨期具有群发性。我国泥石流的区域分布和发育程度受控于地质构造和地貌组合；泥石流的爆发频率和活动强度受控于水源补给类型和动力激发因素；泥石流的性质和规模受控于松散物质的储量多寡、结构特征和补给方式。暴雨型泥石流是我国分布最广泛、数量最多、活动也最频繁的

泥石流类型。主要分布地区为我国东部和中部人口较集中、经济较发达的地区，因而造成的危害最大，与人民生活、国家建设的关系也最密切。降雨强度对于暴雨型泥石流的发生有着决定性意义，在各种地质环境下，降雨强度都要达到相应的临界才会导致泥石流爆发。

从地形、地貌来看。我国泥石流几乎分布在各种气候和各种高度的山区。其中西部的高原、高山、极高山是泥石流最发育、分布最集中、灾害频繁而又严重的地区。东部的平原、低山、丘陵，除辽东南山地泥石流密集外，其他地区泥石流分布零散，灾害较少。

从泥石流分区来看。我国学者根据大区域的地貌、气候条件、以及由此决定的泥石流基本类型和总体特征的异同，对我国泥石流进行了灾害分区，共分为 4 个大区：东部湿润低山丘陵暴雨泥石流灾害区、北部半干旱—半湿润高原暴雨泥石流灾害区、西南湿润高中山暴雨泥石流灾害区、西部寒冻高原高山冰川泥石流灾害区；再由次级地貌、构造、地层岩性、泥石流物质结构类型、发育程度及灾害程度的差异，再分为 18 个"亚区"。

泥石流大多发生在较长的干旱年之后（物质积累阶段），出现多雨或暴雨强度大的年份及冰雪强烈消融的年份；就季节变化而论，降雨量的季节性变化决定着泥石流爆发频率的季节变化。泥石流多发生在降雨集中期和冰川积雪强消融期的 6～9 月；就日极变化而论，泥石流多发生在午后至夜晚。

1.4 冰害

1.4.1 冰害的种类与定义

配电网的冰害种类主要有雨凇、雾凇、混合凇和积雪四类，具体如下。

1.4.1.1 雨凇

从理论角度讲，雨凇是透明、清澈的冰，又可称为冰凌或者明冰。通常情况下，过冷却雨滴或者毛毛雨将逐渐发展成为图 1-9 所示的雨凇，密度为 $0.6\sim0.9\text{g/cm}^3$ 之间，雨凇和线路表面的粘合力比较大，不容易脱落。雨凇覆冰时，环境气温约在$-2\sim2℃$之间，但是因为受风速影响，线路表面的实际温度大概为$-5\sim0℃$间。混合凇覆冰的初级

图 1-9 雨凇示意图

阶段即雨凇覆冰，因为冻雨持续的时间一般较短，极易发展成混合凇覆冰。因

而配电线路上纯粹意义的雨凇覆冰情况相对会较少。

1.4.1.2 雾凇

雾凇是配电线路上最常见的一种覆冰形式。其形成条件为：在寒冷的高海拔山区上过冷水滴在极低温度下和较小风速情况下形成。大致分为有粒状和晶状两种类型。粒状雾凇为乳白色不透明的固体，质地松脆，中间包含了气泡空隙，密度为 $0.1 \sim 0.3 g/cm^3$；晶状雾凇表状为白色结晶，质地疏松且软，冰体内包含了较多的气泡，和线路表面的附着力相对较弱，极易脱落，密度为 $0.08 \sim 0.1 g/cm^3$。

雾凇的形状及特征主要包括以下两类：

（1）晶状雾凇（或硬凇）：外形似霜晶体状，呈刺状冰体，质疏松而软，结晶冰体内含空气泡较多，呈现白色，如图 1-10 所示。

（2）粒状雾凇（或软凇）：外形似霜晶体状，呈刺状冰体，质疏松而软，结晶冰体内含空气泡较多，呈现白色，如图 1-11 所示。

 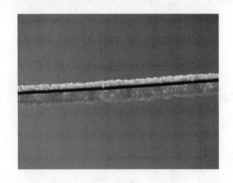

图 1-10　晶状雾凇（或硬凇）　　　　图 1-11　粒状雾凇（或软凇）

1.4.1.3 混合凇

混合凇的形成条件为当温度在冰点以下，风比较猛时形成。其表面呈乳白色，体积大，气隙比较多，密度为 $0.2 \sim 0.8 g/cm^3$。混合凇的形成为一个交替覆冰的过程，是由雾凇与雨凇在线路上交替冻结而形成的，其发展速度比较快，对线路危害将会特别严重，如图 1-12 所示。

1.4.1.4 积雪

大气中的干雪或者冰晶很难以粘结至线路的表面，仅当大气中的雪为"湿雪"时，线路表面才会出现图 1-13 所示的积雪现象。配电线路积雪是指当风速较小时、温度在 0℃ 上下，"湿雪"粒子和"水体"一并通过"毛细管"的作用互相粘结且粘附至线路表面的现象。积雪会受风速的制约，当风速很强时，雪

片容易被吹落，很难发展为覆雪现象。

图 1-12　混合凇

积雪又称冻雪或雪凇，呈现乳白色或灰白色，一般质软而松散，易脱落在地为干雪，密度低，粘附力弱；在丘陵为凝结雪和雨夹雪或雾，质量大。空气中的干雪或冰晶很难粘结到导线表面。只有当空气中的雪为"湿雪"时，导线才会出现积雪现象。湿雪是指冻结的雪片，在降落过程中，通过一段温暖层后，雪片趋于潮湿、融化，然后冻结在物体上，冰体呈白色堆积状，比重和附着力均偏小。湿雪一般出现在山区，有时雪片中混杂有过冷却水滴，水滴粘附在雪花上，这种情况雪片容易粘附到所碰撞的物体上，这种现象称为覆冰。

➡➡ 1.4.2　冰害的形成与发展

1.4.2.1　覆冰的形成

覆冰是受温度、湿度、冷暖空气对流、环流以及风等综合因素影响形成的，是一种集气象学、热力学、传热学、流体力学等有关的综合性气象物理现象。受微气象、微地形以及导线本身等影响的自然随机过程。每年冬季，寒潮引导起源于北极地区而堆积在

图 1-13　积雪

西伯利亚地区的寒冷空气南下，其前沿为寒潮冷锋。冷锋过境时风速增大，气温骤降，当冷锋与南方暖湿气流在一些地区交汇，冷空气由于密度大而滑至较轻的暖空气下面，暖空气被迫抬升，这时靠近地面一层的空气温度较低，上空又有温度高于 0℃的暖气流北上，形成一个暖空气层或云层，再往上则是高空大气，温度低于 0℃。大气垂直结构呈上下冷、中间暖的状态，自上而下分别为冰晶层、暖层和冷层，综合表述为逆温层。如图 1-14 所示，冷暖气流相遇时容易形成逆温层，其作用原理如图 1-15 所示：处于过冷却当近云层的温度低于 0℃、空中的温度高于 0℃、地面的温度低于 0℃时，在云层中的冰晶在下落到天空时，转换成液态水，降至近地面时，由于时间较短，加上与空气摩擦产生的热量，使得液态水变为过冷却水，形成过冷却水的水滴，还来不及冻结成雪或冰，当气流中过冷却水滴与线路导线发生碰撞，过冷却水滴覆在线路导线表面，在线路导线的温度低于 0℃时，覆在线路导线上的过冷却

水滴热量迅速丧失，水滴凝结形成固态的冰，附着力强，且以水分扩散形式冻结于导线表层，并通过不断累积，造成导线上覆上了一层冰层，这种现象称为线路覆冰。

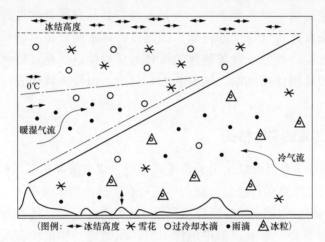

（图例：↔冰结高度 ✳雪花 ○过冷却水滴 ·雨滴 △冰粒）

图 1-14 冷暖气流相遇示意图

1.4.2.2 导线覆冰的发展过程

严冬或初春季节，当气温下降至−5～0℃，风速为 3～15m/s 时，如遇大雾或毛毛雨，首先将在导线上形成雨凇；如气温升高，天气转晴，则雨凇开始融化，覆冰过程随温度升高终止；如天气骤然变冷，气温下降，出现雨雪天气，则冻雨或雪在黏结强度很高的雨凇冰面上迅速增长，形成密度大于 $0.6g/cm^3$ 的较厚的冰层；如温度继续下降至−15～−8℃，原有冰层外侧积覆雾凇。这种过

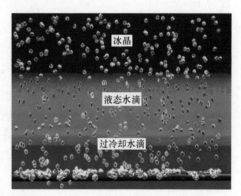

图 1-15 逆温层原理图

程将导致导线表面形成雨凇—混合凇—雾凇的复合冰层。如在这种过程中，天气变化，出现多次晴—冷天气，则融化加强了冰的密度，如此往复发展将形成雾凇和雨凇交替重叠的混合冻结物，即混合凇。

导线覆冰首先在迎风面上生长，如风向不发生急剧变化，迎风面上覆冰厚度就会继续增加。当迎风面冰达到一定厚度，其重量足以使导线扭转时，导线发生扭转现象；导线再扭转，覆冰就会继续成长变大，终于在导线上形成圆形或椭圆形覆冰。

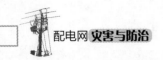

1.4.2.3 覆冰的条件

导致发生线路覆冰的主要原因是，具有充足的暖温空气和弱降水的稳定天气形势、上空存在逆温层、地面温度处在-5~1℃。经研究表明，电网设备发生覆冰现象必须满足三个条件：一是大气中必须有足够的过冷却水滴，这取决于气象条件，是气象学的问题；二是过冷却水滴被覆冰物体捕获，这是流体的力学过程，决定于覆冰物体的流体力学特性；三是过冷却水滴立即冻结或在离开覆冰物体前冻结，这是热力学问题，由覆冰物体表面的热平衡过程所决。

1.4.3 冰害的时空特征

覆冰按形成条件及性质可分为雨凇、雾凇、混合凇和积雪四种类型。根据气象观测和配电线路运行经验，在入冬或初春季节，当风速在1~10m/s，空气湿度超过85%时，气温从0℃逐步下降至-15℃的过程中，将在导线表面逐步生成雨凇、混合凇、雾凇，如果继续下雪，积雪进一步堆积在线路覆冰上，所以配电线路的实际覆冰大部分情况是雨凇、混合凇、雾凇及积雪的一个混合体。

1.4.3.1 雨凇

1. 形成条件

前期久旱，相对高温年份，常发生在立冬、立春、雨水节气前后，有一次较强的冷空气侵袭，出现连续性的毛毛细雨或小雨，降温至于-3~-0.2℃，毛毛雨水滴过冷却触及导线等物，在低地由过冷却雨或毛毛细雨降落在低于冻结温度的物体上形成，气温-2~0℃；在山地由云中来的冰晶或含有大水滴的地面雾在高风速下形成，气温-4~0℃。

2. 时间及区域分布

雨凇以山地和湖区多见，中国大部分地区雨凇都在12月至次年3月出现。年平均雨凇日数分布特点是南方多、北方少（但华南地区因冬暖，极少有接近0℃的低温，因此既无冰雹又无雨凇），潮湿地区多而干旱地区少（尤以高山地区雨凇日数最多）。中国年平均雨凇日数在20~30天以上的，差不多都在高山，而平原地区绝大多数年平均雨凇日数都在5以下。

1.4.3.2 雾凇

雾凇主要有两种：一种是过冷却雾滴碰到冷的地面物体后迅速冻结成粒状的小冰块，叫晶状雾凇（或硬凇），它的结构较为紧密。另一种是由雾滴蒸发时产生的水汽凝华而形成的粒状雾凇（或软凇），结构较松散，稍有震动就会脱落。

1. 形成条件

（1）雾凇：在中等风速下形成，在山地由云中来的冰晶或含水滴的雾形成，气温 -13～-8℃。

（2）晶状雾凇（或硬凇）：发生在隆冬季节，当暖而湿的空气沿地面层活动，有东南风时，空气中水汽饱和，多在雾天夜晚形成。和水凇与霜、露都是由于空气和地面物体之间存在着温度差而形成的。但是，形成硬凇和水凇的温度差是由天气变暖而引起的，形成霜、露的温度差却是由于地面物体辐射冷却所引起的。所以，它们所反映的天气条件不同，附着的物体也不尽一样，它们是不同的天气现象。

（3）粒状雾凇（或软凇）：发生在入冬入春季节转换，冷暖空气交替时节，微寒有雾、有风天气条件下形成，有时可转化为轻度雨凇。是一种白色沉积物，水珠在半冷冻雾或薄雾冻结的外表面凝结，无风或微风状况下形成。软雾凇通常可见于结冰树枝的迎风面、电线上或其他固态物品上。软雾凇在表面上与灰白色的霜相似，然而软雾凇是由水蒸气冷凝成液态水滴（先雾、雾或云），然后到一个表面形成。灰白色霜则是直接由水蒸气淤积成固体冰。灰白色霜的沉重涂层，称为白霜，在外表上与软雾凇非常相似，但形成过程不同：它在没有雾，但是非常高的相对湿度（90%以上）和温度低于 -8℃（18℉）条件下形成。软雾凇的外观十分像洁白的冰针簇；它们很脆弱，可以很容易地被抖落。因为软雾凇是小液滴尺寸，缓慢的液态水冲积层，高度的过冷，还有迅速消散的熔化潜热。

2. 时间及区域分布

在我国，从东北长白山到西南的峨眉山，从新疆的天山到山东泰山，以至山西五台山、江西庐山和安徽黄山，冬季到处都能见到雾凇的踪迹。其分布特点为高山多于平原、北方多于南方、湿润地区多于干旱半干旱地区。吉林省长白山天池气象站一带，是我国雾凇出现最多的地方，年平均雾凇出现天数为 179 天，从秋季 10 月到来年 3 月，每月出现雾凇都在 20 天以上；峨眉山年均 142 天，五台山年均 111 天。

1.4.3.3 混合凇

1. 形成条件

重度雾凇加轻微毛毛细雨（轻度雨凇）易形成雾雨凇混合冻结体，多在气温不稳定时出现，在低地由云中来的冰晶或有雨滴的地面雾形成，气温 -5～0℃；在山地，在相当高的风速下，由云中来的冰晶或带有中等大小水滴的地面雾形成，气温 -10～-3℃。

2. 时间及区域分布

混合凇是雾凇和雨凇的混合体，其时间和区域分布与雾凇基本一致。

1.4.3.4 积雪

1. 形成条件

空中继续降温，降雨过冷却变为米雪，有时仍有一部分雨滴未冻结成雪花降至地面，在电线上形成雨雪交加的混合冻结体，粘附雪经过多次融化和冻结，成为雪和冰的混合物，可以达到相当高的质量和体积。导线积雪使指当温度在0℃左右、风速很小时，"湿雪"粒子与"水体"一起通过"毛细管"的作用相互粘结冰粘附到导线表面的现象。当有强风时，雪片易被风吹落，导线覆冰不可能发生，故导线覆雪受风速制约。实际上，当风速大于3m/s时，导线覆雪不可能发生。

2. 覆冰的时间分布

根据长江中下游六省一市（即湖北、湖南、江西、安徽、江苏、浙江和上海）的覆冰史料及近年来的气象实测记录发现，冰冻现象的发生，平原和丘陵地区一般在12月至次年2月。开始期出现的总趋势是西早东迟，即湖北大部、湘西、湘东南和江西井岗山以及皖西北，最早覆冰期可在11月下旬出现；而徐州、芜湖、金华、龙泉一线以东及湖北宜昌地区覆冰出现较晚，一般迟至1月上中旬；温州、平阳一带仅只在2月上中旬偶尔见到。但高寒山区一般年份可在11月至次年3月出现覆冰，个别年份最早在10月，最迟到4月亦可见到覆冰。例如，云南省的雨、雾凇覆冰天气主要出现在冬半年为11月至次年3月，在高寒山区则更长，如大山包（海拔3119.6m）的雨、雾凇出现在9月至次年5月间，长达9个月；贵州的雨、雾凇天气主要出现在1月，2月次之，11月和3月较少。

1.5 雷害

雷电是大自然的一种气体放电现象。雷电灾害是"国际减灾十年"公布的最严重的十种自然灾害之一，其造成的损失可统计为人员伤亡和直接经济损失，以及衍生的间接经济损失和所产生的重大社会影响。对电网而言，雷电流高压效应会产生高达数万伏甚至数十万伏的冲击电压，巨大的电压瞬间冲击电气设备足以击穿绝缘使设备发生短路，导致燃烧、爆炸等直接灾害。此外，雷电还可能引起间接灾害，雷电流静电感应可使被击物体感生出与雷电性质相反的大量电荷，雷电消失后若来不及流散即会产生高电压放电。雷电流电磁感应会在雷击点周围产生强大的交变电磁场，形成感应高电压造成电力设备损坏。

1.5.1 雷电的种类及定义

雷电放电主要有四种主要的形式,即云对地放电、云对云放电、云内放电、球形雷。其中,云对云放电是最主要的雷电活动形式,但云对地放电对电网线路影响最大,所以人类关注较多、研究较多的是云对地放电的情况。

1.5.1.1 云对地放电

当云层对地较低或地面有高耸的尖端突起物时,雷云对地之间就会形成较高的场强,当场强达到一定值时,雷云就会向地面发展向下的先导,当先导到达地面或与大地迎面先导会合时,就开始主放电阶段。在主放电中雷云与大地之间所聚集的大量电荷通过狭小的电离通道发生猛烈的电荷中和,放出能量,并产生强烈的光和声,即电闪、雷鸣。在雷击点,有巨大的电流流过,由于极短时间内释放出较大的能量,因而会造成巨大的破坏作用。通常对地面放电产生直击雷的带电云层距地面的相对高度一般在3000m以下。

1.5.1.2 云对云放电

当带不同电荷的云团相遇时,就会发生云对云的放电,云对云放电对人类活动影响要比云对地小得多,但云对云放电可能会在配电线路中产生感应过电压,过电压的大小视雷电活动强弱和放电雷云离地面的高低而定。云对云放电可发生在距地面极高的空间中,但超过3000m,对地面设施或线路网络的感应电压强度就不足以产生危害。

1.5.1.3 云内放电

当带电云团的内部,带异号电荷中心之间的电场强度达到空气间隙的击穿值时会发生云内放电,云内放电的强度一般不会特别高,属于最弱的一种雷电活动,对人类活动几乎没有什么影响,因而较少受到人们的关注。

1.5.2 雷击的形成与发展

雷暴云的电荷特征是云内的电荷分离并最终达到放电发生(气象学中称为起电机制),其中降水粒子电极化引起的感应起电较为常见。如图1-16(a)所示,上升气流的降水粒子在上升过程中受自身巨大的气动力和相互间的气流力作用,不断的发生摩擦、碰撞,水滴 H_2O 被撞分裂成带电离子 H^+ 和 O_2^-。H^+ 带正电,重量较轻的上升聚集在云的顶部,形成局部带正电的区域,O_2^- 带负电,重量较重的聚集在云的下部。如图1-16(b)所示,在不同的雷云之间,或者是雷云和大地之间形成了强大的电场,电位差可达兆伏级别,形成云内闪电。在防雷工程中,主要关心雷云对大地的放电。雷云对大地放电(地闪)可

分为先导放电、主放电和多重雷击放电等阶段。

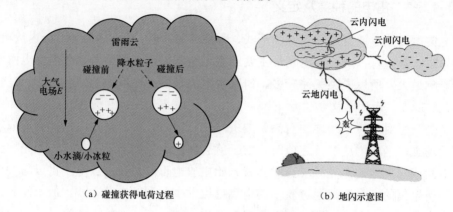

（a）碰撞获得电荷过程 　　　　　　　　　（b）地闪示意图

图 1-16　雷云对大地放电的形成与发展

1.5.2.1　先导放电

以负极性雷电为例，雷云中的负电荷逐渐积聚，同时在附近地面感应出正电荷。当雷云与大地之间局部电场强度超过大气游离放电临界电场强度时，开始有局部放电通道自雷云边缘向大地发展，并以逐级推进方式向下发展。这一放电过程称为先导放电，该先导称为下行先导。先导放电通道具有导电性，因此雷云中的负电荷沿通道分布，并且继续向地面延伸，地面上的感应正电荷也逐渐增多。

1.5.2.2　主放电

当下行先导通道发展到临近地面附近时，先导与地面之间的电场强度就会增大。地面上一些突出物体因四周电场强度达到能使空气电离的程度，从而发展为向上的迎面先导（或上行先导）。当下行先导达到地面或与迎面先导相遇时，就出现了强烈的电荷中和过程，产生极大的电流，伴随着雷鸣和闪光，这一过程称为雷电主放电过程，又称回击过程。主放电过程极短，一般持续时间 20～100μs，平均约 50μs，并且由下而上逆向发展，速度最大可达 1.5×10^8m/s。

1.5.2.3　多重雷击放电

多数雷云对地放电都是重复性的，包含多次先导放电——主放电的重复过程。多次放电之间的时间间隔约几毫秒至几百毫秒，平均为几十毫秒。重复放电次数一般为 2～3 次，最多可达几十次。一次地闪的持续时间约 10ms～2s，平均持续时间约 200ms。

当空间场强超过大气游离放电临界场强（10～30kV/cm）时，大气通道被电离，云间、云对大地之间就会发生放电、产生火花，类似于通常所看到的碰电现象，这就是我们通常所说的"闪电"。地闪放电通道形成后，使暴露于高山、旷野之处的配电系统遭受雷击过电压。

1.5.3 雷的电荷结构与强度

在典型的雷云中，由于有重力场和温度梯度，同时还存在大量的云滴和冰晶等云粒子，它们之间的相互作用，可通过一种或多种起电机制，使得雷暴云内发生电荷分离。

1.5.3.1 电荷结构分类

1. 双（偶）极型结构

国外学者根据雷暴区内地面测量的电场和降水电荷分析，发现了雷暴云内垂直偶极性的空间电荷结构，在雷暴云上部存在一个主正电荷区，在它的垂直下方有一个主负电荷区域。因而雷暴的电荷结构是典型的电偶极子，偶极子的带电区直径为几千米量级。一般情况下，雷暴云上部−25～−60℃为正电荷区，−10～−25℃为负电荷区，如图 1-17（a）所示。但是后来的研究发现，除了这两个主电荷区外，在雷暴云的底部还可有一个小的正电荷区，但是下部小正电荷区一般不参与放电。

2. 三级型结构

作为双（偶）极型的改进和综合考虑，Simps°N、Robins°N 等人利用气球探空，根据进入雷暴云内 69 个气球的 27 次电晕电流测量分析得出的三极性电荷结构模型，如图 1-17（b）所示，即雷暴云上部为主正电荷区（电荷量约为24C）；中部存在一个主负电荷区（电荷量约为−20C）；同时，下部还存在一个较弱的正电荷区（电荷量约为 4C）。

3. 多极型结构

近年来越来越多的研究结果也表明，实际雷暴云中，电荷结构远比上述垂直分布的偶极型或三极性电荷结构复杂得多。例如，Stolzenburg 等通过比较MCS（中尺度对流系统），发现超单体雷暴中主负电荷区的高度更高，温度更冷，温度廓线并不像主负电荷一样抬升，有可能对应于主负电荷的起电机制在不同的雷暴中存在差异，或是与某个特殊的温度无关。上升气流中的电荷区高度被抬升，呈 4 层结构，非上升区呈 6 层结构。

4. 反极型结构

Krehbiel 等通过对闪电 VHF 辐射源时空分布的三维观测资料的分析，揭示了某些雷暴云中或雷暴云发展的某些阶段可以呈现出与正常极性相反的电荷结构，如图 1-17（c）所示，即在雷暴云中部是主正电荷区，而上部为负电荷区，

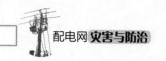
它们之间有反极性放电过程发生。某些雷暴云中或雷暴云发展的某些阶段可以呈现出与正常极性相反的电荷结构，即在雷暴云中部是主正电荷区，而上部为负电荷区，在它们之间有反极性放电过程发生，表明雷暴云中存在反极性起电机制以及雷暴电荷结构的复杂性。

　中国气象科学院指出，我国南方地区多观测到正偶极电荷结构，北方地区多观测到三级性电荷结构，青海高原地区多为反偶极结构。即使在同一纬度，不同地区、不同季节、不同的环流形式及扰动温度会形成不同的雷暴云结构。

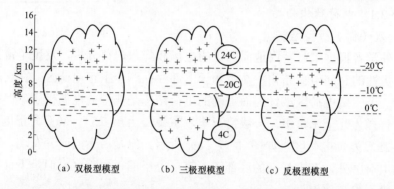

图 1-17　中国部分地区常见的三种雷云电荷结构

1.5.3.2　雷云之间的电荷输送

　根据电导大气理论，全球雷暴活动相当于一个发电机，向上连接电离层，向下连接导电地面，电离层和地面构成一个球形电容器，如假定地面电位为零，则电离层电位平均约为+300kV。雷暴不断地向电离层充电，从而维持了全球电路的平衡。由于银河宇宙射线对大气的电离作用，而且大气随高度逐渐稀薄。因此低层大气中大气电导率随高度增加而呈指数增大。雷暴产生的放电电流将大部分从云顶流出，向上流入电离层，并在远离雷暴的晴天区域产生一个连续稳态电流，从电离层通过电导大气流入地面，完成全球电流循环。

　地球和雷雨云之间的电荷输送由闪电放电、尖端放电以及降水元三者共同来完成。到达地面的闪电放电，常常将负电荷输送到地球，其每次平均值为 20C。在雷暴下方的强电场中，由于地表上凸出物体（如树木、草地以及其他植物或人工尖端等）的电晕放电提供了丰富的离子源，因此尖端放电是由地球向上垂直输送电荷的主要途径。

⏩ 1.5.4　雷害的时空特征

　我国地处温带和亚热带地区，雷暴、强雷暴等对流性天气频繁。雷电对电力行业的危害十分明显，以国家电网公司为例，每年因雷击造成 10kV 线路故障次数超过 100000 次，占故障总次数比例约 25%。因此通过雷电时空分布特征分析，了解雷电发生的主要时段、重点区域，对于促进配电网防灾减灾具有重要意义。

1.5.4.1 雷电分级

目前常用于描述地区雷电活动强弱的参数主要有 2 个，即雷暴日和地闪密度。

世界气象组织关于雷暴日的定义是在气象观测站内听到雷声的观测日叫做雷暴日，雷暴天气的活动规律在一定程度上反映了雷电的活动规律，雷暴日分布与指定的统计区域有关，单位为天数/一定区域内，表征了不同地区雷电活动的频繁程度，依据 GB/T 50064—2014《交流电气装置的过电压保护和绝缘配合设计规范》，把雷电活动的雷害严重程度分为强雷区、多雷区、中雷区、少雷区，其中基于年平均雷暴日数的划分如表 1-5 所示。

表 1-5　　　　　　　　　　雷暴日等级划分

雷暴日等级	年平均雷暴日数（d）	雷暴日等级	年平均雷暴日数（d）
强雷区	＞90	中雷区	25～40
多雷区	40～90	少雷区	≤25

国家电网公司为及时掌握雷电活动水平和分布特征，指导输配电线路雷电防护设计、运行及改造，于 2011 年发布了 Q/GDW 672—2011《雷区分级标准与雷区分布图绘制规则》，基于地闪密度（N_g）值，将雷电活动频度从弱到强分为 4 个等级，7 个层级：A 级、B1 级、B2 级、C1 级、C2 级、D1 级和 D2 级，如表 1-6 所示。

表 1-6　　　　　　　　　　地闪密度等级划分

地闪密度等级	N_g［次/（$km^2 \cdot a$）］	地闪密度等级	N_g［次/（$km^2 \cdot a$）］
A 级	$N_g<0.78$	C2 级	$5.00 \leq N_g < 7.98$
B1 级	$0.78 \leq N_g < 2.00$	D1 级	$7.98 \leq N_g < 11.00$
B2 级	$2.00 \leq N_g < 2.78$	D2 级	$N_g \geq 11.00$
C1 级	$2.78 \leq N_g < 5.00$		

其中，A 级对应少雷区，B 级对应中雷区，C 级对应多雷区，D 级对应强雷区。

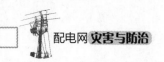

雷暴日分布图和卫星观测地电密度分布图反映的我国雷暴活动的地理分布基本一致，除了西藏地区，地闪密度不高但平均年雷暴日较高，这可能是因为高原地区的雷暴活动大多是时间较短的局地对流过程，被卫星观测到的概率较低造成的。

1.5.4.2 雷电时空特征

为了更清楚地了解全国雷电活动时空变化规律，可以将全国大致分成四个区域：

（1）南方区（东经 105°以东，北纬 35°以南）；

（2）高原区（东经 105°以西，除新疆外）；

（3）北方区（东经 105°以东，北纬 35°以北）；

（4）新疆区（东经 90°以西，北纬 35°以北）。

华南区的雷电日随纬度增加是减少的，四川盆地东北部、重庆、贵州、江南大部及华南年均雷电发生日都在 30 天以上，为雷电易发区，其中广东、福建、广西、海南雷暴日可达 80 天以上；高原区的雷电大值带从云南到川西高原呈纵向分布，藏东偏北地区呈纬向分布，年平均雷电日在 60 天以上，其中云南南部为雷暴极值区，雷暴日超过 100 天；北方区雷电主要分布在华北西部和北部偏山区一侧及东北大兴安岭及长白山地区；新疆区的雷电则主要分布在伊犁河谷一带，年均雷电发生日也都在 30 天以上，也是雷电较容易发生的区域。

根据全国 847 个地面监测站逐日雷暴日资料，可得出我国雷电数近 50 年（1970～2016 年）的线性趋势变化（图 1-18 中实线），结果表明全国各地的雷暴日数基本上呈递减趋势（图 1-18 中虚线指数），并且 20 世纪 80 年代后期是一个转折年代，在此期间雷暴日略微上升，之后主要呈下降趋势。

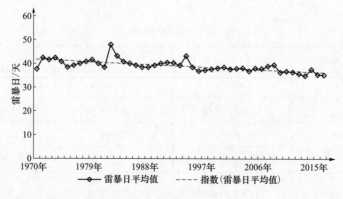

图 1-18　近 50 年全国雷暴日趋势

雷电发生的月变化情况表明，全国雷电主要发生在4～9月，而11月至次年2月几乎无雷暴出现。南方的福建、广东、浙江等地雷电发生较早，结束较晚，3月开始，9月结束，月平均雷电日数在3～5月为6天，7～9月为10天以上。从落雷个数来看，几乎全集中在3～9月，占比可达95%以上。例如，图1-19所示为华南某省2016年和2017年的落雷情况。其中，2016年落雷49.7万个，如图1-19蓝色实线所示，其中3～9月49.0万个，占比98.6%；2017年落雷39.1万个，如图1-19红色实线所示，其中3～9月落雷37.3万个，占比95.5%。

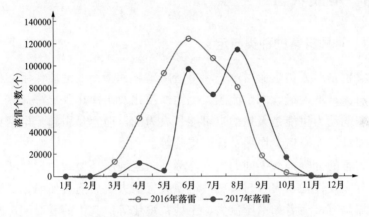

图1-19　某省2016和2017年落雷情况

国家气象中心曾给出了旬平均雷电日≥2天的外廓线分布（1970～2015年多年平均），通过追踪外廓线的动态演变，可以看出南方雷电在3月中旬开始出现，之后南界往南延伸至华南沿海，北界开始缓慢北抬，4月下旬北抬至长江沿线（30.6°N），然后一直到5月下旬北界有所回落，6月中旬以后又开始北抬；北方雷电从5月下旬出现以后，北界在6月中旬扩展至内蒙古边界，南界一直向南扩展，在7月上旬开始与随副高季节性移动而北抬的南方雷电在淮河一带（35°N）连通，整个7月份和8月上旬这种状态一直持续，8月中旬以后，随着副高南撤南方雷电区向南收缩，从而南北方雷电分离，北支向北收缩直到8月下旬，南支一直向南撤直到10月上旬撤出华南沿海。

可见，南方雷电最早并不是从华南往北推进，而是3月中旬从江南中部往西往南辐射然后再往北发展的，高原的雷电最早是3月下旬从云南南部开始，但却主要是4月中旬四川南部的雷电往北往西的发展，而北方的雷电是5月下旬从华北东北部往东往南扩展的。同时，5月下旬起源于云南和四川的高原雷电区连通，并与南方雷电区连接，6月下旬高原雷电区又与北方雷电区连通，到 7 月上旬南北方雷电区及高原雷电区三区连成一片,全国雷电范围达到最大,并一直持续到 8 月上旬,8 月中旬各雷电区开始逐渐撤退,8 月下旬北方雷电区与高原和南方雷电区分离,之后高原雷电区向东向南撤,南方雷电区向西向南撤,而北方雷电区则由东西向中间收缩。

从全国雷电的发展和消亡可以清楚地看到,雷电的发展经历了一个较长的时间,从 3 月中旬直到 8 月上旬,历时 4 个月 20 天;而消退阶段最长只经历了 1 个月 20 天,其中北方雷电区在短短不到一个月就迅速减弱。

1.6 地质灾害

1.6.1 地质灾害的种类与定义

地质灾害是对人类生命财产、环境造成破坏和损伤的地质作用,如崩塌、滑坡、泥石流、地裂缝、水土流失、土地沙漠化及沼泽化、土壤盐碱化等,诱发地质灾害的动力可能是天然的也可能是人为的,而容易引起配电网灾损的地质灾害是滑坡、泥石流、崩塌、地面塌陷等。

地质灾害的分类,有不同的角度与标准,就地质环境或地质体变化的速度而言,可分突发性地质灾害与缓变性地质灾害两大类。前者如崩塌、滑坡、泥石流地面塌陷等,后者如水土流失、土地荒漠化等,其中前者对配电网安全运行影响较大,应重点关注。

1.6.1.1 滑坡

滑坡是指斜坡上的土体或者岩体,受河流冲刷、地下水活动、雨水浸泡、地震及人工切坡等因素影响,在重力作用下,沿着一定的软弱面或软弱带,整体或分散地顺坡向下滑动的自然现象,如图 1-20 所示。产生滑坡的基本条件是斜坡体前有滑动空间,两侧有切割面,从斜坡的物质组成来看,具有松散土层、

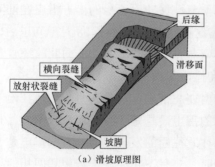

(a) 滑坡原理图

(b) 滑坡现场图

图 1-20 滑坡

碎石土、风化壳和半成岩土层的斜坡抗剪强度低，容易产生变形面下滑；坚硬岩石中由于岩石的抗剪强度较大，能够经受较大的剪切力而不变形滑动。但是如果岩石中存在滑动面，特别在暴雨之后，由于水灾滑动面上的浸泡，使其抗剪强度大幅度下降而易滑动。降雨对滑坡的影响很大。主要表现在雨水的大量下渗，导致斜坡上的土石层饱和，甚至在斜坡下部的隔水层上积水，从而增加了滑体的重量，降低土石层的抗剪强度，导致滑坡产生。

1.6.1.2 崩塌

崩塌是指陡峻山坡上岩块、土体在重力作用下，发生突然的急剧倾落运动。多发生在大于 60°～70° 的斜坡上，如图 1-21 所示。崩塌的物质，称为崩塌体。崩塌体为土质者，称为土崩；崩塌体为岩质者，称为岩崩；大规模的岩崩，称为山崩。崩塌可以发生在任何地带，山崩限于高山峡谷区内。崩塌体与坡体的分离界面称为崩塌面，崩塌面往往就是倾角很大的界面，如节理、片理、劈理、层面、破碎带等。崩塌体的运动方式为倾倒、崩落。崩塌体碎块在运动过程中滚动或跳跃，最后在坡脚处形成堆积地貌——崩塌倒石锥。崩塌倒石锥结构松散、杂乱、无层理、多孔隙；由于崩塌所产生的气浪作用，使细小颗粒的运动距离更远一些，因而在水平方向上有一定的分选性。

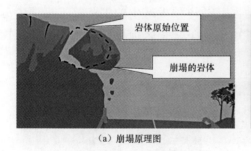

（a）崩塌原理图

（b）崩塌现场图

图 1-21 崩塌

1.6.1.3 泥石流

泥石流是暴雨、洪水将含有沙石且松软的土质山体经饱和稀释后形成的洪流，它的面积、体积和流量都较大，如图 1-22 所示。典型的泥石流由悬浮着粗大固体碎屑物并富含粉砂及粘土的粘稠泥浆组成。在适当的地形条件下，大量的水体浸透流水山坡或沟床中的固体堆积物质，使其稳定性降低，饱含水分的固体堆积物质在自身重力作用下发生运动，就形成了泥石流。泥石流是一种灾害性的地质现象。通常泥石流爆发突然、来势凶猛，可携带巨大的石块。因其高速前进，具有强大的能量，因而破坏性极大。

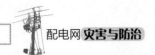

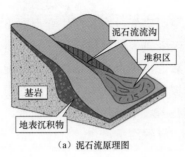

(a) 泥石流原理图

(b) 泥石流现场图

图 1-22　泥石流

1.6.1.4　地面塌陷

地面塌陷是指地表岩、土体在自然或人为因素作用下，向下陷落，并在地面形成塌陷坑（洞）的一种地质现象，如图 1-23 所示。塌陷可分为岩溶塌陷和非岩溶塌陷，其中岩溶塌陷是由于可溶岩（以碳酸岩为主，其次有石膏、岩盐等）中存在的岩溶洞隙而产生的。在可溶岩上有松散土层覆盖的覆盖岩溶区，塌陷主要产生在土层中，称为"土层塌陷"，其发育数量最多、分布最广；当组成洞隙顶板的各类岩石较破碎时，也可发生顶板陷落的"基岩塌陷"。非岩溶塌陷由于非岩溶洞穴产生的塌陷，如采空塌陷，黄土地区黄土陷穴引起的塌陷，玄武岩地区其通道顶板产生的塌陷等。后两者分布较局限。采空塌陷指煤矿及金属矿山的地下采空区顶板易落塌陷，在我国分布较广泛。

(a) 地面塌陷原理图

(b) 地面塌陷现场图

图 1-23　地面塌陷

当煤层采空以后，采空区上部的覆岩，及采空形成的煤柱边邦，均形成自由面。原来的应力平衡被破坏，在上覆岩土层重力作用下，覆岩承受的压力随着采空区范围的扩大而增加，当这种压力超过煤层顶板岩石的承载力以后，顶板岩石就要破裂塌落形成冒落带。冒落的岩块大小不一，杂乱无章地充填到采空区。冒落的岩块突出的部分与上部岩体相接触，但支撑力已不足以托住上部的岩层，于是上部岩层下沉，向下弯曲，并且破裂，产生裂隙，即形成裂隙带。

裂隙带岩层上部的岩层，由于裂隙带的岩层向下弯曲，在自身重力及上覆岩层的重压下，发生整体向下弯曲，但既不破裂，也不脱落，故称为弯曲带。在弯曲带影响下地面上造成塌陷，形成塌陷盆地、塌陷坑。地表如果是松散物，就还会形成地裂缝。

➡ 1.6.2 地质灾害的形成与发展

1.6.2.1 滑坡

滑坡的形成与发展主要因素：一是地质条件和地貌条件；二是内外应力和人为作用的影响。第一个条件与以下几个方面有关：

（1）岩土类型。岩、土体是产生滑坡的物质基础。通常，各类岩、土都有可能构成滑坡体，其中结构松软，抗剪强度和抗风化能力较低，在水的作用下其性质易发生变化的岩、土，如松散覆盖层、黄土、红粘土、页岩、泥岩、煤系地层、凝灰岩、片岩、板岩、千枚岩等及软硬相间的岩层所构成的斜坡易发生滑坡。

（2）地质构造。斜坡岩、土只有被各种构造面切割分离成不连续状态时，才可能具备向下滑动的条件。同时，构造面又为降雨等进入斜坡提供了通道。故各种节理、裂隙、层理面、岩性界面、断层发育的斜坡，特别是当平行和垂直斜坡的陡倾构造面及顺坡缓倾的构造面发育时，最易发生滑坡。

（3）地形地貌。只有处于一定地貌部位、具备一定坡度的斜坡才可能发生滑坡。一般江、河、湖（水库）、海、沟的岸坡，前缘开阔的山坡、铁路、公路和工程建筑物边坡等都是易发生滑坡的地貌部位。坡度大于10°、小于45°、下陡中缓上陡、上部成环状的坡形是产生滑坡的有利地形。

（4）水文地质条件。地下水活动在滑坡形成中起着重要的作用。它的作用主要表现在软化岩、土，降低岩、土体强度，产生动水压力和孔隙水压力，潜蚀岩、土，增大岩、土容重，对透水岩石产生浮托力等，尤其是对滑坡（带）的软化作用和降低强度作用最突出。

就第二个条件而言，在现今地壳运动的地区和人类工程活动的频繁地区是滑坡多发区，外界因素和作用可以使产生滑坡的基本条件发生变化。

从而诱发滑坡，主要诱发因素有地震；降雨和融雪；地表水的冲刷浸泡，河流等地表水体对斜坡坡脚的不断冲刷；不合理的人类活动，如开挖坡脚、坡体堆载、爆破、水库蓄（泄）水、矿山开采等都可诱发滑坡。此外，还有如海啸、风暴潮、冻融等许多作用也可诱发滑坡。

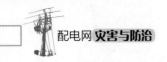

1.6.2.2 崩塌

崩塌的形成与发展主要因素：

（1）岩土类型。岩、土是产生崩塌的物质条件。一般而言，各类岩、土都可以形成崩塌，但不同类型，所形成崩塌的规模大小不同。通常，岩性坚硬的各类岩浆岩、变质岩及沉积岩类的碳酸盐岩、石英砂岩、砂砾岩、初具成岩性的石质黄土、结构密实的黄土等形成规模较大的崩塌，页岩、泥灰岩等互层岩石及松散土层等往往以小型坠落和剥落为主。

（2）地质构造。各种构造面，如节理、裂隙面、岩层界面、断层等，对坡体的切割、分离，为崩塌的形成提供脱离母体（山体）的边界条件。坡体中裂隙越发育，越易产生崩塌，与坡体延伸方向近于平行的陡倾构造面，最有利于崩塌的形成。

（3）地形地貌。江、河、湖（水库）、沟的岸坡及各种山坡、铁路、公路边坡、工程建筑物边坡及其各类人工边坡都是有利崩塌产生的地貌部位，坡度大于 45°的高陡斜坡、孤立山嘴或凹形陡坡均为崩塌形成的有利地形。

岩土类型、地质构造、地形地貌三个条件，又统称地质条件，它是形成崩塌的基本条件。

能够诱发崩塌的外界因素很多，主要有：

（1）地震。地震引起坡体晃动，破坏坡体平衡，从而诱发崩塌。一般烈度大于 7 度以上的地震都会诱发大量崩塌。

（2）融雪、降雨。特别是大雨、暴雨和长时间的连续降雨，使地表水渗入坡体，软化岩、土及其中软弱面，产生孔隙水压力等，从而诱发崩塌。

（3）地表水的冲刷、浸泡。河流等地表水体不断地冲刷坡脚或浸泡坡脚、削弱坡体支撑或软化岩、土，降低坡体强度，也能诱发崩塌。

（4）不合理的人类活动。如开挖坡脚、地下采空、水库蓄水、泄水等改变坡体原始平衡状态的人类活动，都会诱发崩塌活动。

还有一些其他因素，如冻胀、昼夜温差变化等，也会诱发崩塌。

1.6.2.3 泥石流

泥石流的形成必须同时具备以下 3 个条件：陡峻的便于集水、集物的地形地貌；丰富的松散物质；短时间内有大量的水源。

（1）地形地貌条件。在地形上具备山高沟深、地势陡峻，沟床纵坡降大、流域形态便于水流汇集。在地貌上，泥石流的地貌一般可分为形成区、流通区和堆积区三部分。上游形成区的地形多为三面环山、一面出口的瓢状或漏斗状、地形比较开阔、周围山高坡陡、山体破碎、植被生长不良，这样的地形有利于水和碎屑物质的集中；中游流通区的地形多为狭窄陡深的峡谷，谷床纵坡降大，使泥石流能够迅猛直泻；下游堆积区的地形为开阔平坦的山前平原或河谷阶地，使碎屑物有堆积场所。

（2）松散物质来源条件。泥石流常发生于地质构造复杂，断裂褶皱发育、新构造活动强烈、地震烈度较高的地区。地表岩层破碎，滑坡、崩塌、错落等不良地质现象发育，为泥石流的形成提供了丰富的固体物质来源；另外，岩层结构疏松软弱、易于风化、节理发育，或软硬相同成层地区，因易受破坏，也能为泥石流提供丰富的碎屑物来源；一些人类工程经济活动，如滥伐森林造成水土流失，开山采矿、采石弃渣等，往往也为泥石流提供大量的物质来源。

（3）水源条件。水既是泥石流的重要组成部分，又是泥石流的重要激发条件和搬运介质（动力来源）。泥石流的水源有暴雨。冰雪融水和水库（池）溃决水体等形成。

我国泥石流的水源主要是暴雨、长时间的连续降雨等。

1.6.2.4 地面塌陷

地面塌陷形成与发展的主要影响因素包括：

（1）地形地貌和地质构造。洼地、谷地与河谷等地形往往是断裂构造的发育地带，也是地下水的主要排泄带或汇水区，这些地区十分有利于地面塌陷的产生。

（2）地面自重和外加荷载作用。受化学侵蚀、机械剥蚀及人为挖掘等作用的影响，地面支撑力减少或自重力加大，当支撑力无法抵消地面重力作用时，就会容易引起塌陷。

（3）震动效应。强烈的地震和人为震动都会引起岩土体的各种破坏效应。如果在震动区分布有地下岩洞或其他洞穴，往往会引起地面塌陷或洞室坍塌。

（4）降雨和蓄水影响。降雨和蓄水不但直接湿润与饱和岩土体、增加岩土体的容重及降低其强度，而且还抬高地下水位，增强地下水的渗透和侵蚀能力，提高岩体内的水压力。

（5）疏干排水。在进行矿床开采和地下工程建设时，往往要大规模地进行地下水的疏干排水，地下水位的大幅度下降，使得上覆岩体失去浮托力，极易造成地面塌陷。

（6）冲刷溶蚀作用。在一些工矿企业和城市，由于地下管道漏水或排放废液，对岩土层具有很强的冲刷和侵蚀作用，容易沿着某一通道带走松散和可溶物质，形成空洞导致坍塌。

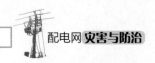

1.6.3　地质灾害的时空特征

随着经济建设的不断发展，地质灾害的频度和规模有逐年增加的趋势，以 2008～2013 年我国发生的地质灾害为例进行分析，具体如表 1-7 所示。

表 1-7　　　2008～2013 年全国发生各类地质灾害的基本情况

各类地质灾害＼年份	2008	2009	2010	2011	2012	2013	合计
滑坡（次）	13450	6657	22329	11490	10888	9849	74663
崩塌（次）	80801	2309	5575	2319	2088	3313	23684
泥石流（次）	443	1426	1988	1380	922	1541	7700
地面塌陷（次）	451	316	499	360	347	371	2344
地裂缝（次）	——	115	238	86	55	301	795
地面沉降（次）	——	17	41	29	22	28	137
伤亡（人）	1598	331	2246	277	375	481	5308
直接经济损失（亿元）	32.7	17.65	63.9	40.1	52.8	102	309.15

山体滑坡故障主要集中在华中、华东等山区，该地区以软质岩为主、山体坡度较陡、土层及风化产物分布较厚、结构松散，容易发生崩塌、泥石流等地质灾害，山体滑坡造成配电线路停电主要原因是杆塔基础被掏空而倒断倾斜，或者斜坡土石层饱和造成滑坡体重量增加，对位于坡脚的杆塔形成巨大冲击。国家电网公司辖区内地质灾害相对值分布如图 1-24 所示。

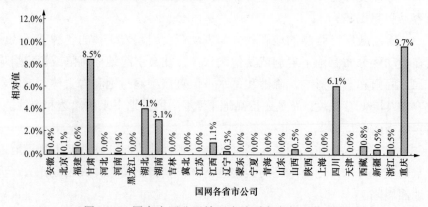

图 1-24　国家电网公司辖区内地质灾害相对值分布

1.6.3.1　滑坡

根据 60 多年来发生在中国的滑坡灾害历史数据资料，结合我国县级区划图，分析滑坡灾害发生的区域特点，主要集中在四川、甘肃以及江浙一带的南方地区，其中位于秦巴山一带的点数最为密集，而黑龙江、内蒙古、西藏等北方地区发生滑坡的次数非常少。统计我国滑坡分布规律主要集中在江、河、湖（水库）、海、沟的岸坡地带，地形高差大的峡谷地区，地质构造带之中，如断裂带、地震带等，易滑坡的岩、土分布区，如松散覆盖层、黄土、泥岩、页岩、煤系地层等，还有暴雨多发区或异常的强降雨地区。其中，研究的重点区域是从太行山到秦岭、经鄂西、四川、云南到藏东一带的秦巴山地区。

从统计结果中可以很明显地看出，滑坡灾害次数在整体上呈现上升趋势，一方面可能由于早期我国在滑坡灾害数据的整理方面不够系统化，导致滑坡灾害记录不完整；另一方面也与近年来发生的众多地质灾害有关，如洪水、地震等都易导致滑坡的发生。从阶段上来看，滑坡灾害发生最多的是 1998 年，当时我国南方地区降雨导致洪涝灾害频发，与事实相符合，证明数据库具有可靠性。

对比 1995～2010 年中国统计年鉴中对每年因滑坡死亡人数的记录，和国际紧急灾难数据库 EM-DAT 中对 1982～2011 年中国滑坡死亡人数的统计，可以看出，从整体走势上来看大体相同，在 2010 年有一个最高点，在 1996～1998 年有一个比较明显的波动变化，这与发生在当时的洪水和地震地质灾害有关。由于国外对我国滑坡灾害的报道不全，从数据上存在差异是不可避免的，但总体上可以反映相同的规律。

分析滑坡灾害月份统计图，滑坡灾害基本是按正态分布规律，6～9 这 4 个月滑坡灾害发生的次数比较高，形成一个波峰，而其中 7 月发生滑坡的次数远超于其他 3 个月，表明 7 月是滑坡灾害研究的重点月份。同时分析死亡人数，滑坡灾害发生次数较多的几个月，即 6～9 月，造成的死亡人数也较多，但最多的月份却是 5 月。通过数据分析原因，由于 2003 年 5 月 11 日，在汶川地区发生地震，造成多处滑坡，死亡人数严重，虽然滑坡发生次数不多，但规模较大。由此可见，滑坡分析造成的影响，除了要关注发生的次数外，还要重视滑坡发生的规模等级。

1.6.3.2 崩塌

西南地区，含云南、四川、西藏和贵州四省（区）为我国崩塌分布的主要地区，该地区崩塌的类型多、规模大、频繁发生、分布广泛、危害严重，已经成为影响国民经济发展和人身安全的制约因素之一。西北黄土高原地区，面积达 60 余万方 km^2，连续覆盖五省（区），以黄土崩塌广泛分布为其显著特征。东南、中南等省山地和丘陵地区，崩塌也较多，但其规模较小，以堆积层滑坡、风化带破碎岩石崩塌为主，这些区域崩塌的形成与人类工程经济活动密切相关。

在西藏、青海、黑龙江省北部的冻土地区，分布有与冻融有关，规模较小的冻融堆积层崩塌。秦岭大巴山地区也是我国主要崩塌分布地区之一，该区域堆积层崩塌大量出现，变质岩、页岩地区也容易产生岩石顺层崩塌，对国民经济发展产生一定影响。尤其是该区域的宝成铁路，自通车以来沿线的崩塌年年发生，给铁路正常运营带来诸多困难。其中，以堆积层崩塌为主，与修建铁路时开挖坡脚有密切关系。

1.6.3.3　泥石流

我国泥石流分布广泛、类型多样、危害严重，经常发生在峡谷地区和地震火山多发区，在暴雨期具有群发性。泥石流的区域发育程度受控于地质构造和地貌组合，爆发频率和活动强度受控于水源补给类型和动力激发因素，性质和规模受控于松散物质的储量多寡、组构特征和补给方式。暴雨型泥石流是我国分布最广泛、数量最多、活动也最频繁的泥石流类型，其主要分布地区为我国东部和中部人口较集中、经济较发达的地区，因而造成的危害最大，与人民生活、国家建设的关系也最密切。降雨强度对于暴雨型泥石流的发生有着决定性意义，在各种地质环境下，降雨强度都要达到相应的临界才会导致泥石流爆发。

从地形、地貌来看，我国泥石流几乎分布在各种气候和各种高度的山区，其中西部的高原、高山、极高山是泥石流最发育、分布最集中、灾害频繁而又严重的地区。东部的平原、低山、丘陵，除辽东南山地泥石流密集外，其他地区泥石流分布零散，灾害较少。

从泥石流分区来看，我国学者根据大区域的地貌、气候条件以及由此决定的泥石流基本类型和总体特征的异同，对我国泥石流进行了灾害分区，共分为4个大区：东部湿润低山丘陵暴雨泥石流灾害区、北部半干旱—半湿润高原暴雨泥石流灾害区、西南湿润高中山暴雨泥石流灾害区、西部寒冻高原高山冰川泥石流灾害区；再由次级地貌、构造、地层岩性、泥石流物质结构类型、发育程度及灾害程度的差异，再分为18个"亚区"。

泥石流大多发生在较长的干旱年之后（物质积累阶段），出现多雨或暴雨强度大的年份及冰雪强烈消融的年份；就季节变化而论，降雨量的季节性变化决定着泥石流爆发频率的季节变化。泥石流多发生在降雨集中期和冰川积雪强消融期的6～9月。

1.6.3.4　地面塌陷

地面塌陷广泛分布于全国各地，仅河北、河南、陕西、山西、山东、江苏、安徽七省的不完全统计，已有200个县市发现地面塌陷点746处。在城市中，已出现地面塌陷的有西安、大同、壮族、邯郸、保定、石家庄、天津、淄博等，其中以西安最为典型和严重。各类地面塌陷穿越民居、厂矿、农田，横切道路、水管及各种公共设施，致使建筑物破损、农田毁坏、道路变形、管道破裂、影响人民生活、厂矿生产和安全。每年造成的经济损失达数亿元之多。

在我国发育的各类地面塌陷中，除地震引起的地面塌陷外（它常与地震一起研究），以基底断裂活动引起的地面塌陷的规模和危害最大。它一般分布在活动构造单位之中，如汾渭地堑等，具有明显的方向性，并在水平、垂直方向上均有位移，以西安、大同所发育的最为典型。隐伏裂隙和开启裂缝在分布上具有一定的方向性，规模不大。以陕西泾阳、山西万荣和河北邯郸、正定等地最为典型。地面沉陷塌陷多呈环状产生，各类矿区、岩溶塌陷区和地面沉降区等均有发育。其他各类地面塌陷规模较小，分布广泛，一般不具有规则的方向性。松散土体潜蚀塌陷以河南黄泛区和河北、山东等地最为典型。黄土地区、南方膨胀土和淤泥质软土地区、滑坡地带则分别为黄土湿陷塌陷、胀缩塌陷和滑坡塌陷。地震塌陷常与地震活动同时产生，我国各个地震区，如唐山、澜沧—耿马、炉霍等地，在地震中均产生了大量的这类塌陷。

第2章　配电网灾害机理

机理分析是通过对系统内部原因（机理）的分析研究，从而找出其发展变化规律的一种科学研究方法。目前对机理有两种解释：一是指为实现某一特定功能，一定的系统结构中各要素的内在工作方式以及诸要素在一定环境下相互联系、相互作用的运行规则和原理；二是指事物变化的理由和道理，从机理的概念分析，机理包括形成要素和形成要素之间的关系两个方面。

在前文中介绍到了配电网灾害的定义，所以在这里配电网灾害机理其实包含了两层定义：致灾机理和破坏机理。致灾机理侧重于系统级，借助于区域自然灾害系统论，是指致灾因子、孕灾环境与承灾体即配电设备综合作用的过程，灾情是这个系统中各子系统相互作用的产物，区域自然灾害系统各构成元素的相互作用关系及概念模型如图 2-1 所示。破坏机理更侧重于设备级，是指在各类自然灾害下，配电设备不能适应或调整环境变化时发生某种灾损（破坏）的规则和原理。

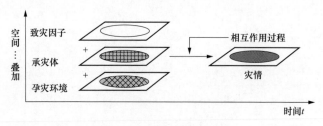

图 2-1　区域自然灾害系统

2.1　配电网风害

在日常生活中，配电网承担着连接电力系统和电力用户的重要角色，网络状的广泛分布决定了其在各类自然灾害下影响巨大。因此非常有必要了解配电设备在强风下的灾损类型、致灾机理和破坏机理，为后续的有效防治提供支撑。

在台风、雷暴风等各类强风下，配电网的灾损均集中在杆塔、导线等架空设备，本章节主要针对杆塔与导线展开介绍。伴随各类强风带来的降雨给配电网带来的灾损将在 2.2　配电网水害中介绍。

2.1.1　风害灾损类型

根据本书第一章给出的配电网风害定义，既包括了因强风造成的配电设备直接损坏，又包括了因强风造成正常供电严重影响。借助于"自然灾害损失"的定义：由于自然灾害而引起的各项经济损失。强风引起的配电网灾损我们可以理解为由于强风而引起的配电网各项经济损失，这里既包含因强风造成配电设备损坏引起的直接经济损失，同时隐含因强风造成居民失电引起的间接经济损失。

根据大量的风灾后配电网灾损与故障调查，本书将把风害造成的配电网灾损分为永久性故障和临时性跳闸两大类。其中，永久性故障分为杆塔失效、基础倾覆、导线失效和其他类设备失效四小类；临时性故障分为树线矛盾、异物短路和风偏跳闸。强风下配电网主要灾损类型及灾损形式如表 2-1 所示。

表 2-1　　　　　　　　　强风下配电网主要灾损类型及灾损形式

灾损大类	灾损小类	灾损形式（失效模式）
永久性故障	杆塔失效	杆塔在强风下因可变荷载和永久荷载综合作用导致杆身或塔身变形，超过限值发生失效，严重时出现杆身、塔身折断的现象，俗称"断杆/塔"，如图 2-2 所示
	基础倾覆	杆塔在强风下因可变荷载和永久荷载综合作用导致基础出现松动、位移变形，导致杆塔倾斜，严重时出现整体性倾覆的现象，俗称"倒杆/塔"，如图 2-3 所示
	导线失效	架空导线、引线和跳线在强风下因可变荷载和永久荷载综合作用导致导线出现断线、断股的现象，如图 2-4 所示
	其他失效	线夹、金具和绝缘子等在强风下因可变荷载和永久荷载综合作用导致损坏、失效
临时性跳闸	树线矛盾	架空线路走廊两侧树木、毛竹在强风的作用下倚靠或倒伏在导线上，造成线路短路跳闸故障
	异物短路	强风吹起的各类异物压挂在导线上造成短路跳闸故障
	风偏跳闸	导线在强风的作用下发生偏摆后由于电气间隙距离不足导致放电故障

2.1.1.1　永久性故障

此类灾损是由于强风直接或间接造成了杆塔、导线等设备损坏故障，需要对设备进行抢修或者更换才能恢复正常供电。

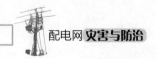
1. 断杆/塔

在配电架空线路中，杆塔是其最重要的组成部分，起到支撑导线、绝缘子、金具的作用，同时保证导线之间以及与大地建筑物或跨越物之间的安全距离。杆塔在正常运行的过程中主要受到杆塔的自重、导线自重、覆冰荷载或风荷载等载荷的作用。由于杆塔经常会承受覆冰荷载、风荷载、地震荷载的作用，致使杆塔发生断杆/塔、倒杆/塔一系列的灾损，如图 2-2 所示。

我国配电杆塔主要采用钢筋混凝土电杆（简称电杆）、钢管杆和窄基塔。应用最为广泛、数量最多的是电杆，同时也是各类风灾下受灾最严重的杆塔类型。

在各类强风引起的配电网灾损中，断杆和倒杆是最典型的一种灾损。从灾损设备类型来看，断杆多发生在预应力电杆和低强度电杆（开裂检验荷载为 J 级及以下），尤其是无拉线的直线杆。根据东南沿海某省 2010～2016 年期间，台风造成的 10kV 电杆灾损资料统计，无拉线直线杆受损比例为 95%，带拉线直线杆受损比例为 3.5%，耐张杆受损比例为 1.5%。从灾损位置来，断杆断塔多发生在山坡、山谷以及易产生"狭管效应"的各类微地形下。

（a）断杆　　　　　　　　　（b）断塔

图 2-2　断杆/塔

2. 倒杆/塔

杆塔基础失效模式主要有上拔、下沉和倾覆，根据大量的风灾后灾损调查，失效模式几乎都是倾覆失效。杆塔基础在各类荷载综合作用下导致松动、位移乃至倾覆，基础失效引起杆塔倾斜甚至倾倒，如图 2-3 所示。

从灾损设备类型来看，无拉线直线杆占比最高，从基础型式来看，以直埋式基础为主，少部分为卡盘基础和底盘基础。从灾损位置来看，多发生在滩涂、淤泥等软塑地基区域，或是山区道路侧、河谷、河漫滩等基础易受冲刷的区域。

(a) 倾杆　　　　　　　　　　　　　　　　(b) 倒杆

图 2-3　倾/倒杆

3. 断线

在各类强风灾害下，导线断线、断股也是一种较为常见的灾损，如图 2-4 所示。断股是指导线局部绞合的单元结构（一般为铝股）发生破坏，断线是导线的钢芯和导体铝股完全被破坏。从灾损设备类型来看，绝大多数是不带钢芯的导线。从断线位置来看一般发生在导线以下三个位置：

（1）导线与绝缘子的固定连接处。

（2）导线与线夹的固定连接处。

（3）树木、广告牌等异物压砸导线处。

(a) 导线断线远景　　　　　　　　　　　(b) 导线断线近景

图 2-4　导线断线

2.1.1.2 临时性跳闸

强风造成杆塔、导线等配电设备直接损坏的同时，往往迫使导线晃动、树竹剧烈摇晃，同时吹起广告牌、地膜等异物，如图 2-5 所示。在这种灾害天气下，往往造成大量的配电线路单相失地、相间失地短路跳闸，严重影响了供电可靠性。

根据东南沿海某省 2010~2016 年期间，台风造成 10kV 配电网线路停运原因统计分析来看，由于树竹、广告牌等异物造成的线路临时性短路跳闸（未发生设备损坏）占比高达 62%。此类灾损虽未发生设备损坏，但从用户感知来看依然是停电，所以在此有必要将其单独列为一类灾损进行介绍。

（a）树木挂线　　　　　　　　　　（b）异物挂线

图 2-5　强风下易引发线路临时性跳闸故障各类原因

2.1.2　风害致灾机理

前面我们介绍了强风灾害下配电网的主要灾损类型，在本章节将分析风灾下的致灾机理。

我们再借助于区域自然灾害系统论，我们可以将各类强风视为致灾因子，线路所处的位置视为孕灾环境，各类输配电的杆塔、杆塔基础和导线等视为承灾体，灾情是这个系统中各子系统相互作用的产物，是强风直接或间接作用于配电设备而产生的，体现在电网设备损坏和用户停电。在风害致灾机理中研究核心在于准确获取杆塔、线路处的可变荷载（风荷载），准确分析风场的变异。

2.1.2.1　致灾因子分析（强风）

由于风灾具有影响范围广、发生频率高、不确定性强等特点，使得在输配电线路破坏事故原因中占有较大的比重。同时输配电线路特殊的外形特征往往决定了在一般情况下风荷载成为其所有荷载中的控制荷载。

风荷载作为结构的一种典型的动力荷载，其对结构的作用是通过大气边界层自然风特性参数来刻画的，如平均风剖面（廓线）、湍流强度强度、湍流积分尺度、阵风因子、脉动风功率谱等。良态风和非良态风由于驱动因素、运动特征和物理结构存在较大的差别，这些参数也有所差异，最终体现在不同风作用在结构上静、动荷载的不同。

现对土木工程抗风设计十分重要的风特性参数进行简单解释。

1. 平均风剖面

平均风剖面也称平均风廓线，用来描述大气边界层中平均风速沿高度的变化规律，一般采用对数率或幂函数律（指数律）来描述。在大气边界层中，随着离地表高度的增加不仅平均风速要增大，而且平均风的风向也要发生变化。然而，实测资料表明直至 180m 高度，平均风方向的改变仍只有几度量级，因此，除非是特别高的结构或者对风向较敏感结构，在风工程实践中一般都忽略平均风方向沿高度的变化。

（1）对数律（Logarithmic Law）描述。

对数律的表达式为

$$U(z) = \left(\frac{u_*}{\kappa}\right) \ln\left(\frac{z}{z_0}\right) \tag{2-1}$$

式中，$U(z)$ ——离地高度 z 处的平均水平风速，m/s。

u_* ——摩擦速度或流动剪切速度，m/s。它是对气流内部摩擦力的度量，可取为 $u_* = (\tau_0 / \rho)^{0.5}$，其中 τ_0 是空气在地表附近的剪切应力；ρ 为空气密度。

κ ——Karman 常数，近似取 0.4。

z_0 ——地面粗糙长度，m。

z_0 是地面上湍流旋涡尺寸的度量，反映了地面的粗糙程度，由式（2-1）可知，z_0 是地面上平均风速为零处的高度。由于局部气流的不均一性，不同测试中 z_0 的结果相差很大，故 z_0 的大小一般由经验确定。

对数律在气象学中的应用较多，但是由于其只考虑了地表粗糙高度，而没有考虑大气边界层高度，因此在 100m 高度范围内用对数律表达风剖面是比较合适的，超过这一高度将会得到偏于保守的结果，这已被实测结果所证实。

（2）幂函数律（Power Law）描述。

历史上，最早被用来描述水平均一地貌上的平均风剖面的是式（2-2）所示的幂函数律

$$U(z) = U_r(z/z_r)^\alpha = U_G(z/H_G)^\alpha \tag{2-2}$$

式中 U_r ——在参考高度 z_r 处的风速，即参考风速，m/s；

z ——离地高度，m；

z_r ——参考高度，一般取 10m；

α ——常被称为粗糙度指数，并且假设在整个边界层高度范围内幂函数的指数 α 保持不变，但对于不同地面粗糙度类别，其 α 值是不一

样的，达到梯度风速的高度也不相同。

U_G——梯度风高度 H_G 处的风速，m/s；

H_G——梯度风高度，m。

由于幂函数律形式简单，使用方便，而且在近地大气边界层中与下述的对数律之间的差别也不大，因此是应用最广的一种平均风剖面近似公式。目前许多国家的规范（包括我国规范）都采用幂函数律。在许大多数中文文献中，幂函数律被称为指数律。事实上，从严格数学概念出发，称指数律是不合适的，因为在式（2-2）中，指数 α 为常数，底 (z/z_r) 为变量，符合幂函数的定义，而指数函数应是底为常数、指数为变量。

需要说明的是，建筑结构可能要承受多种风气候条件下的风荷载的作用，但是从工程应用的角度出发，目前我国国家标准《建筑结构荷载规范》以及相应电力设计采用的标准规范在规定风剖面和统计各地基本风压时，对风的性质并不加以区分。

2. 阵风因子

自然风瞬时风速可以看成是平均风速和脉动风速的叠加。不同的平均风时距可导致不同的平均风速和脉动风速，对于工程设计中使用的年最大平均风速，原则上平均的时距越长，所得的年最大平均风速就越小。当平均时距小于 3s 时所得的平均风速一般均被认为是瞬时风速，也叫阵风风速，记为 U_g。阵风风速和平均风速 U 之比被称为阵风因子，记为 G_v，即

$$G_v = U_g/U \tag{2-3}$$

式中 U_g——阵风风速，m/s；

U——平均风速，m/s。

表 2-2 给出了根据国内外实测资料统计得到的不同时距平均风速与 10min 时距平均风速之间的比值的平均值，由此可见，阵风因子的平均值为 1.5。我国相关规范已考虑了地貌类别和离地高度对阵风因子的影响。

表 2-2   各种典型时距与 **10min** 时距对应的平均风速之比的统计值

时距	1h	10min	5min	2min	1min	30s	20s	10s	5s	<3s
统计比值	0.94	1.00	1.07	1.16	1.20	1.26	1.28	1.35	1.39	1.50

3. 湍流强度

湍流度（或湍流强度）是大气湍流的一个最简单的描述符，是风速脉动强度的一个指标。绝对的湍流度实际上就是风速脉动的标准差，而相对湍流度则被定义为脉动风速的标准差与平均风速的比值，即

$$I_u(z)=\sigma_u(z)/U(z);\ I_v(z)=\sigma_v(z)/U(z);\ I_w(z)=\sigma_w(z)/U(z) \tag{2-4}$$

式中　$I_u(z)$、$I_v(z)$、$I_w(z)$——分别表示高度 z 处的顺风向、水平横风向和竖向相对
湍流度；

　　　　$\sigma_u(z)$、$\sigma_v(z)$、$\sigma_w(z)$——分别表示高度 z 处的顺风向、水平横风向和竖向脉
动风速的标准差。

由于在实践中人们较为广泛使用的是相对湍流度，因此为了简化，"相
对"两字常被省略，简称为湍流度。也就是说，所谓湍流度一般均指相对湍
流度。

4. 湍流积分尺度

通过空间中某一点的气流中的速度脉动可以被认为是由平均风所输运的各
种尺度的旋涡在该点所造成的、按各自不同周期脉动的速度分量的叠加。紊流
的积分尺度就是度量气流中各种旋涡沿某一指定方向的平均尺寸的一个指标。
由于旋涡的三维特性，因此对应三个脉动风速和空间的三个方向，一共有 9 个
湍流积分尺度：L_u^x、L_u^y、L_u^z、L_v^x、L_v^y、L_v^z、L_w^x、L_w^y、L_w^z，积分尺度的数学
定义如下：

$$L_a^r = \int_0^\infty C_{a_1 a_2}(r)dr/\sigma_a^2 \tag{2-5}$$

式中　$a=u$，v，w；$r=x$，y，z；

　　　　σ_a^2——脉动分量 a 的方差；

$C_{a_1 a_2}(r)$——相距 r 的两点上的脉动风速之间的交叉协方差函数。

5. 脉动风速功率谱

在湍流场中存在着由各种原因产生的许许多多大小不一、相互牵连的旋
涡，流场中的运动能量通过惯性从"大尺度涡"向"中尺度涡"再向"小尺
度涡"和"微尺度涡"传递，最终被空气的粘性所耗散。风速的脉动就是由
于包含在气流中这些数不尽的大大小小的旋涡产生的，这些旋涡以各自的圆
频 $\omega=2\pi n$（或波数 $K=2\pi/\lambda$，其中 n 为频率，λ 为波长）作周期运动。类似于
光谱，脉动风速谱（简称风谱）描述的是湍流运动能量随频率或波长的分布
情况，也即反映了每个频率成分的脉动或者说不同尺寸旋涡的运动对风速脉
动的贡献程度。

2.1.2.2　孕灾环境分析

目前灾害系统中孕灾环境广义上指孕育产生灾害的自然环境与人文环境，
主要指大尺度下大气圈、水圈、岩石圈、生物圈、人类圈与技术圈。在配电网
灾害中我们所指的孕灾环境与其有所不同，主要指配电设备所处的地形、地貌

相关地理信息，更多的侧重于可能造成风速增益的微地形，以及可能产生微气象的地理环境。

微地形是大地形的一个局部、狭小的范围，是多种多样的，是有利于大风生成、发展和加重的局部地段。在局部出现微地形的地段，气象参数将会在小范围内发生改变，有时会对线路造成严重影响。微气象是指输电线路中的某一小段，甚至单指一两基杆塔的狭小范围内的气象。

由于微地形对输配电线路影响显著，许多国家的输配电线路设计规范都对不同微地形下的设计方法进行了规定。一般微地形分为高山分水岭型（山丘、山峰）、地形抬升型（悬崖、山坡）和垭口型（波动地形）等。实际地形千差万别，规定的设计值与实际值有时出入较大，这就造成倒杆/塔、断线情况时有发生。

一般研究中将微地形分为如下几类。

1. 高山分水岭型

高山分水岭的示意图如图 2-6 所示。气流流经分水岭后，地形变得空旷开阔，容易出现强风。

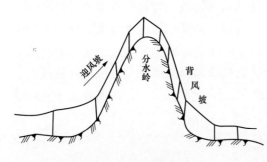

图 2-6 高山分水岭地形

2. 地形抬升型

抬升型地形如图 2-7 所示。气流由底部爬到顶开阔区，速度增大。

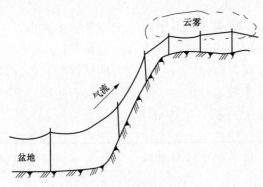

图 2-7 抬升地形

3. 垭口型

垭口型地形的示意图如图 2-8 所示。气流流入时，从开阔区进入狭窄区，流区压缩，产生狭管效应，使得风速大幅度增加。

目前配电线路设计主要参考标准是 GB 50061《66kV 及以下架空电力线路设计规范》，该规范中对考虑地形影响的风荷载计算方法是依据国标《建筑结构荷载规范》开展，相应计算方法如下：

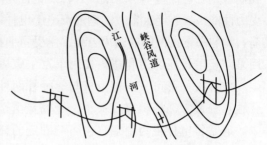

图 2-8 垭口型地形

对于山区的建筑物，风压高度变化系数除按地面的粗糙度类别确定外，还应考虑地形条件的修正，修正系数分别按下述规定采用：

（1）对于山峰和山坡，其顶部 B 处的修正系数可按下式采用

$$\eta_{\mathrm{B}}=\left[1+k\cdot\tan\alpha\left(1-\frac{z}{2.5H}\right)\right]^2 \qquad (2\text{-}6)$$

式中　$\tan\alpha$——山峰或山坡在迎风面一侧的坡度；当 $\tan\alpha>0.3$ 时，取 $\tan\alpha=0.3$；

　　　k——系数，对山峰取 3.2，对山坡取 1.4；

　　　H——山顶或山坡全高，m；

　　　z——建筑物计算位置离建筑物地面的高度，m，当 $z>2.5H$ 时，取 $z=2.5H$。

对于山峰和山坡的其他部位，取两侧（A、C 处）的修正系数 η_{A}、η_{C} 为 1，AB、BC 间的修正系数按 η 的线性插值确定。

（2）山间盆地、谷地等闭塞地形 $\eta=0.75{:}0.85$。

（3）对于与风向一致的谷口、山口 $\eta=1.20{:}1.50$。

杆塔线路所处位置地貌及粗糙度同时对风速影响也极为明显，目前我国国家标准《建筑结构荷载规范》中对地面粗糙度分为 A、B、C、D 四类，并对相应的粗糙高度和梯度风高度进行规定，其中 B 类地貌为标准地貌：A 类指近海海面和海岛、海岸、湖岸及沙漠地区；B 类指田野、乡村、丛林、丘陵以及房屋比较稀疏的乡镇；C 类指有密集建筑群的城市市区；D 类指有密集建筑群且房屋较高的城市市区。

2.1.2.3　承灾体分析

输配电线路杆塔、杆塔基础、架空导线和横担金具等是强风灾害下的主要承灾体，在此对前三类主要承灾体设备展开介绍。

1. 电杆

电杆是风灾下受灾最普遍也最为严重的杆塔类型，在此我们就电杆开展介绍。

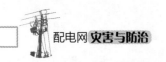

我们首先对电杆基本构造及抗力特点进行介绍。考虑到节约材料且充分发挥构件受力性能，目前绝大多数的钢筋混凝土电杆均采用环形截面。纵向受力钢筋（主筋）均匀布置在截面的圆周方向，承受弯曲拉应力；螺旋钢筋环绕在主筋外侧，用来防止电杆在剪力和扭矩作用下发生破坏，并起到固定纵向受力钢筋的作用。

电杆按外形可分为锥形杆与等径杆两种。锥形杆是锥度为 1:75 的变径杆，杆端直径最大，杆梢直径最小，配筋量由端部（杆底）向杆梢（杆顶）逐步减少。通常将电杆视为上端自由下端固定的纯弯构件，其在正常运行下的弯矩值由端部向杆梢递减，所以锥形杆的配筋方式更符合电杆的正常运行状态，且较等径杆能节约较多的材料，具有较好的经济性，在实际配网工程中得到更广泛的应用。

电杆按配筋方式可分为普通钢筋混凝土电杆、预应力混凝土电杆和部分预应力混凝土电杆三种。其中后两者开裂荷载与破坏荷载过于接近，呈现脆性破坏特征，在各类极端风荷载下的承载力裕度相比普通钢筋混凝土电杆更低。

电杆按维持结构整体稳定性方式，可将电杆划分为自立式电杆（直线杆）和拉线式电杆（耐张杆），如图 2-9 所示。在正常运行情况下，两者受力特性也有所不同。

2. 杆塔基础

梢径为 190mm 的 10kV 水泥杆基础一般采用原状土掏挖直埋式的基础型式，即按水泥杆相应的埋设深度在杆位处将原状土掏挖成型后直接埋设的施工方式。当水泥杆的倾覆力矩大于基础原状土抗倾覆力矩时应加装卡盘基础，若装卡盘还不能满足要求，可适当加大埋深或按大弯矩水泥杆（梢径 230mm 及以上）常用基础型式处理，根部下压力大于地基允许承载力时应加装底盘基础，如图 2-10 所示。大弯矩水泥杆基础常用的型式是典型套筒无筋式、套筒式和台阶式三种，如图 2-11 所示。

（a）直线杆　　　　　　（b）耐张杆

图 2-9　混凝土电杆

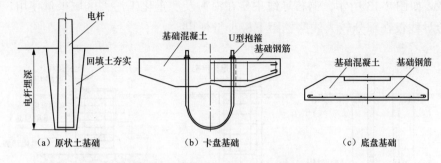

图 2-10　梢径 190mm 电杆常用基础

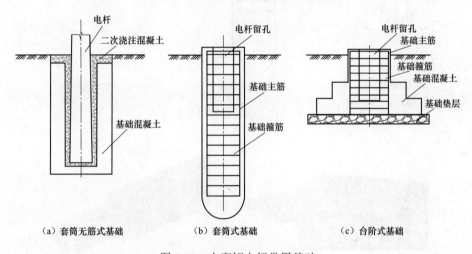

图 2-11　大弯矩电杆常用基础

在早期的文献中有的将基础按抵抗力分为上拔类、下压类和倾覆类两类基础，我们认为参考最新的 DL/T 219—2014《架空输电线路基础设计技术规定》，"上拔稳定"、"倾覆稳定"、"上拔、下压稳定"应视为设计条件更为妥当。

钢管杆基础较为常用的是台阶式、灌注桩和钢管桩三种，如图 2-12 所示。窄基塔基础较为常用的台阶式基础和灌注桩基础，与钢管杆采用基础有所类似。

3. 架空导线

配电架空线按照绝缘可以分为裸导线和绝缘导线，按导线内部有无钢芯可以分为带钢芯的导线和不带钢芯的导线。由于铝材重量轻，成本较铜更为低廉，对线路连接件和支持件的要求低，目前配电架空导线线芯广泛采用铝导体绞合

而成,如图 2-13 所示。铜芯导线主要在沿海及严重化工污秽区域少量使用。铝合金导线仅在部分较大线路档距下极少量使用。

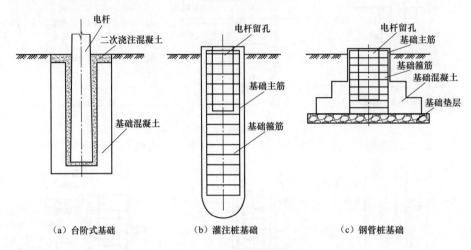

（a）台阶式基础　　　（b）灌注桩基础　　　（c）钢管桩基础

图 2-12　钢管杆常用基础

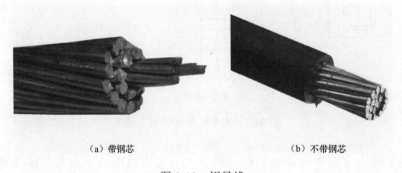

（a）带钢芯　　　　　　　　　（b）不带钢芯

图 2-13　铝导线

目前配电架空线路中裸导线多采用 JL/G1A 系列钢芯铝绞线和 JL 铝绞线。绝缘导线多采用不带钢芯的 JKLYJ 系列,由于缺乏相应标准以及导线张力和架线弧垂均较大,目前带钢芯的 JKLGYJ 系列不作为主要类型推荐使用。

绝缘导线相比裸导线具有更好的绝缘性能和防腐性能,可有效降低相间短路及接地故障。表 2-3 所示为绝缘导线与两类裸导线的参数对比表。从表中可以看出,同截面下的绝缘导线机械性能（体现在拉断力上）比不上裸铝绞线,远低于钢芯铝绞线,同时绝缘导线重量上明显高于两类裸导线。同时需要强调的是,绝缘导线的雷击耐受特性与裸导线相比有明显不同,受制于绝缘皮对雷击闪络后工频短路电流的阻隔,弧根只能在绝缘导线击穿处燃烧,致使绝缘导线断线。

表 2-3 绝缘导线与两类裸导线参数表

参数	绝缘导线	裸导线 1	裸导线 2
型号	JKLYJ-10/240	JL-240	JL/G1A-240/30
根数×直径（mm）	37×2.90	19×4.00	铝：24×3.60；钢：7×2.40
截面（mm²）	244.39	238.76	275.96
外径（mm）	26.8	20.00	21.60
单位质量（kg/km）	948	656.3	920.7
计算拉断力（kN）	34.68	38.2	75.2
最大使用应力（MPa）	21.83	22.86	22.71
安全系数	6.5	7	12

2.1.3 风害破坏机理

在本书中破坏机理是指结构尺度下的设备破坏机理，理论依据主要是灾害力学分析相关内容。风害破坏机理的研究核心在于准确获取设备实际承受荷载，以及设备在承受荷载时的实际承载力。根据 2.1.1 中得到的台风中典型的灾损类型，对永久性故障中典型的三种灾损进行了荷载和结构承载力分析，如表 2-4 所示。临时性跳闸中的两种灾损属于简单的电气短路故障，在此不作介绍。

表 2-4 台风下配电网主要灾损类型下对应的荷载和承载力汇总表

灾损类型	失效部位	荷　　载	承载力
杆塔失效	杆/塔身	杆塔自身所受风荷载、由导线等传递到杆塔上的风荷载和杆塔、导线等自重荷载	钢筋、钢管、塔材抗弯力
基础失稳	杆塔基础	包括杆塔、导线金具等上部结构传递来的倾覆弯矩荷载以及重力荷载	杆塔基础抗倾覆承载力
导线失效	线路本体	导线、引线和跳线所受风荷载和自重荷载	导线等抗拉力
其他设备失效	设备连接、固定处	线夹、绝缘子和金具连接结点、固定处集中荷载	连接部件构件承载力

典型灾损中断杆主要是因为在强风作用下，杆身所受可变荷载和永久荷载合力超过杆身承载力（抗力）而发生断杆；倒杆主要是因为电杆基础所受荷载合力超过电杆基础承载力而发生倒杆；断线主要是因为导线本体或连接处所受

荷载超过导线承载力而发生断线。

2.1.3.1 力学模型

在前面已经介绍到在各类强风灾害中受损的杆塔绝大多数是直线杆，所以这里以单回架设的无拉线直线电杆为例，如图 2-14 所示，线路在垂直方向受杆塔、导线、横担金具的自身重力荷载（永久荷载），在水平方向受两侧导线拉力和杆塔、导线、金具风荷载（可变荷载）。

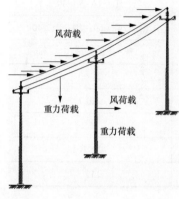

图 2-14　配电线路简化受力模型

1. 电杆力学模型与风荷载计算

电杆因埋入土中较少，所以可视为一端嵌固的悬臂梁。我们可将其简化为轴线铅垂的悬臂梁，其水平方向所受荷载一般可简化为集中荷载（导线荷载、绝缘子、金具荷载等）和均布荷载（风荷载），当风向与线路方向垂直时，基础所受的弯矩最大。

在外荷载作用下，沿杆自上向下各截面的弯矩越来越大，电杆底部所受的弯矩最大。电杆的嵌固点一般在地面以下 1/3 埋深处，所以在水平荷载（风荷载）作用下，电杆根部距地下 1/3 处产生弯矩最大。

$$W_S = \mu_z \mu_s \beta_z A_f W_0 \tag{2-7}$$

式中　　W_0——基本风压 kN/m²；

　　　　μ_s——构件的体型系数，环形混凝土电杆取 0.7；

　　　　μ_z——风压高度变化系数，参照《建筑结构荷载规范》确定；

　　　　β_z——杆塔风荷载调整系数，m，主要是考虑脉动风的作用，参照《建筑结构荷载规范》确定；

　　　　A_f——构件承受风压的投影面积，m²；对杆承受风压的投影面积 A_f，可按以下公式计算：

$$A_f = h\left(\frac{D_1 + D_2}{2}\right) \tag{2-8}$$

式中　　h——计算段的高度，m。

2. 基础力学模型与倾覆力计算

前面介绍到的几种杆塔基础，虽然在形式构造上存在差异，但是在受力上是相似的。因此我们以灾损中最易出现、最直观的直埋式基础为例开展受力介绍。

基础在水平方向承受由电杆传递而来倾覆弯矩荷载，在垂直方向（竖向）主要承受电杆、导线、基础本身等带来的重力荷载。当杆塔与相邻两侧杆塔垂直高差较小时，基础受上拔力较小，同时结合大量的灾损调查，在各类风灾中，配电杆塔出现上拔失效的情况极少，故在此不予考虑。

3. 导线力学模型与风荷载计算

悬挂在杆塔上架空导线是一种只承受拉力但不承受压力和弯矩的柔性构件，我们可以将其视为一个只受自重荷载及初始拉力的悬链线，按照单索计算理论即可得到较为精确的结果。由于导线主要靠自身的拉伸来抵抗外荷载，可对导线受力情况进行简化，如图 2-15 所示。假设悬挂点之间高差角较小，档距和线长很接近，工程上则认为荷载沿档距均匀分布。

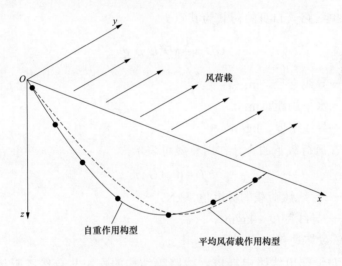

图 2-15 导线简化受力模型

通过标准规范中的导线风荷载计算，我们可以直观的知道哪些因素会在导线破坏过程中起作用，公式如下：

$$W_X = \alpha \mu_s d L_w W_o \tag{2-9}$$

式中　W_X——导线风荷载的标准值，kN；

　　　α——风荷载档距系数；

　　　μ_s——风荷载体型系数，当 $d \geqslant 17\text{mm}$ 时，取 1.2；当 $d \geqslant 17\text{m}$ 时，取 1.1；覆冰时，取 1.2；

　　　d——导线覆冰后的计算外径，m；

　　　L_w——水平档距，m；

W_o——基准风压标准值，kN/m^2。

风荷载档距系数应按 GB 50061—2010《66kV 及以下架空电力线路设计规范》取值。

基准风压标准值可根据贝努利公式确定：

$$W_o = \frac{1}{2}\rho V^2 \qquad (2\text{-}10)$$

式中　ρ——空气密度，kg/m^3；

　　　V——基本风速，m/s。

根据统一标准的空气密度 $\rho_A = 1.25kg/m^3$，代入上式可得：

$$W_o = V^2/1600 \qquad (2\text{-}11)$$

对于配电线路其自身的荷载为其重力：

$$GD = \frac{1}{4}\pi D^2 L_w \rho_L g \qquad (2\text{-}12)$$

式中　D——导线直径，m；

　　　L_w——水平档距，m；

　　　ρ_L——导线密度，kg/m^3。

故导线在风荷载下的合计作用负载可表示：

$$T_L = W_X + G_D \qquad (2\text{-}13)$$

式中　W_X——导线风荷载的标准值，kN；

　　　G_D——导线密度，kg/m^3。

2.1.3.2　破坏过程

各类风对输配电线路中杆塔、线路等结构的作用从自然风所包含的成分看，包括长周期平均风作用和短周期脉动风作用，从结构的响应来看包括静态响应和风致振动响应。平均风既可引起结构的静态响应，又可引起结构的横风向振动响应，由于其风周期远远大于工程结构的固有周期，因此，其对结构的作用基本是不随时间变化，或变化十分缓慢，可认为其作用性质是静力的；脉动风引起的响应则包括了结构的准静态响应、顺风向和横风向的随机振动响应，对结构既有静力作用又有动力作用。当这些响应的综合结果（即静力作用和动力作用组成的荷载）超过了结构的承受能力时，结构将发生破坏。

1. 断杆

在电杆中受弯构件是一边受压，一边受拉。根据钢筋和混凝土的力学性能，混凝土受压强度高，钢筋受拉受压强度都高但承受压力时易失稳，因此，我们可以简单认为在钢筋混凝土受弯构件中，钢筋只承受拉力，混凝土只承受压力。

强风发生时，电杆的破坏失效过程可以通过结构灾害力学分析来得到，如图 2-16 所示，采用荷载与电杆裂缝宽度关系曲线图来介绍具体破坏过程。

（1）I 阶段，弹性阶段。电杆所受风荷载较小，风压小于弹性极限风压。电杆正常工作，电杆钢筋应力未到弹性应力极限或屈服应力，或钢筋某处变形达到弹性极限值。应力与应变成

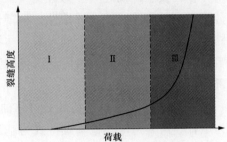

图 2-16　电杆受力破坏过程阶段
（荷载—裂缝曲线）

线性关系，杆身基本不会产生较大应变，即电杆材料的应变与应力之间是线性关系，电杆受拉区混凝土不出现裂缝或裂缝极小（小于 0.2mm），杆顶挠度极小。

（2）II 阶段，弹塑性阶段。随着电杆所受风荷载增大，风压超过弹性极限风压，进入弹塑性阶段。电杆较大概率仍可正常工作，依据力学理论的基本方程中的平衡方程、本构方程和几何方程，任意方程存在非线性项最终都有可能产生非线性现象，钢筋将产生一定的塑性形变，杆身可能出现一定宽度的裂缝和挠度。

（3）III 阶段，破坏阶段。随着风荷载进一步增大，风压超过结构极限风压，电杆弹塑性变形也愈来愈强烈，进入破坏阶段。电杆全部功能丧失，不能正常工作，钢筋截面应力达到屈服应力并形成破坏，或某处变形达到最大极限值。电杆受力超过电杆极限承载力，应变与应力之间呈现完全非线性关系，受拉钢筋可能被变形或拉断，同时杆身将出现较大裂缝，以及受压区混凝土可能被破坏，断杆灾损随之出现。

2. 倒杆

如前文所说，电杆基础失效主要有上拔、下沉和倾覆，人们最为关心的是倾覆模式下的基础破坏机理。强风作用在架空设备上，风荷载通过杆身以倾覆弯矩荷载形式传递至基础，倾覆承载性能是该类基础设计中的关键问题。

对基础承载力的研究方法主要有极限平衡法、滑移线法、变分法、上下限分析法，其中在基础稳定性计算中以极限平衡法应用较为广泛。此方法最早

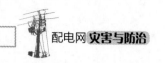
由 D.Senpere 和 G.A.Auvergne 提出，同时提出用 P-Y 曲线法研究桩土的相互作用。

本构模型是描述其应力应变关系的数学模型，土体的真实应力应变关系十分复杂，具有非线性、弹塑性、粘塑性、剪胀性、各向异性等特性，同时应力路径、强度发挥度以及土的组成、结构、状态和温度等均对其有不同程度的影响。目前已经提出的大家广泛认可的弹塑性模型，即将应变分为弹性和塑性两部分。

采用图 2-17 所示的荷载—位移曲线图（此处位移在原状土基础时可以理解为电杆竖向偏角，其他基础型式为基础的转角）来介绍具体破坏过程。

（1）Ⅰ阶段，弹性阶段。电杆所受风荷载较小，传递至基础的弯矩荷载较小。基础正常工作，被动土体未见松动，土体应变与应力之间是线性关系，电杆未发生明显的倾斜。

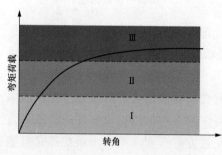

图 2-17　基础受力破坏过程阶段
（荷载—位移曲线）

（2）Ⅱ阶段，塑性阶段。风荷载增加，基础所受弯矩荷载变大，进入塑性阶段。基础较大概率仍可正常工作，但电杆出现明显的倾斜，基础周围被动土压力很大出现塑性变形，土体发生松动，出现一定位移。

（3）Ⅲ阶段，破坏阶段。随着风荷载进一步增大，基础所受弯矩荷载超过极限倾覆弯矩荷载，进入破坏阶段。被动土塑性区贯穿，基础失稳破坏，杆壁与土体分离，出现电杆倾覆现象。

3. 断线

导线在微风振动和大风作用下摆动会造成疲劳损伤，发生断股和断线故障。断股被发现之前导线可能仍然处于正常运行状态，当断股达到一定数目时会对线路安全运行造成影响，断线时则会造成停运，严重影响电网安全。

我们通过后面"2.1.3.3　失效顺序"的理论计算可以发现，架空导线在理想状态（完好无缺陷状态）下因风荷载导致断线的情况几乎是不可能存在的。在各类强风灾害下断线的故障发生往往是因为导线已经带缺陷运行。在此，简要介绍导线断线破坏过程。

（1）架空导线由于长期暴露在自然环境下运行，受风振、覆冰舞动、环境腐蚀等影响，易产生各类损伤（腐蚀、磨损、疲劳等），导线带损伤运行成为不可避免的普遍现象。

（2）架空导线几乎都是采用多层铝股绞制而成的，使其断裂过程与块状材料断裂不同，铝股局部破损至导线断裂有着如下独特机理：导线的铝股破损后，铝股截面积减小，电阻增大而温升加剧，剩余各线股分配到的拉应力增大，导线破损处的应力场、通流温度场均发生改变，剩余铝股在温升加剧和应力增大双重作用下断股倾向增大，承载能力降低。

（3）导线破损得不到改善，缺陷未被消除，剩余铝股发生多米诺式的断裂，在强风的诱因下最终演变成断线故障。

需要指出的是，相关专家学者通过实验研究发现，架空导线发生舞动时导线在悬挂点处产生的动态交变应力、交变角度都非常大，因此一般会对导线造成较大的疲劳损伤，这也正好解释了为什么导线悬挂点与连接固定处易发生断线。

2.1.3.3 失效顺序

配电线路一般由杆塔、导线、绝缘子和基础组成。在运行中任何一种元件都可能发生破坏失效从而引起整条线路的停运。最常见的线路失效是由电杆倾倒或折断引起，或是断线引起。以下是较为常见的三类失效顺序：

（1）基础—电杆—导线—绝缘子、金具。该失效顺序下基础先发生破坏，电杆倒杆，导线和绝缘子、金具完好或破坏。

（2）电杆—导线—绝缘子、金具—基础。该失效顺序下电杆发生破坏，电杆断杆，导线和绝缘子、金具完好或破坏，基础多数情况完好。

（3）导线—基础—电杆—绝缘子、金具。该失效顺序下导线先发生断线，基础完好或破坏，电杆出现倒杆、断杆或破坏，绝缘子、金具完好或破坏。

对于金具先破坏再引起其他设备破坏的失效顺序一般发生几率极低，主要是因为金具在设计时都考虑了较高的安全系数，理论上要求所有的连接设计强度都不低于连接构件的强度。

失效顺序在设计阶段是可以根据设计需求，依据强度匹配的方法，通过相应的理论计算来进行人为设定的，设计需求主要综合考虑修复难易度与建造成本。在灾害或事故发生时，尽早将线路恢复正常运行是首位的，因为其社会效应以及对公司形象的维护作用是无法估量的，历来的经验已经表明了这一点。

在此介绍IEC标准中关于输电线路强度匹配设计理念，亦可以参照用于配电线路。

输电线路元件相对载荷有着不同的强度（变化），当在特定的载荷下，只要

载荷超出了线路中任何一个元件的强度，元件破坏将会连续发生。

（1）首先破坏的元件被选择为导致其他元件的最小的二次载荷（动力和静力），为了将连续破坏（叶栅效应）减到最低；

（2）破坏后的修复时间和费用要最小；

（3）最先破坏的元件理论上应该为损伤极限与破坏极限的比值接近于 1.0，当最小可靠的元件有很大的强度变化时，在进行强度配合时将很难。

（4）作为线路中的主要元件，低成本的元件相对高成本的元件至少与线路中的最主要元件拥有相同的强度和可靠性，主要元件是指其被破坏时将造成输电线路严重的破坏和重大损失的元件（设计为载荷控制环节的除外）。这样就能够满足假想设计需求。

按照上面的理念进行分析推断，直线杆塔被制定为最低强度。这样设计当遇到一个气候载荷超限时，直线杆塔将首先破坏。IEC 标准建议的强度配合设计如表 2-5 所示。

表 2-5　　　　　　　　典型的线路元件的强度配合

	主要元件	主要元件内部的强度配合
最低的可靠性	直线杆塔	铁塔—基础—连接件
90%概率更好的可靠性	耐张杆塔 终端杆塔 导线	铁塔—基础—连接件 铁塔—基础—连接件 导线—绝缘子—连接件

以上的强度配合适用于大部分线路，然而也可以制定一些其他的强度配合关系，这样导致另一种破坏顺序。例如：特殊的河流跨越，杆塔将会比导线设计得更强。在容易发生地质灾害、雪崩的山区地区，杆塔的运输与施工建设是非常难的，导线将会被设计成最弱的元件，而且杆塔要承担由于导线破坏带来的载荷，否则导线的破坏可能导致相邻铁塔的破坏。

2.2　配电网水害

2.2.1　水害灾损类型

根据在洪水、内涝等各类水灾后大量配电网灾损与故障调查，配电网故障主要包括杆塔失效、基础倾覆和配电设备水浸失效。各灾损类型下的灾损形式如表 2-6 所示。

表 2-6 水害下配电网主要灾损类型及灾损形式

灾损小类	灾损形式（失效模式）
杆塔失效	杆塔在暴雨、洪涝带来的可变荷载和永久荷载综合作用下导致杆身或塔身变形，超过限值发生失效，严重时出现杆身、塔身折断的现象，俗称"断杆/塔"
杆塔基础倾覆	杆塔在暴雨、洪涝带来的可变荷载和永久荷载综合作用下导致基础出现松动、位移变形，导致杆塔倾斜，严重时出现整体性倾覆的现象，俗称"倒杆/塔"
配电设备水浸失效	开关柜、环网柜、箱式变电站等配电设备因水浸导致设备内部出现故障

2.2.2 水害致灾机理

在水害致灾机理中，将水（暴雨、洪涝）视为致灾因子，线路和配电设备所处的位置视为孕灾环境，各类杆塔、导线和配电设备视为承灾体。

2.2.2.1 致灾因子分析

在水灾中，暴雨引发的降水是最直接的致灾因子，降雨过量是发生配电网水灾的最直接原因。在前文表 1-3 中对国家质量监督检验检疫总局、国家标准化管理委员会发布的降水量等级进行了介绍，在这个标准中，对暴雨按累积降雨时间有两种划分规定，同时在暴雨量级之上还有大暴雨和特大暴雨两个等级。

目前暴雨预警采用四级预警。蓝色预警：12h 内降雨量将达 50mm 以上，或者已达到 50mm 以上且降雨可能持续；黄色预警：6h 降雨量将到达 50mm 以上，或者已达到 50mm 以上且降雨可能持续；橙色预警：3h 降雨量将到达 50mm 以上，或者已达到 50mm 以上且降雨可能持续。红色预警：3h 降雨量将到达 100mm 以上，或者已达到 50mm 以上且降雨可能持续。

2.2.2.2 孕灾环境分析

在架空配电线路的水害中往往伴随着塌方、滑坡、泥石流等次生灾害，所以我们有必要结合某些次生灾害对水害孕灾环境开展分析。图 2-18 所示为易受水灾的几种微地形。

1. 河漫滩和河滩

山区河漫滩等地带，地层主要为砂层、卵石层。此类地层施工难度较大，导致杆塔基础、拉线基础易出现埋深不足的现象，当水害来临时，杆塔基础和拉线基础更容易倾覆。

2. 河谷地带

山区河流随季节变化显著，丰水时期流量大，流速急，河水暴涨暴落。特别是强降雨导致的山洪暴发时，水流携带上游的石头、泥、土、树木等，流速

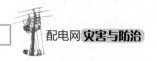

急、冲刷严重，冲击力大，在此种地形上的配电线路在山洪暴发时常出现连续性的倒杆和断杆。

（a）河漫滩和河滩　　　　　　　　　　（b）河谷地带

（c）河岸地区　　　　　　　　　　（d）低洼洪涝区

图 2-18　易受水灾的几种微地形

3. 河岸地区

河岸地区常分布有砂、卵石层，该类土层没有粘性，基础开挖会边挖边塌，施工难度较大。导致杆塔基础、拉线基础易出现埋深不足的现象，遭遇水流冲刷、漂浮物撞击时拉线经常先拔起，容易造成倒杆、斜杆。

4. 低洼洪涝区

低洼地带，土质一般较软弱，这些地带往往是水害多发区，在洪水浸泡下，土质软化结构被破坏，同时由于洪水的暴涨暴落，导致杆塔易出现倾覆。另外，低洼地带往往地势较低，易出现配电设备水浸。

2.2.2.3　承灾体分析

杆塔、杆塔基础和开关柜、环网柜等配电设备是水灾害下的主要承灾体，前面已经对杆塔和杆塔基础进行了分析，在此对主要配电设备展开分析。

1. 开关柜

开关柜是一种在电力系统进行发电、输电、配电和电能转换的过程中，进行开合、控制和保护用电设备。开关柜的分类方法很多，按断路器安装方式分为移开式（手车式）和固定式；按安装地点分为户内和户外；按柜体结构可分为金属封闭铠装式开关柜、金属封闭间隔式开关柜、金属封闭箱式开关柜和敞开式开关柜四大类；按电压等级不同又可分为高压开关柜、中压开关柜和低压开关柜等。

由于安全可靠性的问题，目前我国用得较多的是金属封闭铠装式开关柜和间隔式开关柜。柜体分为断路器室、母线室、电缆室、仪表室，各功能室之间用钢板隔开，柜内一次设备一般包括高压断路器、负荷开关、电流互感器、电压互感器、避雷器、隔离开关等，二次设备包括带电显示器、继电器、电度表、电流表、电压表等。

2. 环网柜

环网柜是用于 10kV 电缆线路环进环出及分接负荷的配电装置。环网柜中用于环进环出的开关一般采用负荷开关，用于分接负荷的开关采用负荷开关或断路器。环网柜按结构可分为共箱型和间隔型，一般按每个间隔或每个开关称为一面环网柜。10kV 环网柜其核心部件是负荷开关和熔断器，同时具有互感器、计量装置、母线等装置。环网柜是一个密封的柜体，它带电的部分装设在柜体内部，负荷开关与外界环境隔离开，起到了保护运检人员人身安全的作用，同时也提高了设备本身的可靠性。

3. 干式变压器

干式变压器是铁芯和绕组均不浸于绝缘液体中的变压器。相对于油式变压器，干式变压器具有绝缘强度高、抗短路能力强、防灾性能突出、环境性能优越、运行损耗低、运行效率高、噪声低等优点，一般用在室内。干式变压器按结构一般可以分为开放式、封闭式和浇筑式，目前我国用得较多的是环氧树脂浇注干式变压器。

4. 箱式变电站

箱式变电站是用于户外有外箱壳防护，将 10kV 变换为 220V/380V，并分配电力的配电设施，箱式变电站内一般设有 10kV 开关、配电变压器、低压开关等装置。箱式变电站按功能可分为终端型和环网型。终端型箱式变电站主要为低压电力用户分配电能；环网型箱式变电站除了为低压用户分配电能之外，还用于 10kV 电缆线路的环进环出及分接负荷。

2.2.3 水害破坏机理

根据相关文献资料表明，当降雨强度达到 200mm/h，且雨滴水平速度和风速的比值 λ 取 1.7 时雨滴冲击力与风压的比值才达到 5% 左右。可见，雨滴对杆塔、导线等结构的冲击作用影响几乎可以忽略不计，因强降雨导致杆塔、导线直接故障几乎是不可能的。所以我们更关心的是水害导致的杆塔基础倾覆和配电设备失效机理。

2.2.3.1 杆塔基础倾覆机理

在前文中我们对杆塔力学模式和基础破坏过程进行了分析，在这里我们重点对杆塔基础稳定条件及因水害导致杆塔基础土的力学性质变化进行分析。

1. 杆塔基础稳定条件

基础不发生倾覆的条件是倾覆力小于上部结构水平作用力，或倾覆力矩小于上部结构水平作用力矩。当计算基础理论极限倾覆力时，上部结构水平作用力取设计值。当在线路设计阶段开展基础倾覆稳定计算，出现极限倾覆力小于水平作用力或极限倾覆力矩小于水平作用力矩时，一般会在电杆基础埋深三分之一处加设上卡盘，必要时增加下卡盘，或选用其他基础形式，以增加基础抗倾覆力。

不同的基础型式（无拉线）带来的抗倾覆力均是由土提供，区别在于直埋式基础仅依靠基础侧面的被动土压力保持平衡，其他基础形式同时还靠卡盘、底盘和台阶上面的被动土压力保持平衡。

2. 土的力学性质

土是一种以摩擦为主的集聚性材料，具有颗粒性和孔隙性，是一种高度非线性、非均质的材料，土一般由土中水、土粒和土中气组成，也就是所谓的土的三相体特性，三相比例的不同，土的性质也不同。同时含有水、土粒和空气的土，即土壤间隙由水和空气填充，饱和度小于 100 但大于 0 的土壤我们称之为非饱和土，这也是水灾乃至自然界中最为常见的土形态。

分析杆塔基础的倾覆就需要对土力学进行介绍。土力学是研究土在荷载作用下，土中的应力、变形、强度和稳定性及渗透规律的一门力学分支学科。归纳到研究主题是变形问题、强度问题、稳定问题和渗透问题。土地具有明显的散碎性，即土粒间的联结为无黏结或弱黏结。

在水害中，杆塔基础上部结构水平作用力一般是不会超过设计值，引起杆塔基础倾覆往往都是基础土的流失或土性质的变化导致抗倾覆力减小，所以有必要对水害中土的力学进性质开展分析。在土尚未破坏时，被动土压力（抗倾覆力）的计算图形为直线变化，按公式（2-14）计算。

$$X=my \tag{2-14}$$

$$m = \gamma_s \tan^2\left(45° + \frac{\beta}{2}\right) \tag{2-15}$$

式中　X——土压力，kPa；

　　　m——土压力参数，kN/m^3；

　　　γ_s——土的计算重度，kN/m^3，按表 2-7 确定；

　　　β——等代内摩擦角，按表 2-7 确定；

　　　y——自设计地面起算的深度，m。

表 2-7　　　　　　　　　等代内摩擦角、土压力参数

土名 参数	黏土、粉质黏土硬塑； 密实的粉土	黏土、粉质黏土可塑； 中密的粉土	黏土、粉质黏土软塑； 稍密的粉土	粗砂、 中砂	细砂、 粉砂
γ_s（kN/m^3）	17	16	15	17	15
β（°）	35	30	15	35	30

注　本表不包括松散状态的砂土和粉土。

从式（2-14）、式（2-15）和表 2-7 中可以看到，被动土压力跟基础埋深及土类型密切相关。其中粉质黏土硬塑、粗砂和中砂提供的被动土压力最大，同样条件下可以达到粉质黏土软塑和稍密的粉土的 2 倍左右。

研究表明含水量对被动土压力的影响，主要原因之一是由于土颗粒之间的水膜对内摩擦角的影响，两者之间存在一个临界含水量，当土样含水量低于这个临界值时，内摩擦角随着含水量的升高逐渐降低；当超过这个含水量时，内摩擦角随着含水量的升高逐渐升高。某种典型粉质黏土含水量与内摩擦角的关系曲线如图 2-19 所示。

2.2.3.2　配电设备失效机理

配电设备因水浸高度的不同，直接导致设备性能的影响及抢修措施是有所不同的，所以在此我们以水浸高度来介绍设备失效机理。环网柜受灾的主要原因设防水位低于洪涝水位，另外，洪涝区 10kV 环网柜设计选用的绝缘结构、防尘防水等级（IPXX）不当也是部分原因。环网柜内主要容易受损的部位在电缆附件和环网柜下隔室器件。图 2-20 所示为五类常见配电设备基本构造及不同水浸高度影响区域。

1. 开关柜

当水浸柜体高度小于 0.7m 时，仅电缆室被淹没，设备绝缘性能不受影响，

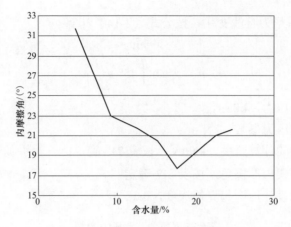

图 2-19　某种典型粉质黏土含水量与内摩擦角之间的关系

属于暂时性失效，冲洗烘干即可投入运行；水浸高度介于 0.7～1.6m 之间时，电缆室、断路器室被淹没，断路器性能可能受影响，冲洗烘干后，需对设备开展耐压试验，试验通过方可投入运行；水浸高度大于 1.6m 时，电缆室、断路器室和保护室均被淹没，断路器性能和二次保护功能可能受影响，冲洗烘干同时需要将受淹后的保护设备退出，在耐压试验通过方可投入运行。

2. 环网柜

环网柜受灾的主要原因设防水位低于洪涝水位，另外洪涝区 10kV 环网柜设计选用的绝缘结构、防尘防水等级（IPXX）不当也是部分原因。

当水浸柜体高度小于 0.9m 时，柜体进线部分被淹没，冲洗烘干后，需对设备开展耐压试验，试验通过方可投入运行；水浸高度介于 0.9～1.3m 之间时，进线部分、开关（断路器）被淹没，开关（断路器）性能可能受影响，冲洗烘干后，需对设备开展耐压试验，试验通过方可投入运行；水浸高度大于1.7m 时，进线部分、开关（断路器）、保护装置和仪表均被淹没，开关性能和二次保护功能可能受影响，冲洗烘干同时需要将受淹后的保护装置和仪表退出，在耐压试验通过方可投入运行。

3. 干式变压器

当水浸变压器高度小于 0.5m 时，变压器基础被淹没，冲洗烘干后可投入运行；水浸高度介于0.5～1.1m 之间时，变压器器身部分被淹没，冲洗烘干后，需对设备开展耐压试验，试验通过方可投入运行；水浸高度大于 1.1m 时，变压器器身完全被淹没、保护装置和仪表均被淹没，开关性能可能受影响，冲洗烘干同时需要将受淹后的保护装置和仪表退出，在耐压试验通过方可投入运行。

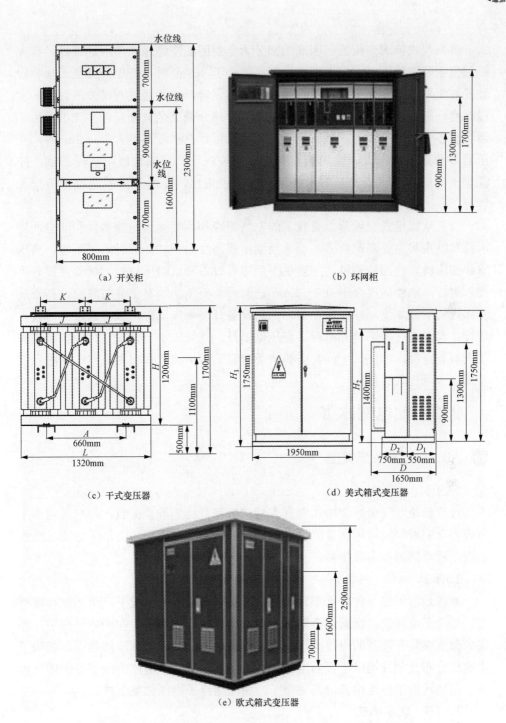

（a）开关柜　　　　　　　　　　　（b）环网柜

（c）干式变压器　　　　　　　　　　（d）美式箱式变压器

（e）欧式箱式变压器

图 2-20　五类常见配电设备基本构造及不同水浸高度影响区域

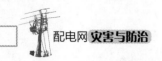

4. 箱式变压器

（1）美式箱式变压器。因高压部分为全封闭油浸绝缘、防水等级高，其灾损部位主要在低压室。当水浸变压器高度小于 0.9m 时，低压开关及无功补偿装置被淹没，冲洗烘干后需对设备开展耐压试验，试验通过方可投入运行；水浸高度介于 0.9~1.3m 之间时，变压器器身部分或完全被淹没，冲洗烘干后，需对设备开展耐压试验，试验通过方可投入运行；水浸高度大于 1.3m 时，变压器器身完全被淹没、保护装置和仪表均被淹没，开关性能可能受影响，冲洗烘干同时需要将受淹后的保护装置和仪表退出，在耐压试验通过方可投入运行。

（2）欧式箱式变压器。有较多的空气绝缘和环氧树脂绝缘器件和部位，进水位置洪水和易受潮部位多。当水浸变压器高度小于 0.7m 时，低压室、高压室和变压器室底部被淹没，冲洗烘干后需对设备开展耐压试验，试验通过方可投入运行；水浸高度介于 0.7~1.6m 之间时，变压器器身部分被淹没，高低压室和开关室被淹没，冲洗烘干后，需对设备开展耐压试验，试验通过方可投入运行；水浸高度大于 1.6m 时，变压器器身、高低压室、开关室、保护装置和仪表均被淹没，冲洗烘干同时需要将受淹后的保护装置和仪表退出，在耐压试验通过方可投入运行。

2.3 配电网冰害

2.3.1 冰害灾损类型

2.3.1.1 过荷载

过荷载是导线覆冰会增加所有支持结构和金具的垂直荷载；配电线路水平荷载也会随着导线迎风面覆冰厚度的增加而增加。严重覆冰会造成导线、地线断裂，杆塔倒塌和金具损坏。

2.3.1.2 冰闪

冰闪是污闪的一种特殊形式，绝缘子在严重覆冰的情况下，伞裙被冰凌桥接，绝缘强度降低，泄漏距离缩短。由于晶释效应的作用，在融冰过程中，冰层表面水膜具有较高的电导率，增大了泄漏电流；同时，冰凌间隙引起绝缘子串电压分布及单片绝缘子表面电压分布的畸变，降低了覆冰绝缘子串的闪络电压。闪络过程中持续电弧烧伤绝缘子，引起绝缘子绝缘强度下降。

2.3.1.3 脱冰跳跃

覆冰导线在气温升高，或自然风力作用，或认为振动敲击之下会产生不均匀脱冰或不同期脱冰。随着导线覆冰厚度增加，导线拉力明显增大，导线弧垂明显增加，当大段或整档脱冰时，由于导线弹性储能迅速转变为导线的动能和位能，引起导线向上跳跃。对于裸导线，将减少导线对邻近导线的距离，引起导线线间放电，造成线路跳闸。

2.3.2 冰害致灾机理

2.3.2.1 过荷载

当覆冰积累到一定体积和质量之后，导线的质量倍增，弧垂增大，导线对地间距减小，从而有可能发生闪络事故。弧垂增大的同时，在风的作用下，两根导线或导线与地之间可能相碰，会造成短路跳闸，烧伤甚至烧断导线的事故。如果覆冰的质量进一步增大，则可能超过导线、金具、绝缘子和杆塔的机械强度，使导线从压接管内抽出；当导线覆冰超过杆塔的额定荷载一定限度时，可能导致杆塔基础下沉、倾斜或爆裂，杆塔折断甚至倒塌。

线路覆冰后的实际比重超过了设计值，从而导致架空配电线路的机械和电气方面的事故，分为以下几种情况：①垂直荷载覆冰条件下，冰的重量会增加所有支持结构和金具的垂直负载，使架空线弧垂往往超过导线弧垂，地线垂到导线中间，因风吹摆动而引起短路事故；另外，覆冰增加的导线张力及地线张力将按比例地增加所有转角杆塔及其基础的扭矩，造成杆塔扭转、弯曲、基础下沉、倾斜，甚至在拉线点以下发生折断。②水平荷载导线因覆冰使迎风面增大，使得风吹覆冰导线所产生的水平荷载也随之增加。覆冰期间，大风荷载将在"风速与冰量"的某种关系下发生，此时线路可能遭受严重的杆塔串倒事故。③纵线向荷载由于配电线路档距不一，杆塔高度不等，或相邻各档之间安装质量不同，使导线在覆冰时引起纵向静力不平衡，产生纵向荷载。当覆冰不均匀、自行脱落或被击落时，导线的悬挂点处会产生很大的冲击荷载，造成导线和地线从压接管内抽出、外层铝股全断、钢芯抽出、整根线拉断。如果导线拉断脱落，最终的不平衡冲击荷载和两相邻档之间的残余荷载就会大大增加，发生顺线向杆塔串倒事故。

2.3.2.2 冰闪

冰闪是污闪的一种特殊形式。绝缘子在严重覆雪、覆冰的情况下，由于大量伞形被冰桥接，导致有效距离大幅度减小，耐受电压大幅度降低。融冰时形成的表面导电水膜，直接影响绝缘强度的下降。严重覆冰时会使绝缘子冻结成冰柱，导致绝缘子泄漏电流增大，当泄漏电流达到 180mA 左右时，就可能由局部弧光放电发展为闪络。绝缘子覆冰后改变了沿绝缘子串的电压分布使之趋于

更不均匀，当覆冰开始熔化时，先在电压分布较高处出现局部射光，当泄漏电流继续加大时，就会转变为白色弧光，当弧光跨过绝缘子一半时，就会发展成闪络。严重覆冰时，绝缘子表面会形成无数冰柱，有时会将上下绝缘子伞裙间的空气间隙"桥接"，使覆冰耐压降至最低，一般仅为无冰时的 60%。重冰区的绝缘子串及金具强度，不仅按重冰运行情况考虑安全系数，还按冰凌过载条件增加强度验算，因此绝缘子的强度得到较大提高。绝缘子的外绝缘，除根据污秽资料及运行经验选择外绝缘水平外，还须按绝缘子覆冰后工频和操作过电压的耐压强度进行校核，以防止覆冰污闪。

2.3.2.3 脱冰跳跃

覆冰导线在温度变化、自然风力、机械外力等作用下的不均匀脱冰或不同期脱冰，不但会影响导线以后的再覆冰过程，而且会引起架空配电系统的高幅振荡。这种振荡一方面由于导线的弹性应变能迅速转换为导线竖向运动的动能和势能，引起导线向上跳跃，相邻绝缘子产生剧烈振动，造成导线间闪络或短路，烧伤导线；另一方面，由于在脱冰瞬间导线张力的骤变，使线夹及悬挂点处金具、支撑杆塔等遭受到冲击而损坏。

对覆冰导线脱冰机理的研究应基于热力学与机械力学，热力学体现在热量以太阳辐射、空气对流、焦耳效应、蒸发、升华和融化等方式在覆冰导线系统与外部环境之间交换而引起覆冰脱落，如图 2-21（a）所示；机械力学则体现在给覆冰导线系统或其支撑塔施加静荷载、动荷载、冲击荷载等致使覆冰脱落，如图 2-21（b）所示。由此可见，覆冰导线的脱冰机理不但与导线的力学和电气特性、覆冰的类型等内部因素有关，而且与环境参数、外力作用等外在因素有关。这些因素涉及结构动力学、空气动力学、热动力学、电气学、气象学等多种学科，全面考虑这些因素是一项十分复杂的工作。

根据导线脱冰发生的原因，主要有三种典型的脱冰机理：融化脱冰、升华脱冰、机械破冰。

1. 融化脱冰

当环境温度或导线温度高于冰点温度时，覆冰将被融化而脱落，此现象称为融化脱冰。显然，融冰的温度必须高于 0℃。根据覆冰的外表面还是内表面受温度的影响而融化，可将融冰分为外部对流融化脱冰和内部接触融化脱冰两种。

（1）外部对流融化脱冰

当外表面的冰受到温度影响而融化时，称为外部对流融冰。天气久雪转晴，环境温度升高时，空气与冰表面的对流热交换及太阳和地面对导线的辐射换热

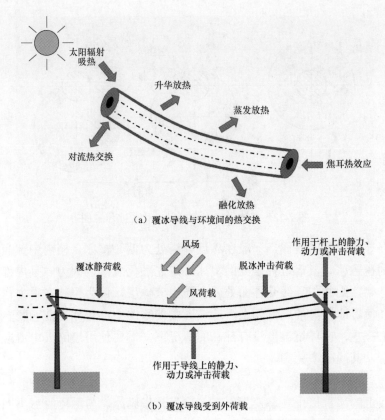

（a）覆冰导线与环境间的热交换

（b）覆冰导线受到外荷载

图 2-21　覆冰导线的热力学与机械力学示意图

就会使导线上的覆冰开始融化。刚开始时，融冰会在与空气接触的外交界面进行，一段时间后，由于导线某些部分暴露于太阳辐射中，致使其温度升高，因而会变成内外同时融冰的过程。显然，一方面由于内外同时融冰的进行，另一方面，由于覆冰在整档同时均匀融化，不太可能产生大块覆冰瞬时脱落，因而外部对流融化脱冰不会导致线路的大幅跳跃，对线路少有危害。

（2）内部接触融化脱冰

与外部对流融化脱冰相反，当导线的一处或多处无覆冰时，这些暴露的部分就会很快被加热并将热量传导给整个导线，覆冰与导线的交界面处的温度会升高产生一个液体层，使冰与导线之间的附着力减小导致脱冰，这称为内部接触融化脱冰，内部接触融化脱冰具有较高的脱冰率。假设导线上的覆冰为均匀的圆筒形覆冰，冰在融化过程中不偏斜，其融化过程可分为两个阶段，即第一阶段为冰筒完全包裹导线截面的阶段，第二阶段为冰筒顶部被导线熔穿到完全从导线上脱离的阶段，如图 2-22 所示。

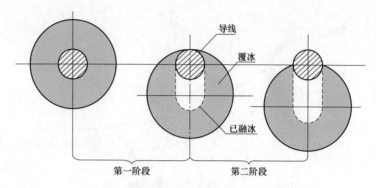

图 2-22　覆冰导线内部接触融化脱冰示意图

根据导线覆冰的规律，一般在靠近杆塔处为偏心覆冰，档内中部为圆筒形覆冰，则在融冰时，靠近杆塔处的覆冰必定先融化脱落，因为一旦内部接触融化脱冰开始，则并与导线交界面处就会产生液体层，偏心覆冰在重力作用下产生转动，使覆冰较薄的一侧朝上，造成该段覆冰比中部覆冰提前融脱。有时由于覆冰很严重，在环境温度没有升高的情况下，需要使用短路大电流融冰，使覆冰脱落，其脱冰率更高。

2. 升华脱冰

导线上的冰直接由固态变为气态，称为升华脱冰。与融化脱冰不同，升华脱冰在环境温度为 0℃以下发生，空气相对湿度、气温、风速等是升华脱冰过程中重要的气象参数，升华脱冰率随气温和风速的增大而增加，随空气相对湿度的增大而减小。升华脱冰是典型的外部均匀脱冰，由于冰直接由固态变为气态而散失到大气中，且升华率较低，10h 内的升华量只占总冰量的 3%~40%。所以完全可以认为升华脱冰不会产生大冰块瞬时脱落，也就不会导致导线大幅度的跳跃，当然就不会对导线系统造成较大危害。

3. 机械破冰

使用机械外力或自动强制防覆冰技术使导线上的覆冰破裂脱落，称为机械破冰。机械破冰的开始时刻和传播十分复杂，它可能由静荷载引起，如弯曲、扭转、拉伸等，也可能由动荷载引起，如舞动、微风振动等。因此，风速、气温、覆冰类型、覆冰荷重等将对机械破冰产生影响。比较三种形式的脱冰，从持续时间上看，升华脱冰持续时间长，往往达 10h 以上，而融化脱冰和机械破冰过程较短，自然融化脱冰的时间通常小于 5h，机械破冰的时间则由破冰方式而定；从风速影响来看，融化和升华时的风速在 15m/s 以下，而风速在 10m/s 以下时很少发生风力机械破冰现象；从温度角度看，融化需要的温度高，至少在 0℃以上，升华需要的温度低，80%的温度都低于–5°。机械破冰与温度的关联度很小；从湿度影响来看，湿度对融化脱冰和机械破冰的影响不明显，但对升华脱冰的影响较大，发生升华脱冰时，空气的相对湿度大多在 80%以下。

2.3.3　冰害破坏机理

冰害的过荷载和脱冰跳跃通常引起倒杆、断线、横担损坏这几种典型灾损，冰闪通常会引起绝缘子击穿，造成单相失地或相间短路。

2.3.3.1　倒杆

如图 2-23 所示，当杆塔塔身和导地线覆冰严重时，若杆塔、导地线的载荷超过了其材料的屈服强度，将导致其不能承受负载而发生变形、倒杆，薄弱处的杆塔先倒，引起倒杆或连锁倒杆事故的发生。线路上面的异物倒压在线路上也可能引起断倒杆，在线路走廊上的异物对线路的安全也有很大影响。

（a）倒杆　　　　　　　　　　　　　　（b）断杆

图 2-23　10kV 覆冰倒杆与断杆

2.3.3.2　断线

配电网受损线路相当部分倒杆位置位于高海拔区、崇山峻岭、风口处，相邻档不均匀覆冰、不同时期脱冰和大风等工况下，导线会产生纵向张力差，当纵向张力差超过线夹的握力时，导线与线夹之间会发生相对滑动，严重时将在导线外层铝股线夹处发生断股、钢芯相对于铝股产生相对位移，造成线夹另一侧的铝股拥挤在线夹附近。导线断股以后，极大地削弱了其机械强度，在覆冰、风载等综合载荷的作用下，导线承受的拉断力达到或超过其额定拉断力，从而发生断线事故，如图 2-24（a）所示。杆塔横担损坏和倒杆也是引起断线的重要原因，如图 2-24（b）所示。

（a）导线自身断线　　　　　　　　　　　　（b）断杆引起断线

图 2-24　10kV 覆冰导线拉断

2.3.3.3　横担损坏

冰的重量将增加垂直荷载，当垂直荷载超过设计条件后可使横担受损或压垮。当导线迎风面覆冰厚度增加时，遇有大风可使横向荷载超过设计条件，造成横担破坏，如图 2-25（a）所示。线路覆冰不均匀、脱冰或断线将导致导线挂点承受很大的纵向冲击荷载，超过设计条也会造成杆塔横担局部损坏，如图 2-25（b）所示。

（a）横向荷载造成横担破坏　　　　　　　　（b）纵向荷载造成横担破坏

图 2-25　10kV 水泥杆横担损坏

2.3.3.4　冰闪

冰闪是污闪的一种特殊形式，多发生在气温间歇或持续升高的融冰期，经对以往冰灾中现场反映情况，有部分冰闪在低温持续的结冰期，原因主要是由于绝缘子串覆冰过厚导致爬距减小,同时覆冰中电解质对绝缘水平有降低作用，导致绝缘子串发生闪络。具体分析如下两点：

（1）空气及绝缘子表面污秽中存在电解质导致冰闪易发生。纯冰的绝缘电阻极高，但覆冰中存在的电解质增大了冰水的电导率。由于冰灾发生前南方各地有一段干旱期，又逢冬季取暖期，空气质量较差，雨凇时大气中的污秽伴随冻雨沉积在绝缘子表面，降低绝缘子的绝缘性能。另外，融冰过程中局部出现的空气间隙使沿串电压分布极不均匀，导致局部首先起弧并沿冰桥发展成贯穿性闪络。

（2）绝缘子串覆冰过厚形成图 2-26（a）所示的冰桥时，将导致冰闪电压降低。当绝缘子覆冰过厚完全形成图 2-26（b）所示的冰柱时，绝缘子串爬距大大减少，且融冰时冰柱表面沿串形成贯通型水膜，耐压水平降低导致沿冰柱贯通性闪络。

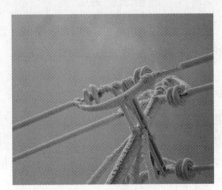

（a）冰桥　　　　　　　　　　　　　　（b）冰柱

图 2-26　绝缘子形成冰桥和冰柱

配电网线路杆塔绝缘子因覆冰或被冰凌桥接后，造成泄漏距离缩短。绝缘子局部表面因线路融冰造成电阻下降，从而形成闪络事故，表现为绝缘子被持续的电弧灼伤或导致接地故障的发生，如图 2-27 所示。

图 2-27　冰闪引起的绝缘子损伤

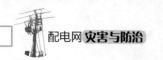

2.4　配电网雷害

在现代生活中，雷电以其巨大的破坏力给人类、社会带来了惨重的灾难。据不完全统计，我国每年因雷击造成的财产损失高达上百亿元。长期以来雷击引起的配电线路跳闸对电网安全稳定运行构成了较大的威胁。了解配电网雷害机理与灾损模式，采取对策抑制雷害发生，对于电力公司开展配电网防雷工作具有重要指导意义。

2.4.1　雷害灾损类型

配网线路结构复杂、线路总量多、覆盖面广，一般不架设避雷线，且杆塔为自然接地，不仅受到常规直击雷的影响，同时也会因雷击地面产生的感应过电压而发生绝缘子闪络。在我国南方区域雷击跳闸率较高的地区，10kV 线路运行的总跳闸次数中，由雷击引起的次数占 30%～60%，尤其是在多雷、土壤电阻率高、地形复杂的地区，雷击配电线路引起的故障率更高。雷电流具有高幅值、高频及高瞬时功率等特性，因此雷电放电时，发生时往往伴随着热效应、机械力效应和电气效应、传导效应的出现，还可能引起地电位反击，这些都可能引起配电网灾损。

2.4.1.1　热效应

在雷电回击阶段，雷云对地放电的峰值电流可达数百千安，瞬间功率可达 1012W 以上，在这一瞬间，由"热效应"可使放电通道空气温度瞬间升到 30000K 以上，能够使金属熔化、树木、草堆引燃；当雷电波侵入建筑物内低压供配电线路时，可以将线路熔断。这些由雷电流的巨大能量使被击物体燃烧或金属材料熔化的现象都属于典型的雷电流热效应破坏作用，如果防护不当，就会造成灾害。图 2-28（a）和（b）所示分别为雷击导致的油库和森林大火。

（a）某油库被雷击发生大火　　　　　　　（b）雷击树木导致森林大火

图 2-28　雷击的热效应

2.4.1.2　机械破坏

雷击配电线路时，导线的屈服点会由于焦耳热而降低，径向自压缩力有可能超过导线的屈服点，从而使钢芯铝绞线发生形变，最终导致原本组合在一起的不同材料发生剥离和分层，降低了导线的机械强度，从而发生断线、断股、绝缘子断裂事故，雷击的机械破坏效应如图 2-29（a）和（b）所示。

（a）某配电线路被雷击致断线　　　　　　　（b）某线路被雷击致断线并燃烧

图 2-29　雷击的机械效应

2.4.1.3　短路跳闸

配电线路防雷重点在于雷电由于电气效应产生的过电压的防护。雷击过电压超过线路绝缘耐受水平时，将使导线和地（地线或杆塔）发生绝缘击穿闪络，如图 2-30（a）和（b）所示，而后工频电压将沿此闪络通道继续放电，发展成为工频电弧，电力系统的保护装置将会动作使线路断路器跳闸影响正常送电。雷击对电网造成的危害，主要有雷击单相短路、相间短路。

（a）某配电线路被雷击发生绝缘击穿闪络　　　（b）某线路被雷击致绝缘子闪络破坏

图 2-30　雷击的电气效应

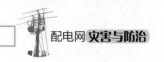

2.4.2 雷害致灾机理

2.4.2.1 雷击线路跳闸

配电网单相接地并不会引起线路跳闸，由于配电线路通常不设零序保护，配电网可以带接地故障运行 2h，电弧持续燃烧，可能由单相接地发展为相间短路，使线路跳闸，还会破坏绝缘子的绝缘使线路绝缘子发生永久性的故障点；如果击穿后工频续流比较大，持续的接地电弧将使空气发生热游离和光游离，会波及同杆架设的多回线路，由于同杆架设的各回路之间的距离较小，电弧的游离会波及其他的回路，引起同杆架设的多回路发生短路事故，严重时将会造成多回线路同时跳闸，极大地影响了配电线路的供电可靠性。

配电线路中绝缘子是决定配电线路绝缘水平的主要设备，配电线路的雷害事故中，因绝缘子闪络或者爆炸造成的事故占了很大一部分，绝缘子闪络与绝缘子 $U50\%$ 放电电压水平是密切相关的。我国配电网仍存在大量的 P-10、P-15 等针式绝缘子，从试验结果中可以得出，P-10 绝缘子的 $U50\%$ 放电电压为 132.74kV，P-15 绝缘子的 $U50\%$ 放电电压为 157.79kV，这些绝缘子的绝缘水平较低，若在运行过程中，其内部瓷件出现裂缝或通透性损伤，损伤部位进潮，内部产生碰撞游离和热游离形成导电通道，将增大线路相间短路概率，如图 2-31（a）所示，最终导致配电线路雷击跳闸率增大。闪络放电的大电流就通过绝缘内部，大量的热量产生高温还会引起爆炸，使瓷件破碎，如图 2-31（b）所示。

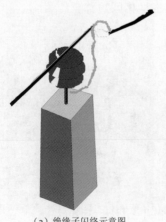

（a）绝缘子闪络示意图　　　　　　　（b）绝缘子闪络现场图

图 2-31　绝缘子闪络图

2.4.2.2 绝缘导线断线

配电线路上的雷电过电压分直击雷过电压和雷电感应过电压两种。直击雷过电压由雷云放电击中架空绝缘线路产生，因配电线路绝缘水平低、相间距离小，直击雷可能击中一相或同时击中三相，容易造成多相闪络；雷电感应过电压由雷电击中架空绝缘线路附近大地或者地面上物体通过电磁感应在线路上产生，三相导线上的雷电感应过电压极性相同、幅值相近，可能引起单相或多相闪络。

当直击雷或感应雷过电压作用于绝缘导线时，幅值足够高的雷电过电压将引起导线的绝缘层和绝缘子同时击穿和闪络，被击穿的绝缘导线绝缘层呈一针孔状，针孔位置随机分布在线路绝缘子两侧、距离绝缘子轴线约 200mm 范围内。雷电冲击闪络过后，接续的工频短路电流会沿雷电放电通道起弧燃烧，高压端弧根始于针孔处，虽受电磁力作用但因绝缘层的阻碍，固定在针孔位置无法移动，弧根只能固定地在针孔处燃烧，如图 2-32 所示。这与采用裸导线的架空线路明显不同，后者雷击闪络后，工频续流起弧燃烧，弧根在电磁力作用下可以沿着导体表面朝负荷电流流动的方向移动，直至开关开断，电弧弧根不会固定在导线上一点处。

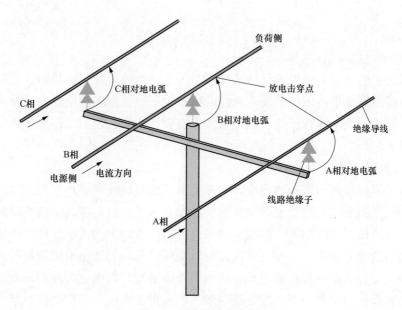

图 2-32 弧根击穿孔位置

当雷击引起线路两相或三相对地短路，短路电流幅值达几千安至十几千安，相对地电弧在电磁力和热应力的作用下，弧腹向绝缘子负荷侧的上空漂移，在

空中交汇易发展成相间电弧，如图 2-33 所示，但弧根仍然固定在击穿孔位置，温度短时间内升到上千摄氏度，芯线瞬间气化熔断，所以雷击绝缘导线后将在极短的时间内导线就会被烧断。

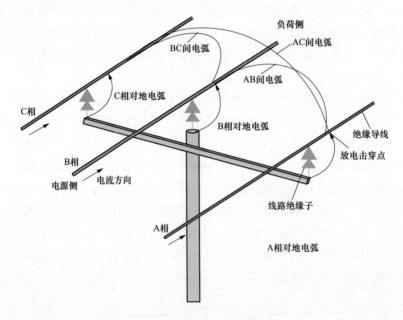

图 2-33　相间电弧形成

综上所述，当架空绝缘线路遭受雷击闪络，绝缘导线很容易断线，而架空裸导线线路遭受雷击闪络后发生断线的概率较低。根据多次绝缘导线雷击断线情况，绝缘导线断线特征既有脆性断裂也有韧性断裂，说明雷击断线是多种原因促成的。

2.4.2.3　配电设备损坏

为了降低线路的雷击跳闸率，大都采取了提高线路绝缘水平的措施，但这样就出现了配电线路与变电站设备的绝缘配合上的矛盾，提高配电线路的绝缘水平可以降低雷击闪络率，但线路绝缘提高后，线路上的雷电过电压不能泄放势必会造成侵入发电厂、变电所的雷电过电压过高，如变电所的防雷措施存在漏洞势必会导致雷电打坏发电厂、变电所设备事故。对供电线路要求既要保证供电的可靠性，又要限制由配电线路侵入的雷电过电压。若配电线路绝缘水平较低，绝缘子雷击闪络概率会明显提高，供电可靠性低；若线路绝缘水平高，又会使沿线路侵入的雷电过电压无法释放，从而使沿线路侵入的雷电过电压过高，打坏变电站主设备或配电变压器等设备。

2.4.3 雷害破坏机理

配电网的雷害灾损受到雷电活动、绝缘配置等诸多因素影响，但其灾损模式有一定的规律可循，本节将总结造成配电网雷害的雷击特征与影响因素，并简要分析我国配电网防雷存在的主要问题。

2.4.3.1 配电网雷害特征

根据雷电过电压形成的物理过程，雷击形成的过电压可以分为两种：①直击雷过电压，是雷电直接击中杆塔、避雷线或导线引起的线路过电压，如图2-34所示；②感应雷过电压，是雷击线路附近大地，由于电磁感应在导线上产生的过电压。运行经验表明，对配电网系统影响较大的是感应雷过电压，如图2-35所示。

图2-34　配电线路遭受直击雷现象

图2-35　配电线路遭受感应雷现象

按照雷击线路部位的不同，直击雷过电压又分为两种情况。一种是雷击线路杆塔时雷电流通过雷击阻抗点使该点对地电位大大升高，当雷击点与导线之间的电位差超过线路绝缘的冲击放电电压时，会对导线发生闪络，使导线出现过电压，由于杆塔的电位（绝对值）高于导线，通常称为反击；另一种是雷电直接击中导线（无避雷线时）或绕过避雷线而击于导线（屏蔽失效），直接在导线上形成过电压，称为绕击。

其中感应雷过电压包含静电感应和电磁感应两个分量。静电感应雷是由于带电积云接近地面，在架空线路和导线或其他导电凸出物顶部感应出大量电荷引起的。它将产生很高的电位；电磁感应雷是由于雷电放电时，巨大的冲击雷电流在周围空间产生迅速变化的强磁场，从而导致邻近的导体上感应出极高的电动势。

直击雷过电压的幅值一般高达数百千伏，雷电流高达数千安，这种过电压的破坏性极大，直击雷造成配电线路跳闸的概率几乎为 100%。虽然直击雷具

有高电压、大电流、破坏力巨大的特点，但是在配电线路中发生直击雷事故的概率并不高，主要原因是直击雷由于其放电机理所致只有当发生在雷云对地闪击时才会对地面造成灾害，另一方面 35kV 以下配电线路高度不高，所以发生直击雷的概率也不大，有关资料显示，配电线路雷击引起线路闪络的主要因素是感应过电压，故障比例超过 85%。本节将重点介绍对配电网影响较大的感应过电压。

1. 感应雷击过电压

在雷电放电的先导阶段，线路处于雷云及先导通道与大地构成的电场之中，如图 2-36 所示，由于静电感应，导线轴线方向上的电场强度 E_x 将正电荷（与雷云电荷异号）吸引到最靠近先导通道的一段导线上，成为束缚电荷。导线上的负电荷则因被排斥而向两侧运动，经由线路泄漏电导和系统中性点进入大地。因为先导放电发展的平均速度较低，导线束缚电荷聚集过程也较缓慢，由此而呈现出的导线电流很小，相应的电压波 $u=iZ$ 也可忽略不计（Z 是导线波阻抗）。同时忽略线路工作电压，认为导线具有地电位。因此在先导放电阶段，尽管导线上有了束缚电荷，但它们仍在导线上各点产生的电场与先导通道负电荷所产生的电场相平衡而被抵消，结果使导线仍保持地电位。

主放电开始后，先导通道中的负电荷自下而上被迅速中和，相应电场迅速减弱，使导线上的正束缚电荷迅速释放，形成电压波向两侧传播。由于主放电的平均发展速度很高，导线上束缚电荷的释放过程也很快，所以形成的电压波 u 幅值可能很高。这种过电压就是感应过电压的静电分量。

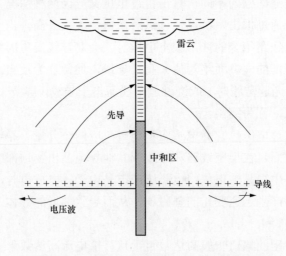

图 2-36　感应过电压的静电分量形成原理图

在主放电过程中，伴随着雷电流冲击波，在放电通道周围空间出现很强的脉冲磁场，其中一部分磁力线穿链着导线与大地回路，在图 2-37 中沿 ABCDA 回路和 ABEFA 回路将产生感应电动势使 A 点地电位升高，因而出现过电压，这就是感应过电压的电磁分量。

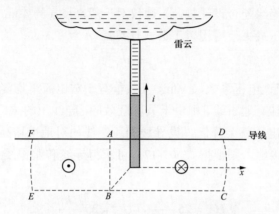

图 2-37　感应过电压电磁分量形成原理图

实际上，感应过电压的静电分量和电磁分量都是在主放电过程中，由统一的电磁场突变而同时产生的，但由于主放电速度比光速小很多，主放电通道和导线差不多相互垂直，互感不大，电磁感应较弱，因此电磁感应分量要比静电感应分量小得多，所以在总的感应过电压幅值中静电分量将起主要的作用，占 90%左右。

根据理论分析，当雷击点与线路的距离 $S>65\text{m}$ 时，导线上的感应过电压 U_g 可按下式计算。

$$U_g \approx 25\frac{I_L \times h_d}{S} \tag{2-16}$$

式中　I_L——雷电流幅值，kA；

　　　h_d——架空导线悬挂的平均高度，m；

　　　S——雷击点与导线的距离，m。

由式（2-15）可知，感应雷过电压与雷电流幅值、导线悬挂高度成正比，h_d 越高，导线对地电容越小，感应电荷产生的电压值就越高；感应雷过电压与雷击点到导线的距离 S 成反比。实测证明，由于雷击地面时雷击点的自然接地电阻较大，雷电流幅值一般不会超过 100kA，感应雷过电压一般不超过 500kV，对于 110kV 以上线路，由于绝缘水平较高，一般不会引起闪络事故。而对于 35kV 以下的配电网而言，这样的过电压足以引起线路闪络。感应过电压同时作用于

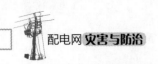

三相导线，则相间一般不存在电位差，但会引起对地闪络，当两相或三相同时对地闪络即可能形成相间短路跳闸事故。

目前，在工程应用上，感应过电压的计算仍存在较大争议，不同方法的计算方法的结果差别很大，也缺乏实践数据，GB/T 50064—2014《交流电气装置的过电压保护和绝缘配合设计规范》建议对一般高度（约 40m 以下）无避雷线的线路感应过电压最大值可用以下公式计算：

$$U_{gd} = ah_d \qquad (2\text{-}17)$$

式中 a——感应过电压系数，kV/m。其数值等于雷电流平均陡度，即 $a = I_L/2.6$。

当导线上方挂有避雷线，则由于其屏蔽效应，导线上的感应电荷就会减少，导线上的感应过电压就会降低，设导线和避雷线的对地平均高度分别为 h_d 和 h_b，若避雷线不接地，则根据式（1-17）可求得导线和避雷线上的感应过电压分别为 U_{gd} 和 U_{gb}：

$$U_{gb} = 25\frac{I_L h_b}{S}, \quad U_{gd} = 25\frac{I_L h_d}{S} \qquad (2\text{-}18)$$

由此可得到

$$U_{gb} = U_{gd}\frac{h_b}{h_d} \qquad (2\text{-}19)$$

通常避雷线是通过每基杆塔接地的，因此可设想在避雷线上依次有$-U_{gd}$电位，以此来保持避雷线零电位，由于避雷线与导线耦合作用，U_{gd} 将在导线上产生耦合电压（$-kU_{gb}$），k 为避雷线的耦合系数。此时导线上的电位将变化为 U'_{gd}，即

$$U'_{gd} = U_{gd} - kU_{gb} = U_{gd}\left(1 - k\frac{h_b}{h_d}\right) \approx U_{gd}(1-k) \qquad (2\text{-}20)$$

可见，接地避雷线的存在可使导线上的感应过电压由 U_{gd} 下降到 $U_{gd}(1-k)$，而耦合系数 k 越大，导线上的感应过电压越低。

2. 绕击

雷电绕击是指地闪下行先导绕过地线和杆塔的拦截直接击中相导线的放电现象。雷电绕击相导线后，雷电流波沿导线两侧传播，在绝缘子串两端形成过电压导致闪络。当地面导线表面电场或感应电位还未达到上行先导起始条件时，即上行先导并未起始阶段，下行先导会逐步向下发展，直到地面导线上行先导起始条件达到并起始发展，这个阶段为雷击地面物体第一阶段。地面导线上行先导起始后，雷击地面导线过程进入第二个阶段。在该阶段内上下行先导会相

对发展，直到上下行先导头部之间的平均电场达到末跃条件，上下行先导桥接并形成完整回击通道从而引起首次回击。雷电绕击的发展过程如图 2-38 所示。

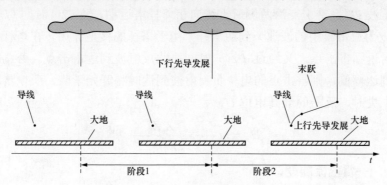

图 2-38　雷电绕击发展过程

3. 反击

雷击线路杆塔（或地线）后，雷电流杆塔（或地线）分流，经接地装置注入大地。塔顶和塔身电位升高，在绝缘子两端形成反击过电压，引起绝缘子闪络。

雷击线路杆塔顶部时，由于塔顶电位与导线电位相差很大，可能引起绝缘子串的闪络，即发生反击。雷击杆塔顶部瞬间，负电荷运动产生的雷电流一部分沿杆塔向下传播，还有一部分沿地线向两侧传播。同时，自塔顶有一正极性雷电流沿主放电通道向上运动，其数值等于三个负雷电流数值之和。线路绝缘上的过电压即由这几个电流波引起。

雷击地线档距中央时，虽然也会在雷击点产生很高的过电压，但由于地线的半径较小，会在地线上产生强烈的电晕；又由于雷击点离杆塔较远，当过电压波传播到杆塔时，已不足以使绝缘子串击穿，因此通常只需考虑雷击点地线对导线的反击问题。雷击避雷线档距中央如图 2-39 所示。

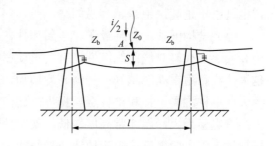

图 2-39　雷击避雷线档距中央

雷击点阻抗为 $Z_b/2$（Z_b 为避雷线波阻抗），则流入雷击点的雷电波电流与雷击点电压分别为

$$i_z = \frac{i_1}{1 + \dfrac{Z_b/2}{Z_0}} \tag{2-21}$$

$$u_A = i_z \cdot Z_b / 2 = i_1 \frac{Z_0 Z_b}{2Z_0 + Z_b} \tag{2-22}$$

电压波 uA 自雷击点沿两侧避雷线向相邻杆塔运动，经 $l/2v_b$ 时间（l 为档距长度，vb 为避雷线中的波速）到达塔杆，由于塔杆的接地作用，在塔杆处将有一负反射返回雷击点，又经过 $l/2vb$ 时间，此反射波到达雷击点。若此时雷电流尚未到达幅值，则雷击点的电位负反射波到达时将开始下降，所以雷击避雷线档距中央时，反击的最高电位 U_A 为

$$U_A = m \cdot \frac{l}{v_b} \cdot \frac{Z_0 Z_b}{2Z_0 + Z_b} \tag{2-23}$$

式中　m——雷电流陡度。

当此电压超过空气间隙放电电压时，间隙就会发生击穿造成短路事故，不过，国内外长期运行经验表明，因雷击档距中央引起避雷线与导线空气间绝缘闪络的事例是非常少见的。

2.4.3.2　配电网雷害影响因素

（1）环境因素。包括空气密度、湿度、降水和大气污染等。例如空气密度越小，线路绝缘性能越差，影响空气密度的海拔、大气压等因素也会对配电线路绝缘特性产生影响；湿度增大，绝缘性能下降，潮湿状态下绝缘部件的绝缘水平为干燥状态下的 70%～80%；在雨、雾、露、雪等不利天气条件和工业污染，以及自然界盐碱、粉尘及鸟类污染条件下，绝缘子耐受冲击电压水平降低，污染成分不同导致绝缘水平变化不同。

（2）电压的极性和上升率。例如负极性雷电闪络电压比正极性闪络电压高，雷电过电压越陡，绝缘越容易闪络。

（3）结构因素。如绝缘子、金属部件、杆塔的类型、形状和尺寸，线路结构和安装方式等对线路绝缘性能有着重要影响。绝缘子 50%雷电冲击放电电压越大，线路耐雷性能越好；杆塔高度增加，线路引雷效应增大，同时杆塔电感增大，单柱混凝土杆和单柱金属杆电感比门型杆或拉线杆大，单柱混凝土杆单位高度电感最大，但通常高度较低；架空地线的屏蔽效应可降低杆塔电感和杆塔接地电阻上的电压；架空地线与导线间的垂直距离减小，架空地线的有效性增大；杆塔接地电阻越小，线路防雷性能越好。

2.4.3.3　配电网雷害分析

10kV 配电线路雷击故障 860 条次中，造成永久性故障的有 127 起。按雷击故障设备类型分，引发绝缘子故障 46 起（占比 36.2%）、避雷器故障 39 起（占比 30.7%）、导线故障 17 起（占比 13.4%）、接地引下线故障 11 起（占比

8.7%）、跌落式熔断器故障 9 起（占比
7.1%），其他故障 5 起（占比 3.9%）。绝缘
子、避雷器故障及部分导线故障是配电线
路雷击的主要故障体现，如图 2-40 所示。

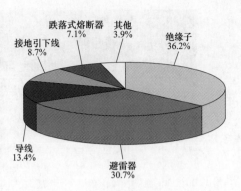

图 2-40　配电网雷害典型故障点

从一些现场调查中发现，雷击故障事
件的发生还与下列原因有很大关系：一是
杆上设备的雷电防护装置（主要是无间隙
避雷器）运行年限长、长期没有进行运行
情况跟踪，或一些配电型避雷器产品本身
存在一定的缺陷，导致避雷器保护功能失
效或本体损坏，进而引起被保护设备的损伤或配电网单相失地故障频发；二是
一些山区线路运行年限久、导线线径小，长期处于不良运行工况，裸导线本体
损伤、断股，在遭受雷击时引起裸导线断线故障的发生；还有其他如熔断器、
隔离刀闸等杆上设备，由于运行年限久，长期经受风吹日晒，再加上这些产品
本身质量一般，运行时间稍长，即频繁发生此类设备的故障；三是配电线路防
雷装置装设数量不足，多雷区线路较多，P-10T 等爬电距离小的绝缘子等设备
改造量大，仍需一定时间才能全面完成。

2.5　配电网地质灾害

2.5.1　地质灾害灾损类型

根据以往的地质灾害灾损与故障调查，配电网故障现象主要包括倒杆、断
杆、断线、配电台区倾覆和配电站房水浸损坏。地质灾害下配电网主要灾损类
型及灾损形式如表 2-8 所示。

表 2-8　　　　　地质灾害下配电网主要灾损类型及灾损形式

灾损类型	灾损形式（失效模式）
倒杆	位于滑坡体和崩塌体上部的杆塔，由于杆塔基础发生松动、位移变形，导致杆塔倾斜或倾覆，严重时发生同一耐张段内连续倒断杆或者跨越耐张段的串倒，如图 2-41（a）所示
断杆	在滑坡、崩塌和泥石流的冲击下，杆塔发生本体折断，如图 2-41（b）所示
断线	滑坡、崩塌往往伴随着树木倒伏，当倒伏的树木撞击到导线上，往往会引起导线断线事故，如图 2-41（c）所示
配电台区倾覆	台变和综合配电箱/杆上计量箱损坏形式主要是配变台区倾覆后摔撞、加上洪水浸泡受损；电能表损坏主要形式是受涝浸泡后、结构精细无法修复，如图 2-41（d）所示
配电站房水浸损坏	开关柜、环网柜、箱式变电站等配电设备因水浸导致设备内部出现故障，如图 2-41（e）所示

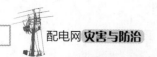

（a）倒杆　　　　　　　　　　　　　（b）断杆

（c）断线　　　　　　　　　　　　（d）配电台区倾覆

（e）配电站房水浸损坏

图 2-41　配电网地质灾害典型灾损类型

2.5.2　地质灾害致灾机理

　　在地质灾害的致灾机理中，我们将地形地貌、水的影响、人类工程活动视为致灾因子，线路和配电设备所处的位置视为孕灾环境，各类杆塔、导线和配电设备视为承灾体。

2.5.2.1　致灾因子分析

1. 致灾因子特性分析

（1）地形地貌条件。斜坡形态对地质稳定性有直接影响，其中斜坡形态指斜坡的高度、宽度、剖面形态、平面形态以及坡面的临空状况等。无论岩土哪个方向的位移，均随着斜坡高度的增加而增加，其中水平方向位移变化对斜坡高度的变化更为敏感。随着高度的增加，斜坡就越易产生相对滑移面，从而促使斜坡变形。坡底宽度的影响可以用宽高比值 W/H 来表征。随着 W/H 值的减小，坡脚的剪应力增大。实际资料表明，当 $W>0.8H$ 时，这种影响就减弱，以至不发生变化了。所以 W/H 值很小的高山峡谷地带，坡脚剪应力集中现象是非常明显的。尤其当水平构造应力较大时，由于水平挤压力的作用，坡脚应力集中带极强，更易发生变形破坏。

（2）水的影响。水对地质稳定性有显著影响，它的影响是多方面的，包括软化作用、冲刷作用、静水压力和动水压力作用，还有浮托力作用等。

1）水的软化作用。水的软化作用系指由于水的活动使岩土体强度降低的作用。对岩质斜坡来说，当岩体或其中的软弱夹层亲水性较强，有易溶于水的矿物存在时，浸水后岩石和岩体结构遭到破坏，发生崩解泥化现象，使抗剪强度降低，影响斜坡的稳定。对于土质斜坡来说，遇水后软化现象更加明显，尤其是残积土斜坡、全风化岩及强风化岩斜坡和黄土斜坡。

2）水的冲刷作用。河谷岸坡因水流冲刷而使斜坡变高、变陡，不利于斜坡的稳定。冲刷还可使坡脚和滑动面临空，易导致滑动。水流冲刷也常是岸坡崩塌的原因。

3）静水压力。作用于斜坡上的静水压力主要有三种不同的情况：一是当斜坡被水淹没时作用在坡面上的静水压力；二是岩质斜坡张裂隙充水时的静水压力；三是作用于滑体底部滑动面（或软弱结构面）上的静水压力。当斜坡被水淹没，而斜坡的表面相对不透水时，坡面上就承受一定的静水压力。由于该静水压力指向坡面且与其正交，所以对斜坡稳定有利。岩质斜坡中的张裂隙，如果因降雨或地下水活动使裂隙充水，则裂隙将承受静水压力的作用，如图 2-42（a）所示，该裂隙静水压力 P_w（取单宽坡体）按下式计算：

$$P_w = \frac{1}{2}HL\rho_w g \tag{2-24}$$

式中　H——裂隙水的水头高，m；

　　　L——充水裂隙的长度，m；

　　　ρ_w——水的密度，kg/m^3；

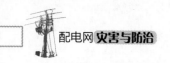

g ——重力加速度，N/kg。

这一静水压力对斜坡稳定是不利的，由于它的作用使斜坡受到一个向着临空面的侧向推力，易使斜坡发生失稳，甚至出现平推式滑坡或崩塌。

如果斜坡上部为相对不透水的岩土体，则当降雨人渗、河水位上涨或水库蓄水时，地下水位上升，斜坡内不透水岩土底面将受到静水压力作用，这一浮托力削减该结构面上的有效应力，从而降低了抗滑力，不利于斜坡的稳定，如图 2-42（b）所示。

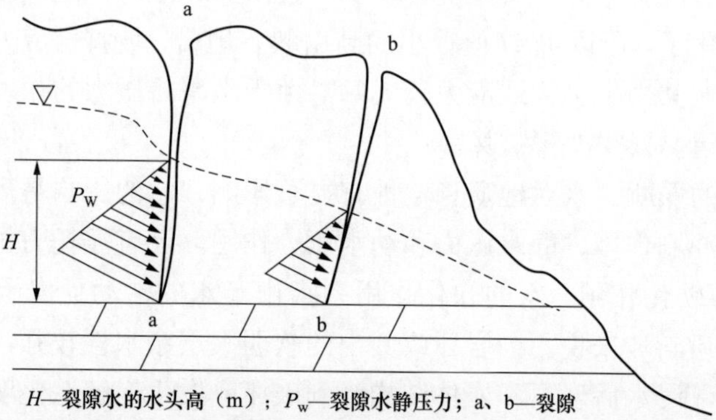
a
b
P_W
H
a
b
H—裂隙水的水头高（m）；P_w—裂隙水静压力；a、b—裂隙

（a）斜坡张裂隙中的静水压力

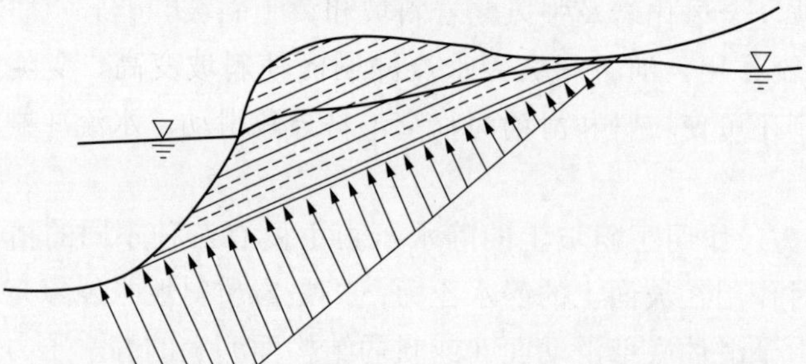

（b）静水压力削弱结构面上的有效应力

图 2-42　斜坡静水压力分布图

4）动水压力。如果斜坡岩土体是透水的，地下水在其中渗流时由于水力梯度作用，就会对斜坡产生动水压力，其方向与渗流方向一致，指向临空面，因而对斜坡稳定是不利的。在河谷地带当洪水过后河水位迅速下降时，岸坡内可产生较大的动水压力，往往使之失稳。

5）浮托力。处于水下的透水斜坡，将承受浮托力的作用，使坡体的有效重力减轻，对斜坡稳定不利。斜坡内地下水位的抬升，同样使岩土体悬浮减重，孔隙水压力增加，有效应力降低，使斜坡的抗滑阻力减小。

（3）人类工程活动的影响。

1）坡脚开挖。不当的开挖往往使坡脚结构面或软弱夹层的覆盖层变薄或切穿，减小坡体滑动面的抗滑力，而斜坡的下滑力却没有相应地减小，造成稳定性降低。当结构面或软弱夹层的覆盖层被切穿时，结构面与斜坡面构成不利组合，斜坡产生结构面控制型失稳。

2）坡顶加载。最常见的是在坡顶堆放弃（石）土，坡顶增加荷载，一方面增加了坡体的下滑力；另一方面加大坡顶张拉力和坡脚剪应力的集中程度，使斜坡岩土体破坏、降低强度，因而引起斜坡稳定性的降低。

3）地下开挖。主要包括采矿和开挖铁路、公路隧道。地下开挖引起的地表移动和斜坡失稳主要与地下开挖位置、开挖规模和地质条件等因素相关，其具有先沉陷、后开裂、再滑动的活动规律。

4）动荷载的影响。按照对岩土强度弱化形式的不同，动荷载包括瞬态动荷载（如爆破、地震）和疲劳动荷载（如波浪荷载、车辆荷载）。前者是由于传递的能量过大致使岩土体受到影响，后者是由于反复不断的作用使得岩土体产生疲劳损伤，从而使岩土体内部结构发生破坏。

2. 滑坡和崩塌的破坏过程

一般说来，处于自然条件下的岩土体在长期的内外动力作用下，其应力、应变将随时间而发生变化，当变形发展到一定的阶段，岩土体发生破坏。变形破坏过程包括：第一蠕变阶段（AB 段），也称蠕滑阶段，应变率 ε 随时间迅速递减；第二蠕变阶段（BC 段），也称稳滑阶段，应变率 ε 保持常量；第三蠕变阶段（CD 段），也称加速滑动阶段，应变率由 C 点开始迅速增加，达到点 D 点，岩土体即发生破坏，这一变形阶段的时间较短。如图 2-43（a）所示。

与此相类似，滑坡和崩塌的发生也要经历不同阶段，各阶段的变形特征各不相同，表现出坡体的地表位移、速率、裂缝分布，各种伴生现象各不相同。坡体的变形过程可划分为初始变形阶段（弱变形阶段）、强变形阶段、滑动阶段、停滑阶段，如图 2-43（b）所示。

3. 泥石流的破坏过程

泥石流大多发生于陡峻的山岳地区，这种陡峻地形条件为泥石流发生、发展提供了充足的位能，使泥石流蕴含一定的侵蚀、搬运和堆积能量。

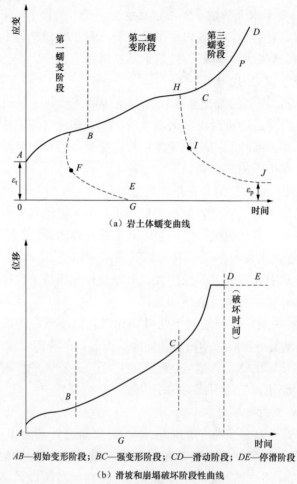

（a）岩土体蠕变曲线

AB—初始变形阶段；BC—强变形阶段；CD—滑动阶段；DE—停滑阶段

（b）滑坡和崩塌破坏阶段性曲线

图 2-43　滑坡和崩塌的破坏过程示意图

一般情况下，泥石流多沿纵坡降较大的狭窄沟谷活动。每一处泥石流自成一个流域，典型的泥石流流域可划出形成区、流通区和堆积区三个区段，如图2-44 所示。它包括分水岭脊线和泥石流活动范围内的面积，亦即汇流面积与堆积扇面积之和。

（1）形成区。多为三面环山、一面出口的宽阔地段，周围山坡陡峻，地形坡度多为 30°～60°，沟床纵坡降可达 30°以上，它的面积有时可达几十甚至几百平方公里。坡体往往裸露破碎，无植被覆盖。周围斜坡常为冲沟切割，崩塌滑坡堆积物发育。这种地形有利于大量水流和固体物质迅速聚积，并形成具有强大冲刷能力的泥石流。

（2）流通区。该区是泥石流搬运通过的地段，多系狭窄面深切的峡谷或冲沟，谷壁陡峻而纵坡降较大，且多陡坎和跌水。所以泥石流物质进入本区后具有极强的冲刷能力，将沟床和沟壁上冲刷下来的土石携走。

（3）堆积区。一般位于出山口或山间盆地边缘，地形坡度通常小于 5°，由于地形豁然开阔平坦，泥石流动能急剧降低，最终停积下来，形成扇形、锥形或带形堆积滩。典型的地貌形态为洪积扇。堆积扇地面往往垄岗起伏、坎坷不平，大小石块混杂。若泥石流物质能直接泻入主河槽，而河水搬运能力又很强时，则堆积扇有可能缺乏。

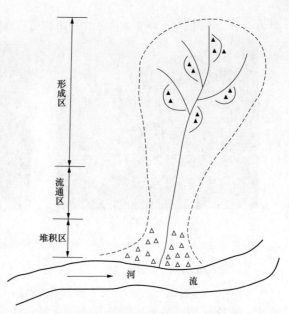

图 2-44　泥石流的破坏过程示意图

由于泥石流流域具体地形地貌条件不同，在有些泥石流流域，上述三个区段不可能明显分开，甚至缺乏某个区段。此外，泥石流流域形态对流域内径流过程有明显影响，进而影响各种松散固体物质参与泥石流的形成和规模。

2.5.2.2　孕灾环境分析

地质灾害相比水害的破坏力更加严重，其往往给电力设施带来摧毁性的损伤，其孕灾环境主要有以下几种。

1. 基岩较浅的陡坡地带

在图 2-45 所示的山体为土、岩石组合的陡坡地段，强降水作用下，雨水下渗进土体内部，由于岩石为不透水层，这部分水集中在土、岩交界面处，引起土岩交界面处抗滑力下降，引起崩塌（塌方），位于塌方的杆塔发生倾斜。

2. 土质陡坡地带

此类地形在闽北较常见。无法避开时，位于陡坡半坡的杆塔，可加大其埋深，当发生一些浅层的塌方或水土流失时，也有一定的抵抗作用，不至于马上发生如图 2-46（a）所示的倒杆。对于重要塔位可采用深基础（如人工挖孔

图 2-45　基岩较浅的陡坡地带

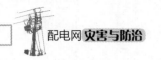

桩等），在浅层的塌方或水土流失作用下也可以保持其稳定性，如图 2-46（b）所示。

（a）土质陡坡地带的倒杆   （b）深基础保持稳定性

图 2-46 土质陡坡地带

3. 自然山体汇水面地带

山体汇水面处，这些地段一般坡度较陡，大面积雨水汇集，对地表土产生冲击、冲刷作用。另外，大量入渗雨水造成土体饱和度升高，孔隙水压力增大，土体抗剪强度下降，同时渗流形成的动水压力和流土也加剧边坡稳定安全系数的降低。位于这些地段的杆塔，地表土体会受冲刷而导致埋深不足，或是塌方导致倒杆、斜杆，如图 2-47 所示。

图 2-47 自然山体汇水面地带

4. 山谷、冲沟出山口地带

在山高沟深，地形陡峻，沟床纵度降大的山谷或冲沟出山口位置，洪水经过这些位置后，地形变得开阔，山洪流速变慢，上游碎屑物开始在此处堆积。本次强降雨导致山洪暴发，洪水夹带树木、上游塌方的松散土体、岩石在出山口位置开始堆积，流速快、冲击力大，冲毁配电线路，宜避开山谷、冲沟出山口，如图 2-48 所示。

5. 山区取土采石场

山区取土场、采石场及其进场土路，大力爆破，无计划开挖，弃土胡乱堆放，对山区环境造成严重破坏，容易引起塌方，如图 2-49 所示。

2.5.2.3 承灾体分析

地质灾害相比其他灾害对于配电网设施的损坏应该是摧毁性的，配电网杆塔、线路、配电变压器台区和配电站房等承灾体是无法对其有效防御的，因此实际配电网建设和运维中应遵从以下几个原则：

| 图 2-48　山谷、冲沟出山口地带 | 图 2-49　山区取土采石场 |

（1）按照全寿命周期费用最小的原则，区分配电网设施的重要程度，结合配电装置所处的地形地貌和典型灾损，依照"避开灾害、防御灾害、限制灾损"的次序，采取防灾差异化规划设计措施，加强防灾设计方案的技术经济比较，提高配网防灾的安全可靠性和经济适用性。

（2）加强地质灾害位置的辨识能力，建立地质灾害点杆段档案，根据地表变形特征和分布、地表移动盆地的特征（包括杆塔附近抽水和排水情况），辨识出洪涝区、泥石流、滑坡和崩塌等地质灾害地段，并在设计图纸中标明地质灾害地段。

（3）设计应充分考虑特殊的工程地质、气象条件的影响，设计上应尽量避开地面变形区、泥石流、滑坡和崩塌等地质灾害地段。不能避让的线路，应进行稳定性评估，并根据评估结果采取地基处理（如灌浆）、合理的杆塔和基础型式等预防措施。

（4）当线路与山脊交叉时，应尽量从平缓处通过。杆塔位置不宜设置在土质深厚的陡坡（尤其是浅根系植被和汇水山垄的陡坡）的坡边、坡腰和坡脚，道路外侧不稳定土质陡坎；线路走廊应避开陡坡坡脚塌方倒树范围。对于无法避开的滑坡和崩塌灾害杆段，杆塔和线路应与危险体边缘安全距离至少大于5m，受现场条件限制距离无法满足时，应采用跨越或电缆敷设的方式。对于无法避开的泥石流地质灾害地段，应分杆段采用电缆或者架空线路。

2.5.3　地质灾害破坏机理

地质灾害往往引起架空线路倒杆、断杆和断线，引起配电台区倾覆和配电站房水浸损坏。杆塔发生倒断和设备受淹的灾损机理分别在 2.1.3、2.2.3 中有叙述，以下重点对地质灾害引发配电网灾损的演变机理进行论述。

2.5.3.1　倒杆

1. 山体塌方、滑坡导致杆塔倾覆

山体塌方、滑坡主要发生在坡度较大，植被较稀疏的山区和丘陵地带。福建山区和丘陵地区范围较大，很多山区公路沿山体或河边修建，道路一侧有比较陡的边坡。当这些边坡未进行很好的加固处理时，遇到台风或短时强降雨天气时，很容易发生塌方、滑坡事故，如图 2-50 所示。而处于运维检修等方面考虑，路边往往是配电网线路的主要路径走廊，故当道路边的山体发生塌方、滑坡时，会导致路边的配电网线路电杆发生倾覆，导致线路停电事故。

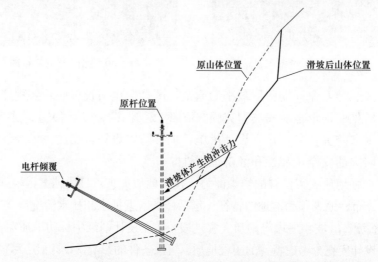

图 2-50　山体塌方、滑坡导致杆塔倾覆

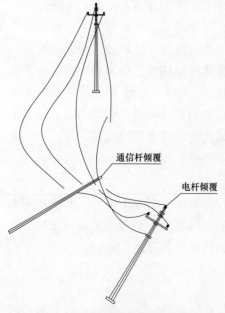

图 2-51　通信杆倒杆压覆或扯倒电杆

2. 通信杆倒杆压覆或扯倒电杆

配电网线路常存在于通信线同杆、部分同杆或平行架设。由于通信线路设计强度往往较配电网线路更低，在遇到台风或强降雨天气时，通信线路发生倒断杆等事故的可能性更大。当配电网线路与通信线部分同杆架设时，两条线路分开架设的分解点附近发生通信线倒断电杆时，其压覆力或拉力将产生影响，致使配电线路亦发生倒断电杆事故。当配电线路与通信线平行架设但线路间距离不满足倒杆距离要求时，也会发生通信线路倒断杆压覆配电线路，致使配电线路倒断杆事故，如图 2-51 所示。

3. 杆塔基础塌方引发倒杆

位于溪河边上的杆塔，若对溪河水位判

断不准确，当发生强台风或强降雨时，洪水淹没杆塔基础或拉线，经过洪水的冲击和冲刷，很容易将基础和拉线盘的冲出地面或发生倾覆，致使其失去对杆塔的支撑作用，发生倒杆或杆塔倾斜事故，如图 2-52 所示。

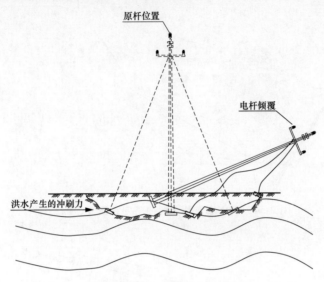

图 2-52　溪河水冲刷导致杆塔和拉线基础塌方

2.5.3.2　断杆

断杆主要是泥石流冲击造成，常发生于山区丘陵地带。当架空线路位于泥石流或洪水所经路径上时，因其强大的冲击力，水泥杆基本很难能承受，发生倒断电杆很难避免，如图 2-53 所示。

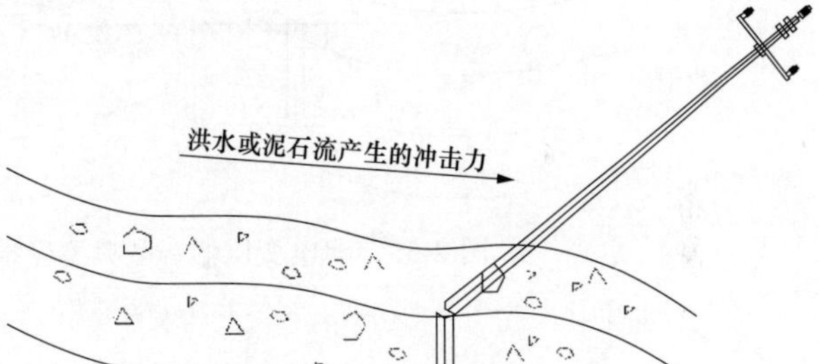

图 2-53　泥石流和洪水冲击倒断杆

2.5.3.3　断线

山体塌方往往伴随着树木倒伏，当塌方体位于架空线路档距中央时，塌方体并不会对电杆产生直接的冲击破坏，但当塌方体上有较高的树木时，倒伏的树木撞击到导线上，引起导线断线事故，如图 2-54 所示。

2.5.3.4　配电变压器台区倾覆

配电变压器台区典型灾损形式是塌方倾覆、外物撞损、洪水冲毁、被倒杆线路扯倒摔损（如图 2-55、图 2-56 所示），其中配电变压器台区台址的洪涝和地质灾害是主要原因，而部分配电变压器台区拉线、基础设计、施工工艺存在不

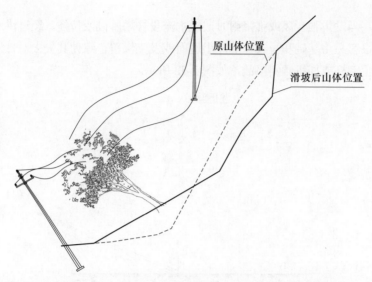

图 2-54　山体塌方和倒树撞击导致断线、倒断杆

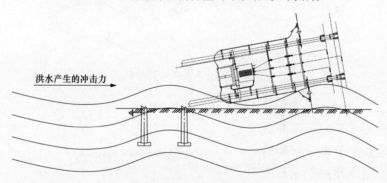

图 2-55　配电变压器台区典型受损形式（一）

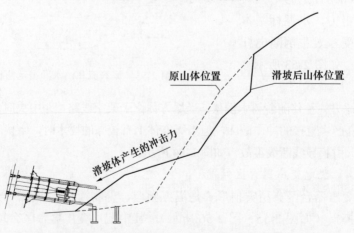

图 2-56　配电变压器台区典型受损形式（二）

足、造成配电变压器台区稳定性不够，以及传统设计配电变压器台区在乡村显得尺寸偏大、难以选到安全位置，也是灾损的部分原因。

配电变压器台区的低压配电设备及接户线受损特点：综合配电箱、计量箱和电能表典型灾损形式是随配电变压器台区倾覆损毁、洪涝水位高受淹和雨水流入造成内部故障，部分低压表计及表后线路被洪水浸泡，存在计量精度和安全隐患；低压接户线由于计量箱受损造成扯断，其典型受损情况如图 2-57 所示。

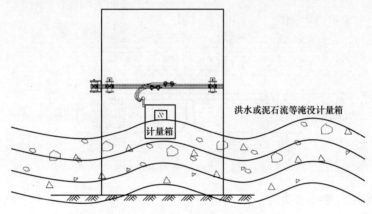

图 2-57　低压设备典型受损情况

2.5.3.5　配电站房水浸损坏

配电站房灾损主要原因是设防水位低于洪涝水位，部分开关站/配电室站所处于内涝区或洼地、设防水位低、阻水功能差，当选用设备防潮性能低和防水等级不当时，受洪水浸泡开关柜甚至开关本体，易造成柜体损坏，受灾部分开关站/配电室进水，大部分设备经清洗烘干后重新投运，但少量因进水、无法及时断电引发内燃弧故障损坏。

1.　开关站/配电站房受损

开关站和配电站房受损主要是由于站址位置处于内涝区或洼地，洪涝水位高于设防水位。设防水位低、阻水功能差、设备选型防潮性能低，洪水浸泡开关柜甚至开关本体。大部分设备经清洗烘干后重新投运，但部分设备浸水后容易损坏，必须进行更换，其典型灾损如图 2-58 所示。

图 2-58　开关站/配电站房典型受损情况

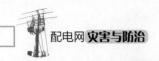

2. 环网柜受损

环网柜受灾的主要原因设防水位低于洪涝水位，另外洪涝区 10kV 环网柜设计选用的绝缘结构、防尘防水等级（IPXX）不当也是部分原因。环网柜内主要容易受损的部位在电缆附件和环网柜下隔室器件，其典型灾损如图 2-59 所示。

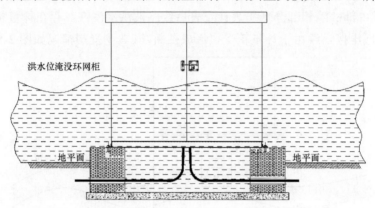

图 2-59　环网柜典型受损情况

3. 箱式变电站受损

箱式变电站受灾的主要原因设防水位低于洪涝水位。箱式变电站主要受损特点由于美式箱变和欧式箱变结构与设备的不同而有所不同。美式箱变因高压部分为全封闭油浸绝缘、防水等级高，其灾损部位主要在低压室；欧式箱变有较多的空气绝缘和环氧树脂绝缘器件和部位，进水位置洪水和易受潮部位多，其典型灾损如图 2-60 所示。

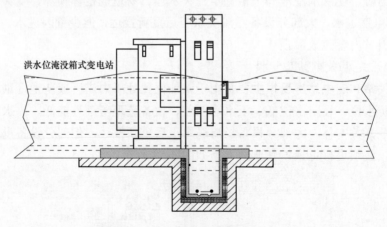

图 2-60　箱式变电站典型受损情况

第 3 章　配电网灾害风险评估与区划

配电网灾害的风险评估是为了指出气象灾害可能给配电网运行带来的风险，分析引起这些风险的原因和致灾条件，并提出防御和降低配电网气象灾害风险的措施，即将配电网的灾损控制在最低限度的具体有效对策。配电网灾害的风险区划是为了确定配电网可能遭受气象灾害的高风险区，在进行配电网规划、设计和建设时应避开气象灾害高风险区。如果配电网已处于高风险区或难以避开高风险区，就应当采取相关的工程性措施预防风险的发生，并为配电网防灾工程的设计标准提供科学依据。因此，配电网灾害的风险评估与区划是配电网防灾减灾的一个非常重要的环节。

3.1　配电网灾害风险评估体系

3.1.1　配电网灾害风险评估原理

3.1.1.1　风险评估的含义与主要内容

风险是一种不利影响的概率和严重程度的测量。风险是一个复杂的组成和两部分的融合：一个是现实（潜在的危险，或相反的不利影响和结果），另一个是人类构造的、数学化的概率术语。概率本质上是无形的，然而，以风险为基础的决策制定中普遍存在的概率是清晰的。此外，支配风险测量的概率测量，特别是对稀有和极端事件，例如当惊人之事存在时，是概率自身的不确定性。

风险评估（Risk Assessment）是指：在风险事件发生之前或之后（但还没有结束），对该事件可能给人们生活、生命、财产等各方面造成的影响和损失进行量化评估的工作。风险评估即为量化测评某一事件或事物带来的影响和损失的可能性。

风险评估的主要任务包括：①识别评估对象面临的各种风险；②评估风险

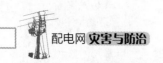
概率和可能造成的负面影响；③确定评估对象承受风险的能力；④确定风险消减和控制的优先级别；⑤推荐风险消减方案。

在现代生活中，风险无处不在；人们为了有效规避风险，进行风险评估就成为决策制定过程中不可或缺的一部分。并且，对一个系统了解得越少，对其进行风险评估的需求就越迫切。风险评估的最终目标是平衡所有的不确定利益和成本，如图 3-1 所示。

3.1.1.2　配电网灾害风险评估的基本理论

配电网风险根源在于其行为特征的概率性，设备的随机故障、所处环境天气的多变往往超出人的控制范围，且配电网设备众多，不确定因素多，因而无法做到精确预测。配电网故障引起停电事故直接影响配电网供电半径内用户的经济损失，影响供电的可靠率，严重时甚至会影响到主网，且还会产生社会和环境损失。配电网风险评估在智能电网、高可靠性和应急抗灾背景下尤为凸显。

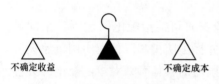

图 3-1　风险评估的最终目标

风险的定量评估目的在于建立表征被评估对象的风险指标，对于配电网来说完整的风险指标不单指配电网发生故障的概率，而是指配电网故障概率和故障后果的综合，如式 3-1。

$$Risk = PC \qquad (3\text{-}1)$$

式中　P——故障发生的概率；

C——故障所引发的后果。

多数风险指标值表征的是被评估对象风险的期望，不能当作精确的预测。一般来说，对配网的风险评估包括以下步骤：①确定配电网设备的风险评估模型；②计算故障发生的概率；③确定故障发生的后果；④计算风险指标。

风险与可靠性指的是同一个概念的两个方面，风险值越高意味着可靠性越低，风险值越低意味着可靠性越高。配电网风险评估与传统的可靠性评估区别主要体现在以下方面：①使用的场合与部门不同，风险评估给供电公司的应急抗灾、灾后迅速恢复供电、调度运行、调度计划和配电网日常运行维护，可靠性评估一般用于配电网规划设计和评价；②评估的时间尺度不同，风险评估尺度为天、小时、分钟级，可靠性评估为年、季度级；③评估内容不同，风险评估内容是配电网当前的信息状态和未来短时间内的风险预测，可靠性评估根据中长期的统计规律，评估系统设备的可靠性；④模型不同，风险评估是评估当前配电网的故障概率、风险，可靠性评估是评估配电网中长期统计的平均故障率和故障修复时间确定该时间段内平均的可靠性。

自然灾害风险评估理论认为，自然灾害的发生往往具备自然和社会两重属性，危险性、敏感性、脆弱性、防御能力在灾害形成过程中相互作用。对电网自然灾害的风险研究从自然属性出发，需要考虑致灾因子和孕灾环境；灾情在灾害发生地形成时，灾情的严重程度还取决于电网的承灾能力；电网的恢复力则取决于电网公司的应急抢修能力。因此，从社会属性出发则要考虑承灾体和防灾减灾能力。其中，灾害致灾因子危险性可认为是灾害对配电线路、杆塔、站房等造成损害的大风、暴雨、雷害等致灾因子的强度和频率。孕灾环境对外界的敏感程度主要是指不同高程、坡度和水系覆盖程度对灾害的激发和抑制作用，容易造成地质灾害和次生灾害。脆弱性是指受灾区域内线路、杆塔、站房的损害程度。防灾减灾能力主要是防御灾害的能力，以及受灾后的恢复能力。基于以上理论，配电网灾害风险函数可以表示为：

$$\text{Risk} = f \left(\begin{array}{cc} \text{致灾因子危险性} & \text{孕灾环境敏感性} \\ \text{承灾体脆弱性} & \text{防灾减灾能力} \end{array} \right) \quad (3-2)$$

表达式中危险性、敏感性、脆弱性与风险大小成正比，防灾减灾能力与风险大小成反比，并且由于各评价因子对灾害风险形成的作用强度不同，需要对各因子赋予不同的权重。因此，配电网灾害风险指数评价模型可表示为

$$T = (W_H \cdot V_H)(W_E \cdot V_E)(W_S \cdot V_S)[(W_R \cdot (1 - V_R)] \quad (3-3)$$

式中　T——灾害风险指数；

　　　V_H——致灾因子危险性指数；

　　　V_E——孕灾环境敏感性指数；

　　　V_S——承灾体脆弱性指数；

　　　V_R——防灾减灾能力指数。

由于评价指标实际值的单位存在差异，为了消除各指标的数量级以及量纲差异，计算前需进行归一化处理。W_H、W_E、W_S、W_R 表示各因子的权重，权重的大小为 0～1 之间的数值，且 $|W_H| + |W_E| + |W_S| + |W_R| = 1$。权重越大，表示该指标对灾害风险影响程度越大。图 3-2 是灾害风险形成原理示意图，可以看出灾害风险的形成主要由 4 个部分组成，致灾因子、孕灾环境、承灾体和防灾减灾能力缺一不可。

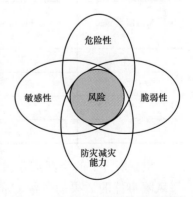

图 3-2　配电网灾害风险形成原理

⚙️ 3.1.2 配电网灾害风险分级

2012 年 4 月 1 日，民政行业推荐性标准《自然灾害风险分级方法》正式发布，首次将自然灾害风险分级方法以标准的形式进行规范化。

配电网自然灾害风险分级由配电网自然灾害风险事件发生的可能性和产生的后果来决定。以 P 代表配电网自然灾害风险事件发生可能性的分级，以 C 代表配电网自然灾害风险事件产生的后果的分级，以 R 代表配电网自然灾害风险。配电网自然灾害风险 R 的分级由 P 和 C 的乘积决定。

可能性的分级方法是根据配电网自然灾害风险事件发生的可能性，从高到低分为四个等级，分别用等级 P 的分值表示，如表 3-1 所示。

表 3-1 　　　　　　　配电网自然灾害风险事件的可能性等级分值

可能性等级分值 P	风险事件可能性	备　　　注
1	极高	频率等级为极高，风险事件在较多情况下发生
2	高	频率等级为高，风险事件在某些情况下发生
3	中	频率等级为中，风险事件很少发生
4	低	频率等级为低，风险事件几乎不发生

灾害风险事件后果的分级方法是根据自然灾害风险事件产生指标的等级分值，将后果从大到小分为四个等级，分别用等级 C 的分值表示，如表 3-2 所示。一次灾害风险事件的多个指标的等级分值不同时，后果等级分值 C 取其指标等级分值中的最大者。

表 3-2 　　　　　　　配电网自然灾害风险事件的后果等级分值

后果等级分值 C	风险事件后果	后果指标分值				
		指标 1	指标 2	指标 3	指标 4	其他指标
1	极高	1	1	1	1	1
2	高	2	2	2	2	2
3	中	3	3	3	3	3
4	低	4	4	4	4	4

根据表 3-1 的自然灾害风险事件的可能性等级分值 P 和表 3-2 的自然灾害风险事件的后果的等级 C 的分值，建立自然灾害风险分级矩阵，如表 3-3 所示。

表 3-3   配电网自然灾害风险分级矩阵

风险等级分值 R			后果等级分值 C			
			极高	高	中	低
			1	2	3	4
可能性等级分值 P	极高	1	1	2	3	4
	高	2	2	4	6	8
	中	3	3	6	9	12
	低	4	4	8	12	16

🔘 3.1.3 配电网灾害综合风险评估系统

图 3-3 所示为配电网灾害综合风险评估系统结构图。

配电网灾害综合风险评估系统由输入层、中间层和输出层组成。其中，输入层从致灾因子危险性、孕灾环境敏感性、承灾体脆弱性和防灾减灾能力四方面出发，构建风险评估的影响因子集；中间层则基于指标体系、概率统计、情景分析等不同方法建立配电网灾害综合风险评估模型；输出层是基于影响因子集和风险评估模型得出的风险评估结果，并进行可视化展示，为电网公司应急部门制定降低风险的措施提供决策支撑。

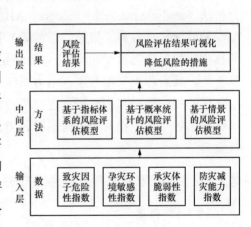

图 3-3 配电网灾害风险评估系统结构图

3.2 配电网灾害风险评估方法

风险评估方法主要有定性评估法、指数评估法、概率风险评估法等。其中，概率风险评估方法是利用各子系统事故发生概率求取整个系统事故的发生概率，具有系统结构简单、清晰，相同元件的基础数据相互借鉴性强，要求数据准确、充分，分析过程完整，判断和假设合理等优点，是目前研究配电网灾害风险大小最普遍的方法。

风险四要素法是目前最为详尽、考虑最为全面的概率风险评估方法之一。风险四要素包含致灾因子危险性、孕灾环境敏感性、承灾体易损性和防灾减灾

能力，四要素共同作用构成一个区域内的某个承灾体遭受某类灾害风险的大小情况。当风险系统中任一要素的贡献增加或者降低时，风险随之增加或降低。自然灾害风险是致灾因子本身属性（危险性）、孕灾环境特征（敏感性）、承灾体（本书指的各地区配电网）的易损坏性及防灾减灾能力综合作用的结果，得到风险评估模型的数学表达式为

$$I_r = f(\lambda_1 H, \lambda_2 E, \lambda_3 V, \lambda_4 R) \tag{3-4}$$

式中　I_r——风险指数；

　　　H——致灾因子危险性；

　　　E——孕灾环境敏感性；

　　　V——承灾体易损性；

　　　R——防灾减灾能力。

四要素及其内在各层级表征指标的权重系数，采用的计算方法通常为层次分析法（analytic hierarchy process，AHP）。层次分析法是一个多层分析结构模型，是最低层（方案、措施、指标等）相对于最高层（总目标）相对重要程度的权值或相对优劣次序的问题，可以将定性问题转变成定量问题进行研究分析。基于此，采用各类气象专家、电力系统运行专家、专业设计和施工人员对每一个区域的相应要素和表征指标进行两两矩阵判断，在进行层次单排序计算后，可以得出各个因子相对配电网面对各类自然灾害的风险时的相对重要程度，即权重 λ_i。

● 3.2.1　配电网风害风险评估方法

3.2.1.1　概述

配电网风害的形成是一个多种因素综合作用的结果，这些因素包括风速、风向、配电线路走向、地形和地质类型等等。它们之间存在复杂的非线性关系，其中大部分因素都具有极强模糊性和不确定性。对配电网风灾的确定性评估十分困难、复杂，目前资料、数据还相当匮乏。有研究人员采用模糊风险评估方法进行电网风灾综合评估，但其考虑的要素较多，且大部分因子无法直接获取，而权重参量的选取更多依赖于经验，因此评估准确度不高，要真正用于风灾风险评估还需要更进一步的研究。

3.2.1.2　配电网风害风险评估方法

配电网大风灾害风险评估需考虑致灾因子危险性、孕灾环境敏感性、承灾体易损性和防灾减灾能力的综合作用结果，在此主要对应为强风大小和频率，下垫面和地形，配电线路杆塔情况、售电量和国民生产总值的空间差异和权重

差异，风害对配电网安全影响的风险评估如图 3-4 所示。

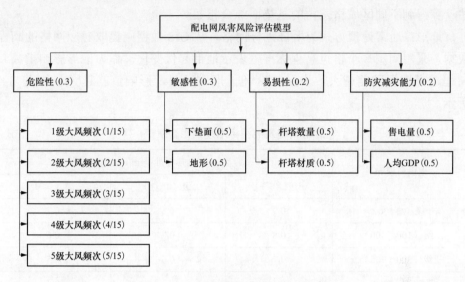

图 3-4　配电网风害风险评估模型

1. 致灾因子危险性

基本风速定义：按当地空旷平坦地面上 10m 高度处 10min 时距平均的年最大风速观测数据。以省为单位，采用极值 I 分布计算不同重现期的风速（配电线路防风设计通常参照 30 年重现期风速），建立不同重现期的基本风速序列。

分别计算不同序列的第 60、80、90、95、98 百分位数的风速值，该值即为初步确定的临界致灾风速。利用不同百分位数将大风强度分为 5 个等级，具体分级标准为：60%～80% 位数对应的风速为 1 级，80%～90% 位数对应的风速为 2 级，90%～95% 位数对应的风速为 3 级，95%～98% 位数对应的风速为 4 级，大小于 98% 位数对应的风速为 5 级。

根据大风强度等级越高，对风灾形成所起的作用越大的原则，确定风灾致灾因子权重，将大风强度 5、4、3、2、1 级分别取作权重为 5/15、4/15、3/15、2/15、1/15。加权综合评价法计算不同等级大风强度权重与将区域不同等级大风强度发生的频次归一化后的乘积之和，即得到该区域风灾致灾因子危险性指数。

2. 孕灾环境敏感性

下垫面：通常处理方式为区域划分网格，从 GIS 数据中提取对应网格的下垫面数据，分为农田、森林、草地、城市和水体五类。根据各类型下垫面对配电线路杆塔因大风损毁的影响大小，确定下垫面各类指标权重大小，分别取作

为农田 5/10、森林 4/10、草地 3/10、水体 2/10、城市 1/10。采用加权综合评价法计算得到不同区域格点内的下垫面综合指数。

地形：通常处理方式为区域划分网格，从 GIS 数据中提取对应网格的高程数据，采用周围 8 个格点高程标准差表示地形起伏变化，作为地形影响指数。高程越高、标准差越大，表示越有利于形成风灾，影响值就越大，如表 3-4 所示。

表 3-4　　　　　　　　　　地形高程及高程标准差的组合赋值

地形高程/m	地形标准差/m		
	一级（≤1）	二级（1～10）	三级（≥10）
一级（≤100）	0.9	0.8	0.7
二级（100～300）	0.8	0.7	0.6
三级（300～700）	0.7	0.6	0.5
四级（≥700）	0.6	0.5	0.4

考虑孕灾环境中下垫面和地形对强风灾害的影响程度相近，赋值权重相同，采用加权综合评价法计算得到各 GIS 格点孕灾环境的敏感性指数。

3. 承灾体易损性

强风造成的危害程度与承受强风灾害的载体有关，其对配电网造成的损失大小一般取决于发生地的杆塔数量和杆塔材质，考虑二者重要程度基本相同，因此在计算综合承灾体的易损性时考虑两个评价指标的权重相同。

配电网杆塔材质主要分为水泥杆和金属杆，水泥杆的抗风能力远小于金属杆，因此考虑从 GIS 数据中分别提取对应网格的水泥杆数量占比和金属杆数量占比，分别取权重系数为水泥杆数量占比 0.7、金属杆数量占比 0.3，加权计算得到各格点的杆塔材质指标。针对每个格点杆塔数量指标进行归一化处理，最后采用加权综合法计算得到综合承灾体易损性指数。

4. 防灾减灾能力

防灾减灾能力是受灾区对气象灾害的抵御和恢复程度，是为应对强风灾害所造成的损害而进行的工程和非工程措施，考虑到这些措施和工程的建设主要依靠当地供电公司承担和政府的经济支持，即主要考虑当地售电量和人均 GDP。对某区域售电量和人均 GDP 归一化处理后，分别取相同的权重系数，采用加权综合评价法计算得到综合防灾减灾能力指数。

综上，配电网风害风险评估计算模型如下：

$$S=n_1H+n_2E+n_3V+n_4R \tag{3-5}$$

$$H=\sum a_iH_i \quad i=1,2,\cdots,5 \tag{3-6}$$

$$E=\sum b_{1i}E_{1i}+\sum b_{2i}E_{2i} \quad i=1,2,\cdots,5 \tag{3-7}$$

$$V=\sum c_{1i}V_{1i}+\sum c_{2i}V_{2i} \quad i=1,2,\cdots,5 \tag{3-8}$$

$$R=\sum d_{1i}R_{1i}+\sum d_{2i}R_{2i} \quad i=1,2,\cdots,5 \tag{3-9}$$

式中　　　　　S——配电网风害风险指数；

H，E，V，R——分别为致灾因子危险性指数，孕灾环境敏感性指数，承灾体易损性指数，防灾减灾能力指数；

n_1，n_2，n_3，n_4——分别为四要素指数对应的权重系数；

H_i，a_i——分别表示各级强风频次归一化指标和对应的权重系数；

E_{1i}，b_{1i}，E_{2i}，b_{2i}——分别表示下垫面因子及其权重系数和地形因子及其权重系数；

V_{1i}，c_{1i}，V_{2i}，c_{2i}——分别表示杆塔数量因子及其权重系数和杆塔材质因子及其权重系数；

R_{1i}，d_{1i}，R_{2i}，d_{2i}——分别表示售电量因子及其权重系数和 GDP 因子及其权重系数。

3.2.2　配电网水害风险评估方法

3.2.2.1　概述

近年来对暴雨洪涝造成的水害对电网风险评估的研究越来越多。有从灾害系统角度提出，洪涝灾害风险是洪灾致灾因子危险度、承灾体脆弱性、孕灾环境稳定性三者的交集；在 GIS 空间分析基础上，通过对暴雨洪涝灾害的危险性、承灾体的暴露性、脆弱性以及区域防灾减灾能力分析进行灾害风险评估。本节将根据风险评估四要素方法，分析暴雨洪涝灾害对配电网影响进行单项及综合风险评估。

3.2.2.2　配电网水害风险评估方法

配电网暴雨洪涝灾害风险是致灾因子危险性、孕灾环境敏感性、承灾体易损性和防灾减灾能力综合作用的结果，在此主要对应为暴雨强度和频率，地形和水网密度，电网密度、售电量和国民生产总值的空间差异和权重差异，水害对配电网安全影响的风险评估如图 3-5 所示。

1. 致灾因子危险性

暴雨过程降水定义：过程降水量以连续降水日数划分为一个过程，一旦出现无降水则认为该过程结束，并要求该过程中至少一天的降水量达到或超过

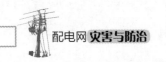

50mm（新疆、青海、甘肃、宁夏、内蒙古中西部、西藏为 30mm），最后将整个过程降水量进行累加。以省为单位，统计其各气象台站 1 天、2 天、3 天、…10 天（含 10 天以上）暴雨过程降水量，之后将所有气象台站的过程降水量作为一个序列，建立不同时间长度的 10 个降水过程序列。

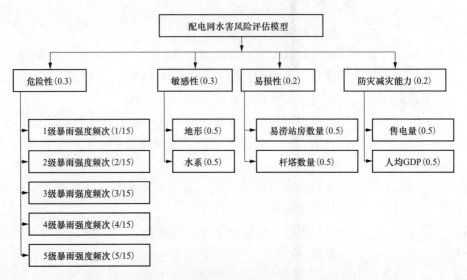

图 3-5　配电网水害风险评估模型结构

分别计算不同序列的第 60、80、90、95、98 百分位数的降水量值，该值即为初步确定的临界致灾雨量。利用不同百分位数将暴雨强度分为 5 个等级，具体分级标准为：60%~80%位数对应的降水量为 1 级，80%~90%位数对应的降水量为 2 级，90%~95%位数对应的降水量为 3 级，95%~98%位数对应的降水量为 4 级，不小于 98%位数对应的降水量为 5 级。

根据暴雨强度等级越高，对洪涝形成所起的作用越大的原则，确定降水致灾因子权重，将暴雨强度 5、4、3、2、1 级分别取作权重为 5/15、4/15、3/15、2/15、1/15。加权综合评价法计算不同等级降水强度权重与将各站的不同等级降水强度发生的频次归一化后的乘积之和，即得到单站降水致灾因子危险性指数。

2. 孕灾环境敏感性

地形：通常处理方式为区域划分网格，从 GIS 数据中提取对应网格的高程数据，采用周围 8 个格点高程标准差表示地形起伏变化，作为地形影响指数。高程越低、标准差越小，表示越有利于形成涝灾，影响值就越大。

水系：主要包括河网密度和距离水体的远近。根据划分的网格统计河网密度。距离水体远近的影响则用 GIS 中的计算缓冲区功能实现，其中河流应按照一级河流和二级河流、湖泊水库按照水域面积来分别考虑，分为一级缓冲区和二级缓冲区，给予 0～1 之间适当的影响因子值，原则是一级河流和大型水体的一级缓冲区内赋值最大，二级河流和小型水体的二级缓冲区赋值最小，表 3-5 和表 3-6 给出了参考值。河网密度和缓冲区影响经归一化处理后，各取权重 0.5，采用加权综合评价法求得水系影响指数。

表 3-5 湖泊和水库缓冲区等级和宽度的划分标准

水域面积/万 km²	缓冲区宽度/km	
	一级缓冲区	二级缓冲区
0.1～1	0.5	1
1～10	2	4
10～20	3	6
>20	4	8

表 3-6 河流缓冲区等级和宽度的划分标准

缓冲区宽度/km	一级河流		二级河流	
	一级缓冲区	二级缓冲区	一级缓冲区	二级缓冲区
	8	12	6	10

考虑孕灾环境中地形与水系对暴雨洪涝的影响程度相近，赋权重值相同，采用加权综合评价法计算得到各 GIS 格点孕灾环境的敏感性指数。

3. 承灾体易损性

暴雨洪涝造成的危害程度与承受暴雨洪涝灾害的载体有关，其对配电网造成的损失大小一般取决于发生地的易涝站房数量和杆塔数量，考虑二者重要程度基本相同，因此在计算综合承灾体的易损性时考虑两个评价指标的权重相同。对每个承灾体易损性评价指标进行规范化处理，而后取相同权重进行加权综合法计算得到综合承灾体易损性指数。

4. 防灾减灾能力

考虑应对暴雨洪涝灾害所造成的损害而进行的措施和工程的建设主要依靠当地供电公司承担和当地政府的经济支持，主要当地售电量和人均 GDP。对某区域售电量和人均 GDP 归一化处理后，分别取相同的权重系数，采用加权综合评价法计算得到综合防灾减灾能力指数。

综上，配电网水害风险评估计算模型如下：

$$S = n_1 H + n_2 E + n_3 V + n_4 R \qquad (3\text{-}10)$$
$$H = \sum a_i H_i \quad i = 1,\ 2,\ \cdots,\ 5 \qquad (3\text{-}11)$$
$$E = \sum b_{1i} E_{1i} + \sum b_{2i} E_{2i} \quad i = 1,\ 2,\ \cdots,\ 5 \qquad (3\text{-}12)$$
$$V = \sum c_{1i} V_{1i} + \sum c_{2i} V_{2i} \quad i = 1,\ 2,\ \cdots,\ 5 \qquad (3\text{-}13)$$
$$R = \sum d_{1i} R_{1i} + \sum d_{2i} R_{2i} \quad i = 1,\ 2,\ \cdots,\ 5 \qquad (3\text{-}14)$$

式中 S——配电网水害风险指数；

  H，E，V，R——分别为致灾因子危险性指数，孕灾环境敏感性指数，承灾体易损性指数，防灾减灾能力指数；

  n_1，n_2，n_3，n_4——分别为四要素指数对应的权重系数；

    H_i，a_i——分别表示各级暴雨频次归一化指标和对应的权重系数；

 E_{1i}，b_{1i}，E_{2i}，b_{2i}——分别表示地形因子及其权重系数和水系因子及其权重系数；

 V_{1i}，c_{1i}，V_{2i}，c_{2i}——分别表示易涝站房数量因子及其权重系数和杆塔数量因子及其权重系数；

 R_{1i}，d_{1i}，R_{2i}，d_{2i}——分别表示售电量因子及其权重系数和 GDP 因子及其权重系数。

🔴 3.2.3　配电网冰害风险评估方法

3.2.3.1　概述

目前，国内外已有对电网冰灾的风险进行的评估。主要有：采用皮尔森 III 分布描述了年极值冰厚概率分布，通过模糊推理系统建立了线路的停运模型；从电网冰灾风险的灾害因素、电网因素和管理因素着手，建立多因子电网冰灾风险评估模型；双层传感器网络模型，利用其采集的数据对局部架空线路进行冰灾下的风险评估。以上研究为局部冰灾风险评估工作提供了较强的理论支撑，但均未计算系统防灾减灾能力，也未考虑我国沿海各省份具体的电网情况，不能有效地为电网调度运行进行优化，缺乏普适性。

配电网冰害主要破坏形式，主要指的覆冰对架空线路的危害，经过对大量事故的统计分析可归纳为两大类：一是引起间隙放电和覆冰闪络的电气故障；二是引起倒断杆、断线、金具及绝缘子等损坏的机械故障。本节以沿海地区配电网架空线路为承灾体，利用风险四要素法建立指标体系，采用层次分析法确定各层指标的权重系数，并通过公式建模对沿海地区配电网的覆冰灾害风险进行量化评估。

3.2.3.2　配电网冰害风险评估方法

采用风险四要素法进行配电网冰害风险评估时，对于配电网冰害的致灾因子危险性，主要考虑冰区划分和冰雪凝冻两个指标；配电网覆冰及其引发的次生灾害会对配电网线路设备产生较大影响，孕灾环境敏感性主要考虑引发覆冰的相关环境因素，因此以评估区域内的温度、湿度和地形作为敏感性指标；考虑覆冰主要对配电网线路杆塔造成破坏，因此考虑所在地区配电网架空线路总长度作为承灾体易损性指标；相关从业人员的比例高低及地区用电量能够反映应对冰灾的人力及财力的投入情况，主要以人力和财力两个指标评估防灾减灾能力。

以冰害风险评估结果为目标层，选取 9 个指标来描述配电网冰害风险，如表 3-7 所示。

表 3-7　　　　　　　　　　　　配电网冰害风险评估指标体系

目标层 U	四要素 B	指标层 C	
		指标类别	表征参数
I_r	危险性	冰区划分	30 年一遇冰区等级划分 H_1
		冰雪凝冻	最大覆冰厚度 H_2
	敏感性	温度	冬季年平均气温 E_1、年平均气温较常年气温的偏值 E_2
		湿度	温润指数 E_3
		地形	地面高程 E_4
	易损性	线路长度	单位平方千米配电网架空线路长度 V_1
	防灾减灾	人力资源	配电网从业人口占地区电力从业人口比例 R_1
		减灾投入	用电量 R_2

由于各项指标的特征和影响程度不同，因此需要计算各评估指标的权重系数。一般采用层次分析法，分别确定 B、C 层对目标层 U 的权重系数。

1. 致灾因子危险性

（1）冰区划分

冰区划分可以表征沿海各地区过往受冰灾影响的情况，等级越高则电网受覆冰灾害的危险性越高。

（2）冰雪凝冻

根据近 30 年配电线路最大覆冰厚度来衡量沿海各省份电网冰灾的严重性，覆冰厚度越大，则冰雪凝冻危险性越大。

2. 孕灾环境敏感性

（1）温度

由于覆冰的形成需要大气中拥有足够的过冷却水滴，而在环境温度低于

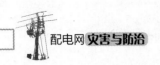

0℃时大气中的小水滴才能发生过冷却，即自然因素中温度的影响至关重要。

（2）湿度

大气中过冷却水滴的形成需要一定的湿度，选用中国沿海各省份湿润指数来表征湿度对覆冰灾害的影响，湿润指数越大，则电网覆冰危险性越大。

（3）地形

选用被评估地区平均地面高程来表征地形因素的影响，高程越高则被评估区覆冰的危险性越大。

3. 承灾体易损性

覆冰灾害主要作用在配电网的架空线路上，因此选用单位平方千米的配电网架空线路总长作为易损性指标。单位平方千米配电网架空线路越长，则覆冰可能造成的配电网伤害或潜在损失程度就越大，覆冰灾害风险越大。

4. 防灾减灾能力

考虑配电网覆冰灾害的抵御和修复工作主要从供电企业可投入的人力和财力进行评估，因此统计地区供电企业的人力资源配置情况，配电网运检、抢修及施工等从业人数比例越高，灾害预防及灾后重建能力越强，应对覆冰灾害能力越强，覆冰灾害风险越小。选用地方用电量表征覆冰灾害的减灾投入，通常，地方用电量越高，电网收入越高，相对地电网对减灾投入就越大，应对覆冰灾害能力越强，覆冰灾害风险越小。

根据以上说明，分别建立四要素各指标风险评估模型如下：

致灾因子危险性计算模型

$$H = \sum H_i a_i \quad i=1,2 \tag{3-15}$$

式中　a_i——C层各危险性指标 H_i 的权重系数，其中，H_1 的权重系数 $a_1=0.5$，H_2 的权重系数 $a_2=0.5$。

孕灾环境敏感性计算模型

$$E = \sum E_i b_i \quad i=1,2,3,4 \tag{3-16}$$

式中　b——C层敏感性指标 E_i 的权重系数，其中，E_1 的权重系数 $b_1=0.15$，E_2 的权重系数 $b_2=0.15$，E_3 的权重系数 $b_3=0.3$，E_4 的权重系数 $b_4=0.4$。

承灾体易损性计算模型

$$V = \sum V_1 c \tag{3-17}$$

式中　c——C层易损性指标 V_1 的权重系数，$c=1$。

防灾减灾能力计算模型

$$R = \sum R_i d_i \quad i=1,2 \tag{3-18}$$

式中　　d_i——C 层防灾减灾能力指标 E_i 的权重系数,其中,R_1 的权重系数 d_1=0.5,

R_2 的权重系数 d_2=0.5。

配电网冰害风险评估计算模型为

$$I_r = H^\alpha E^\beta V^r[e+(1-e)(5-R)^\delta] \tag{3-19}$$

式中　　e——不可抗力系数,考虑到当前防冰灾的科技水平,取 e=0.7;

α——危险性的权重系数,在此取 α=0.66;

β——敏感性的权重系数,在此取 β=0.09;

γ——易损性的权重系数,在此取 γ=0.20;

δ——防灾减灾能力的权重系数,在此取 δ=0.05。

只要测试地区不具备危险性、敏感性、易损性三者中任一种条件,即 H、E 或 V 中任一者为零,则电网覆冰的风险指数 I_r 为零;若测试地区在量化后具备最强的防灾减灾能力,即 R 为 5,则电网覆冰的风险指标 I_r 的值降到最小,仅为 H、E、V 和 e 共同作用的结果,即 $I_r = H^\alpha E^\beta V^r e$。

⏺ 3.2.4　配电网雷害风险评估方法

3.2.4.1　概述

近年来,随着配电网的快速发展和强对流天气的增多,雷害故障频繁发生。变电站的雷击风险因为有效的侵入波和直击雷防护装置而大大降低,目前配电网雷害风险主要集中在配电架空线路。雷击造成线路两相闪络、同杆双回线路同时闪络、同一配电线路通道多回线路相继跳闸等严重故障明显增加。雷击跳闸一直是影响供电可靠性的重要因素。而大气雷电活动的随机性和复杂性,造成架空线路的雷击跳闸成为困扰安全供电的一个难题。

目前,对于架空线路遭受雷害的风险研究,相关学者及机构多以雷击跳闸率作为架空线路遭受雷害的评价指标,这并不尽合理,因为尽管雷击引起的线路跳闸次数较多,但近年来,配电网架空线路投入的重合闸成功率越来越高,其占非计划停运比例要比其占跳闸比例低。此外,架空线路的雷电灾害影响因子不是单一的,除了有受雷击跳闸率控制外,还需要考虑架空线路雷电活动强度、地闪密度、线路走廊雷电活动频率、地形地貌、架空线路对电网重要性程度等因子,需要综合多因素影响结果。

综上,本节将电网遭受雷害的多影响因子作为出发点,采用层次分析理论,对其风险评估方法进行介绍。

3.2.4.2　配电网雷害风险评估方法

电网遭受雷害的影响因子不是单一的,也不是几个因子单独发生作用,而

是多个因子发生耦合作用。根据目前国内外的研究成果,评估配电线路雷害风险的因子主要有雷击跳闸率、平均非计划停运时间、停运时间平均经济损失、负荷重要性、线路平均配电设备损失等。

据此,建立电网雷害多因子层次结构示意图如图 3-6 所示。结构为目标层A:配电线路的雷害风险大小;准则层 B:评估线路雷害风险的主要因素有雷击跳闸率、平均非计划停运时间、停运时间平均经济损失、负荷重要性、线路平均配电设备损失等;方案层 C:配电网中的各条线路。

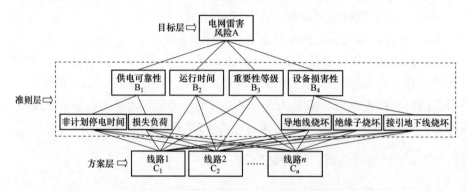

图 3-6 配电网雷害风险评估层次分析结构

1. 雷击跳闸率

线路的雷击跳闸率分为实际的雷击跳闸率和计算的雷击跳闸率。实际的雷击跳闸率 N_{or} [次/(100 km·a)] 计算公式如下:

$$N_{or} = \frac{雷击跳闸总数}{运行年数 \times 线路全长} \times 100 \qquad (3-20)$$

对于本文的分析结构模型,准则层中并没有考虑线路运行年数对线路风险大小的影响,而实际的雷击跳闸率中已包含该因素对跳闸率的影响,进而对线路的风险大小也有所影响,故本文采用实际的雷击跳闸率评估线路风险的大小。

2. 平均非计划停运时间

平均非计划停运时间 T_s(h/a)是指由于雷击跳闸引起的非计划停运时间。

$$T_s = \frac{\sum_{i=1}^{n} 第i次雷击跳闸引起的停运时间}{运行年数} \qquad (3-21)$$

式中 n——该线路在运行年数内由于雷击引起的跳闸总数。

3. 停运时间平均经济损失

只考虑线路停运引起的直接经济损失,定义线路雷击跳闸所引起的停运时间平均经济损失 M_{el}(万元/h)计算公式如下:

$$M_{el} = \frac{\sum_{i=1}^{n} 第 i 次雷击跳闸导致的经济损失}{\sum_{i=1}^{n} 第 i 次雷击跳闸导致的停运时间} \qquad (3-22)$$

4. 负荷重要性

根据国标 GB 50052—2009《供配电系统设计规范》，将负荷分为 3 个等级。将参与评估的线路所连接的负荷按上述规范分级，并按重要性等级排序。

5. 线路平均配电设备损失

线路配电设备损失是指由于雷击引起的配电设备损失，雷击引起的线路配电设备损失包括导线、地线、接地引下线的烧毁以及避雷器、绝缘子的损坏等，定义线路平均配电设备损失 M_{ll}（万元/a）计算公式如下：

$$M_{ll} = \frac{雷击引起的线路配电设备总损失}{运行年数} \qquad (3-23)$$

在实际应计算中，针对配电网中需要进行雷害风险评估的线路，首先计算各线路上述五类参数值；然后根据准则层对目标层的重要性排序如下：雷击跳闸率＞平均非计划停运时间＝停运时间平均经济损失＝负荷重要性＞线路平均配电设备损失，构造出准则层各因素对目标层的比较矩阵，接着通过层次分析法计算得到一致矩阵从而得到准则层各因素相对于目标层的权重向量。

同理，可以得到方案层各线路对准则层各指标的权重系数，最后通过加权综合评价法计算得到某区域内配电网的雷害风险评估结果。其计算模型如下：

$$S = n_1 N_{or} + n_2 T_s + n_3 M_{el} + n_4 F_z + n_5 M_{ll} \qquad (3-24)$$

式中 S ——配电网雷害风险指数；

n_1，n_2，n_3，n_4，n_5 ——分别为准则层五个指标对目标层所对应的权重系数。

🔹 3.2.5 配电网地质灾害风险评估方法

3.2.5.1 概述

地质灾害对配电网设施的破坏是灾难性的，为了提高配电网安全、可靠的运行水平，增强配电网系统应对地质灾害的防御能力，需考虑从地质灾害对配电网的风险影响大小入手，指定相应风险评估方法，然后建立应急预案，合理分配各类资源，减小灾中负荷损失并加快灾后重建效率，将灾害影响尽量降低。在此背景下，国内外学者们开展了配电网主要地质灾害规律及风险评估研究，针对主要地质灾害（滑坡、泥石流）的发生特点，结合配电网特征，制定了配电网地质灾害的风险评估方法。

3.2.5.2 配电网地质灾害风险评估方法

采用层次分析法在评价配电网系统遭受地质灾害风险性大小时，主要考虑

相应区域内地质灾害的易发程度和该区域内的配电网系统相对重要性。因此，首先分别对研究区域内地质灾害的易发程度和配电网相对重要性进行分级评价并赋值，然后，对分级后的赋值进行加权求和，得到配电网地质灾害风险指数。配电网地质灾害风险评估模型如下：

$$D_n = n_1 R_n + n_2 l_i \tag{3-25}$$

式中　D_n——配电网地质灾害风险指数；

　　n_1，n_2——分别为地质灾害易发程度和配电网相对重要性的权重；

　　R_n，l_i——分别为地质灾害易发程度和配电网相对重要性指数。

1. 地质灾害易发程度指数评价模型

采用叠加分析和统计分析法，结合相应的数学模型和危险性评价指标体系对所研究区域灾害易发程度指数作出评价。配电网工程地质灾害风险评价的量化指标，是通过风险指数的计算获取，采取指标加权法进行评价，评价模型如下：

$$R_n = \sum W_i X_i \quad i = 1, 2, \cdots, m \tag{3-26}$$

式中　W_i——所选指标的权重；

　　X_i——所选指标分级后的对应赋值。

根据地质灾害规律研究情况，上述模型选取的评价指标为地层岩性表征指标、断裂构造表征指标、地貌因素表征指标、地形因素表征指标、降雨因素表征指标。根据滑坡和泥石流灾害历史统计资料，选取每个因素的表征指标并分级，具体的评价指标及其分级介绍如下。

（1）地层岩性表征指标。表 3-8 所示为地层岩性分级。

表 3-8　　　　　　　　　　　　地层岩性分级

级别	1	2	3	4	5	6	7	8
工程地质岩组	松散土	侵入岩	块状变质岩	喷出岩	碎屑岩	片、板状变质岩	碳酸盐岩	湿陷性黄土

（2）断裂构造表征指标。采用地震作为断裂构造因素的表征指标。地震是地球内部释放能量的动力地质作用之一，对滑坡的作用在于触发滑坡，并促成滑坡形成。其表现主要在以下两个方面：①地震力的作用使斜坡体承受的惯性力发生改变，触发了滑坡；②地震力的作用造成地表变形和裂缝的增加，减低了土石的力学强度指标，引起了地下水位的上升和径流条件的改变，进一步创造了滑坡的形成条件。因此，地震既是造成滑坡的直接影响因素，又是促进滑坡产生的内在因素。

地震对泥石流的作用在于，触发泥石流的滑动或流动，促进泥石流的形成。其表现在以下三个方面：①地震力的作用，使斜坡体承受的惯性力发生改变，触发了土石流动；②地震力的作用，造成地表变形和裂缝的增加，减低了土石的力学强度指标，引起了地下水位的上升和径流条件的改变，进一步创造了泥石流的形成条件；③地震触发的崩塌、滑坡、冰、雪崩、堤坝决崩以及其他水源的变化等，为泥石流提供大量的松散固体物质和水源，进一步扩大了泥石流的规模。

地震烈度简称烈度，简单地说，就是地震影响与破坏的程度。其主要依据人的感觉的强弱、器物反应的程度、建（构）筑物损坏或破坏的程度、地面景观的变化情况等的宏观考察与定性描述来决定。选取地震烈度参数对地震指标进行分级。根据目前的地震基本烈度表、地质灾害危险性评估规范，可将地震指标按照表3-9进行分级。

表3-9　　　　　　　　　　地震分级

级别	1	2	3	4	5
地震烈度	< VI	VI～VII	VII～VIII	VIII～IX	> IX

（3）地貌因素表征指标。地貌因素是影响滑坡发生的最基本条件之一。调查发现，泥石流发生的能量条件主要通过区域地形条件得以实现，是泥石流能否形成的重要因素之一。它是上游和山坡坡面松散固体物质所具有势能的体现，是物质能否启动的先决条件。泥石流的形成区在地形上具备山高沟深、地形陡峻、沟床纵坡降大、流域形状便于水流汇集等特点。在地貌上，泥石流的地貌一般可分为形成区、流通区和堆积区三部分。上游形成区的地形多为三面环山、一面出口的瓢状或漏斗状，地形比较开阔，周围山高坡陡、山体破碎、植被生长不良，这样的地形有利于水和碎屑物质的集中；中游流通区的地形多为狭窄陡深的峡谷，谷床纵坡降大，使泥石流能迅猛直泻；下游堆积区的地形为开阔平坦的山前平原或河谷阶地，使堆积物有堆积场所。

根据以上研究，建立地貌因素指标的分级，如表3-10所示。

表3-10　　　　　　　　　　地貌指标分级

分级	1	2	3	4	5	6	7
地貌	平原	丘陵	极高山	高山	高原	低山	中山

（4）地形因素表征指标。地形坡度是影响滑坡和泥石流发育的一个非常重

要的因素。斜坡的高度、坡度、形态、成因与斜坡的稳定性有着密切的关系。在地质条件基本相同的情况下，高陡斜坡通常比低缓斜坡更容易失稳而发生滑坡。通过对局部典型地区不同坡度范围滑坡灾害点历史资料的收集、整理、统计，得到灾害点与不同坡度统计情况。据此建立地质灾害易发程度的地形坡度指标分级，如表 3-11 所示。

表 3-11 地形坡度指标分级

分级	1	2	3	4
坡度	<15°	15°~25°	>40°	25°<Y≤40°

（5）降雨因素表征指标。气候因素在地质灾害成因中是主要因素之一，如气温、降雨、风暴等，其中，降雨与地质灾害形成的关系最密切。降雨量大小、强度、持续时间等均影响着地质灾害的形成，尤其是短时高强度的降雨或长期阴雨，均容易引发严重的地质灾害。据统计，年均降雨量与滑坡密度具有很强的相关性，同时强降雨也是泥石流灾害的直接触发条件。据此设定年均降雨量指标的分级，如表 3-12 所示。

表 3-12 降雨量指标分级

分级	1	2	3	4	5
年均降雨量（mm）	<400	400~800	800~1200	1200~1600	>1600

2. 配电网相对重要性指数评价模型

考虑配电网系统受到地质灾害破坏的易损性，采用配电线路长度指标结合配电线路杆塔类型指标对配电网相对重要性进行分级评价。

配电线路长度指标反映了一定区域内最易受损的配电网组成部分受到地质灾害破坏的可能性，而配电线路的杆塔类型指标则反映了该段线路在电网系统中的相对重要性，将这两个指标相结合来评价配电网相对重要性。得到配电网相对重要性指数 l_i 计算模型如下：

$$l_i = m_1 f + m_2 z \tag{3-27}$$

式中 f，z ——分别为单位区域内配电线路长度指标和单位区域内杆塔类型指标；

m_1，m_2 ——分别为长度指标和杆塔类型指标对应的权重系数。

配电网相对重要性评价是联系电网工程与地质灾害危险性评价的重要手段，配电线路长度指标 f 和杆塔类型指标 z 会随时间变化而改变。为了保证配电网地质灾害危险性评价的准确性，应该定期对二者进行更新。

（1）配电线路长度指标

配电线路是配电网的重要组成部分，也是最容易受地质灾害破坏的部分。在相同面积范围内，如果其他因素都相同，则配电线路越长就越容易受到地质灾害破坏。对单位区域（km²）的配电线路换算长度进行归一化，计算方法如下：

$$f = \frac{f_i - f_{\min}}{f_{\max} - f_{\min}} \tag{3-28}$$

式中 f_i ——某单位区域内配电线路长度值；

$f_{\max}$，$f_{\min}$ ——分别为全区域范围内（全省、全国等）单位区域配电线路长度的最大和最小值。

（2）配电线路杆塔类型指标

配电线路杆塔主要有水泥杆、窄基塔和钢管杆等，计算其数量在单位区域内总杆塔数量的比值，同时根据三者重要性不同制定不同的权重系数，得到单位区域内杆塔类型指标计算方法如下：

$$z = a_1 \frac{SN}{SN + ZJ + GG} + a_2 \frac{ZJ}{SN + ZJ + GG} + a_3 \frac{GG}{SN + ZJ + GG} \tag{3-29}$$

式中 SN，ZJ，GG ——分别为单位区域内水泥杆数量、窄基塔数量和钢管杆数量；

a_1，a_2，a_3 ——分别为水泥杆重要性系数、窄基塔重要性系数和钢管杆重要性系数。

3.3 配电网灾害风险区划与绘制

配电网灾害风险区划的目的是防灾减灾，主要解决如下两个问题：哪些地区是配电网自然灾害高风险区，不适合建造配网工程；如果确有必要建或者已建工程已处于自然灾害高风险区内又难以迁移，应当采取什么工程性措施预防风险的发生，并为防灾设计提供科学依据，防御灾害风险的发生。

电网的灾害风险区划属于电力系统、气象学、地质学和灾害学等的交叉学科，本章节对配电网自然灾害风险区划与绘制进行一定的探讨。

3.3.1 自然灾害风险区划原理

风险是与某种不利事件有关的一种未来情景，自然灾害风险区划应当反映社会若干年内可能达到的自然灾害风险程度，即某地区可能发生的自然灾害的概率或超越某一概率的自然灾害最大等级。

3.3.1.1 自然灾害风险的数学描述

设 X 为自然灾害指标：

$$X=\{x_1, \ x_2, \ \cdots, \ x_n\} \tag{3-30}$$

设超越 x_i 的概率 $P(x \geqslant x_i)$ 为 p_i，$i=1, \ 2, \ \cdots, \ n$，则概率分布

$$P=\{p_1, \ p_2, \ \cdots, \ p_n\} \tag{3-31}$$

称为灾害风险概率分布。风险区划即风险概率的地理分布。

3.3.1.2 自然灾害风险区划的内容

自然灾害风险区划实际上是致灾危险性区划，即致灾临界条件的概率或超越某一概率的致灾临界条件最大等级的地理分布，并阐述不同超越概率（或不同重现期）下自然灾害的风险。

配电网自然灾害风险区划可以为配网规划、工程布局、灾害防御措施提供依据。自然灾害风险区划应当包含如下内容：

（1）确定致灾临界条件。

（2）确定致灾临界条件的概率或超越某一概率的自然灾害最大等级的空间分布。孕灾环境和防灾工程发生明显变化时，需要重新编制风险区划。

（3）评估在自然灾害 H 不同超越概率下各类承灾体的风险：

$$E_i \cdot V_{di}|_{H(N)} \qquad i=1, \ 2, \ \cdots, \ n \tag{3-32}$$

式中 E_i——不同重现期第 i 类承灾体的物理暴露；

$\quad\quad V_{di}$——承灾体脆弱性；

$\quad\quad$ H——自然灾害种类；

$\quad\quad N$——年数；

$\quad\quad n$——受 N 年一遇的自然灾害 H 影响的承灾体的种类。

（4）提出防御自然灾害风险的有效措施。对于每一种自然灾害风险区划，都应当指出哪些地区是自然灾害高风险区，不适合建设配电网工程；如确有必要建，应当建什么标准的配电网工程以对抗灾害；在风险区划中，还应当重点制定抢修方案，就近储备应急物资。

3.3.1.3 样本问题

1. 样本长度

为了求概率，必须有合格的历史样本。所谓合格，一是历史样本应当有一定的长度，二是历史样本系列必须是平稳马尔科夫过程。通常的概率风险分析方法要求有 30 个以上样本，否则分析结果将极为不稳定，甚至与实际情况相差甚远。

当风险区划的基本单元是省或省以上时，由于有长序列气象、水文、地质等观测资料的支撑，使用通常的概率统计方法一般就可以做出风险区划来。但是，大区域的平均结果掩盖了差异性，而这些差异性正是电力工作者在生产中所关注的，为了更好地服务生产，电力工作者希望将配电网灾害风险评估的基本单元缩小到县市以下或更精细化的较小区域，而精细化网格会碰到观测历史资料严重不足的问题。通常在我国境内，一般一个县市仅有一个气象站具有 30 年以上的历史资料，2005 年之后，气象部门虽然建了不少区域自动气象站，但是对于风险区划而言观测时间较短，对很多灾害也不能进行观测。

2. 平稳马尔科夫过程

如果我们用已观测的样本来计算风险的概率密度分布，其前提是假定了相应的风险系统变化是平稳马尔可夫随机过程，即风险系统未来的发展状态只与过去 T 年的风险系统情况有关，而与更早以前的风险系统情况无关，并且相应的概率规律不因时间的平移而改变。如果此假定符合实际，人们就可以用过去 T 年的风险系统资料，推算未来 T 年内的风险。

符合平稳马尔科夫随机过程的风险因子辨识如果只涉及自然因素，平稳马尔可夫随机过程的假定基本合理，但是下面几种情况不是平稳的马尔科夫过程，应当特别注意：

（1）防灾设施（工程）修建前后致灾临界条件的历史资料不是平稳马尔科夫过程。这是因为防灾工程的兴建，致灾临界条件发生了突变。

（2）孕灾环境发生变化前后的致灾临界条件序列也不是平稳马尔可夫随机过程，这是因为孕灾环境也是决定致灾临界条件的重要因子。

（3）承灾体的物理暴露的历史变化过程显然不是平稳马尔科夫过程，同样，承灾体的脆弱性和人类防御减灾能力的历史进程也不符合平稳马尔科夫过程。

判断一个风险系统变化是否是平稳的马尔可夫随机过程，可以使用的检验方法简要介绍如下：

（1）采用 $\chi 2$ 统计检验方法，检验待分析的时间序列是否具有马尔科夫性质，即无后效性；

（2）用相关系数统计检验的方法检验各状态之间互相转换的显著性，并据此对各状态加以分类。

3.3.1.4 自然灾害风险区划方法

如果有合格的致灾临界条件的历史序列数据，就可以选择合适的概率分布函数计算致灾临界条件的概率。如果有部分合格的致灾临界条件的历史数据，就可以采用信息扩散的方法计算概率。如果有部分区域缺乏历史资料时，就可以使用相关分析法来推算概率。另外，还可以采用物理/生物模型法、邻域类比

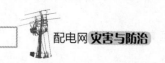

法、经验估计等方法做自然灾害风险区划。

1. 具备合格致灾临界条件历史序列资料的风险区划

如果致灾临界条件的历史资料比较齐全（包括空间和时间分布），且样本数超过 30 个，就很容易选用适当的概率密度分布函数求得各地致灾临界条件的出现概率，从而得到自然灾害风险区划。求致灾临界条件概率的方法很多，下面作简单的介绍。

（1）频率统计法。频率统计法在灾害风险评估和区划中使用比较广泛。此方法以数理统计学中的大数定律和中心极限定理为理论基础，认为在样本足够大时，可以用灾害事件发生的频率作为灾害危险性的无偏估计。

（2）几种常见的概率分布函数。如果能求得样本的概率分布函数，那么求重现期便是十分方便的事情了，常见的概率分布函数有如下几种：正态分布、二项式分布、泊松分布、柯西分布、皮尔逊Ⅲ型曲线和 Fisher / Gumbel 分布。

（3）概率分布密度函数检验。为了求得自然灾害风险样本的概率分布符合哪一种密度函数，首先需要对样本序列进行分布型判别，采用偏度—峰度检验法，通过检验且样本数大于 30，便可以用这种概率分布密度函数求任何强度的致灾因子的重现期了，或者反过来，由重现期求致灾因子强度的量值。

2. 致灾临界条件历史序列资料不足的风险区划

通常在我国境内，一般一个县市仅有一个气象站具有 30 年以上的历史资料，气象站的历史资料对于与其气候、地质、地理、生态等条件相同的地区具有代表性，对于其他地区不具有代表性，尤其是对气象灾害而言更是如此。精细的空间格点的风险区划碰到的最大困难是缺乏每个格点致灾临界条件的历史资料。为了解决这个问题，对于历史资料不足的可以采用基于信息扩散的风险区划方法，对于没有气象资料的格点，可以采用灾情推演法、相关分析法和数值模拟法等。对于电力气象灾害风险区划，采用较多的通常是相关分析法。

（1）信息扩散方法。当样本不足 30 时，为弥补信息不足所出现的问题，E·Parzen（1962 年）提出利用样本模糊信息对灾害样本进行集值化的、模糊数学处理的方法。信息扩散方法最原始的形式是信息分配方法，最简单的信息扩散函数是正态扩散函数。信息扩散方法可以将一个分明值的样本点，变成一个模糊集。或者说，是把单值样本点，变成集值样本点。计算模糊集各样本点落在灾害观测值处的频率值，便可计算出所要求的某一种灾害超越概率风险估计值。

（2）相关分析法。气象要素相关分析法：县以下区域致灾临界气象条件历史样本很少，不可能用于计算概率。如果该致灾临界气象条件与县市气象站观测的气象要素相关性好，就可以用县市气象站与致灾气象条件相关好的气象要素的概率推算各地致灾临界气象条件的概率。由于气象站的气象要素观测资料时间长，容易求出相关的气象要素的概率或超越概率。

气象要素经纬度、海拔高度相关内插法：如果某区域（例如省）某气象要素（例如气温）与海拔高度、纬度、经度有较好的相关关系，我们便可以利用气象台站该气象要素的历史资料，建立该气象要素与海拔高度、纬度、经度的函数关系（例如回归方程），再利用这个函数关系，内插得到经纬度网格点的该气象要素的值。

致灾因子与孕灾环境因子相关分析法：如果有批量灾害调查资料（符合数理统计要求的样本数），这些灾害调查资料中致灾因子与孕灾环境因子又有较好的相关关系（通过统计检验），便可以构建致灾因子与孕灾环境因子的函数关系，然后，利用气象站长序列的气象资料求致灾临界气象条件出现的概率，最后再利用致灾因子与孕灾环境因子的函数关系订正致灾临界条件各经纬度网格上的值，从而得到风险区划。

3.3.2 配电网风害风险区划与绘制

架空配电线路风害风险区划思路：首先收集与整理气象、地理和电力资料，将风速资料订正为自记 10min 平均最大风速并进行均一性检验，将统计整理后的数据根据极值Ⅰ型分布计算不同重现期的风速，从而得到 10min 平均最大风速的风害风险区划图。

下面以国家电网公司风区分布图为例说明。

3.3.2.1 资料收集整理

基础资料包括气象资料、地形资料和电力部门的风速设计资料等。

气象资料包括各地气象台站或政区中心的具体位置详表、地面气象观测数据、天气现象记录、风速或其他相关影响因子。气候统计资料如强风日数、平均风速、极值风速等。

地形资料包括气象台站的地理坐标、海拔高程，典型的微地形、微气象区域，如垭口、高山分水岭、风道等。

电力部门的风速设计资料包括本地区在运线路的设计风速或风速取值及依据。本地区历年配电线路风速情况，包括调查点的经纬度、海拔高程、极值风速等。选取的年最大风速数据，一般应有 25 年以上的资料；当无法满足时，至少也应有不少于 10 年的风速资料。

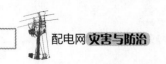

3.3.2.2　基本风速统计和订正方法

在确定风速时，观察场地应具有代表性。场地的代表性是指观测场地周围的地形为空旷平坦，能反映本地区较大范围内的气象特点，避免局部地形和环境的影响。

（1）风速观测数据应符合下述要求：应全部取自自记式风速仪的记录资料，对以往非自记式的定时观测资料，均应通过适当修正后加以采用。风速仪高度与标准高度 10m 相差过大时，可按下式换算到标准高度的风速：

$$v = v_z \left(\frac{10}{z} \right)^{\alpha} \tag{3-33}$$

式中　z——风速仪实际高度，m；

　　　v_z——风速仪观测风速，m/s；

　　　α——空旷平坦地区粗糙度指数，取 0.16。

确定基本风速时，应按当地气象台、站 10min 时平均的年最大风速作样本，并采用极值 I 型分布作为概率模型，极值 I 型概率分布函数为

$$F(x) = \exp\{-\exp[-\alpha(x-u)]\} \tag{3-34}$$

式中　u——分布的位置函数，即其分布的众值；

　　　α——分布的尺度函数。

当观测期 $n \to \infty$ 时，分布参数与均值 μ 和标准差 σ 的关系按照下述确定：

$$\alpha = \frac{\pi}{\sqrt{6}\sigma} = \frac{1.2885}{\sigma} \tag{3-35}$$

$$u = \mu - \frac{0.5772}{\alpha} \tag{3-36}$$

当有限样本的均值 $\bar{x}$ 和统计样本均方差 s 作为 μ 和 σ 的近似估计时，取

$$\alpha = \frac{C_1}{s} \tag{3-37}$$

$$u = \bar{x} - \frac{C_2}{\alpha} \tag{3-38}$$

观测期为 n 年，变量 z_i 可以按照下式计算：

$$z_i = -\ln\left(-\ln\frac{i}{n+1}\right), \quad 1 \leq i \leq n \tag{3-39}$$

$$C_2 = \bar{z} = \frac{1}{n}\sum_{i=1}^{n} z_i \tag{3-40}$$

$$C_1 = \sigma_z = \sqrt{\frac{1}{n}\sum_{i=1}^{n} z_i^2 - \overline{z}^2} \qquad (3\text{-}41)$$

如果需要考虑实际的观测数量，表 3-13 给出了 n 个观测值时参数 C_1 和 C_2 的值。

表 3-13   极值 I 型分布的 C_1 和 C_2 值

n	C_1	C_2
10	0.94963	0.49521
15	1.02057	0.51284
20	1.06282	0.52355
25	1.09145	0.53086
30	1.11237	0.53622
35	1.12847	0.54034
40	1.14131	0.54362
45	1.15184	0.54630
50	1.16066	0.54854
∞	1.28255	0.57722

平均重现期为 T 的最大风速 x_R 可按下式确定

$$x_R = u - \frac{1}{\alpha}\ln\left[\ln\left(\frac{T}{T-1}\right)\right] \qquad (3\text{-}42)$$

$$x_R/\overline{x} = 1 - \frac{v_x}{C_1}[C_2 + \ln(-\ln(1-1/T))] \qquad (3\text{-}43)$$

式中 $v_x = \dfrac{s}{\overline{x}}$。

确定基本风速时，其对应的基本风速取值主要与《110kV～750kV 架空输电线路设计规范》附录 A 中各个典型气象区所规定的风速相对应。

（2）风速序列建立方法

1）时序换算方法。

气象站风速资料为定时 2min 平均最大风速，应进行观测次数和风速时距换算，统一订正为自记 10min 平均最大风速，可按下式进行订正：

$$V_{10\text{min}} = aV_{2\text{min}} + b \qquad (3\text{-}44)$$

式中 $V_{10\text{min}}$——自记 10min 平均最大风速，m/s；

           $V_{2\text{min}}$——自记 2min 平均最大风速，m/s；

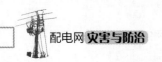

a、b ——时距换算系数，应采用当地分析成果或应用实测资料计算确定。

2）风速序列的均一性检验方法。

近 40 年来随着经济的发展，城市规模的不断扩大，尤其是 20 世纪 90 年代以来，许多气象台站原本位于比较空旷的地区，现已被周边的建筑所包围，风速的观测受到一定的影响，有些台站因此进行了搬迁，对风速的均匀性有一定的影响。

此外随着气象观测仪器的更新，近 40 年来经历了几代仪器的变更，仪器的变更也会对资料的均一性造成影响，为了保证资料的连续性，需要对气象站长年代风速资料进行均一性检验，具体方法如下：

根据观测站周围环境变化和迁站等情况审查原始序列曲线，若出现明显不连续的年份，则称该年为间断年，将该年之前（不包括该年）的风速序列称为子序列 1，其后的序列称为子序列 2。设子序列 1 为 x_1, x_2, …, x_{n1}, 子序列 2 为 y_1, y_2, …, y_{n2}, 全部数据的平均记为 $\overline{G_x}$, n_1 个数据和 n_2 个数据的平均值分别为 $\overline{x}$ 和 $\overline{y}$, 于是

$$\overline{G_x} = \frac{1}{n_1 + n_2}\left(\sum_{i=1}^{n_1} x_i \sum_{i=1}^{n_1} y_i\right) = \frac{(n,\overline{x} + n_2\overline{y})}{n_1 + n_2} \tag{3-45}$$

全部数据对 $\overline{G_x}$ 的偏差平方和 S^2 为

$$S^2 = \sum_{i=1}^{n_1}(x_i - \overline{G_x})^2 + \sum_{j=1}^{n_2}(y_j - \overline{G_x})^2 = \left[\sum_{i=1}^{n_1}(x_i - \overline{x})^2 + \sum_{j=1}^{n_2}(y_j - \overline{y})^2\right] + \frac{n_1 n_2}{n_1 + n_2}(\overline{x} - \overline{y})^2 \tag{3-46}$$

上式中右端括号内两个平方和反映了各组数据内部本身的差异程度，称之为组内偏差平方和，右端第二项则反映了两组数据之间的差异程度，称之为组间偏差平方和，要判断组间差异是否显著，就要考虑这两项的比值，用如下的 F 检验方法来进行显著性检验：

$$F = \frac{\frac{n_1 n_2}{n_1 + n_2}(\overline{x} - \overline{y})^2}{\left[\sum_{i=1}^{n_1}(x_i - \overline{x})^2 + \sum_{j=1}^{n_2}(y_i - \overline{y})^2\right]}(n_1 + n_2 - 2) \tag{3-47}$$

取显著性水平 0.05，F 值的检验标准为：当 $n \geqslant 50$（$n=n_1+n_2$）时，F 值大于 4；当 $10 \leqslant n < 50$ 时，F 值大于 5，可以认为有显著差异。

订正的序列还必须进行订正适当性检验，对于比值订正法，其订正适当性标准为

$$R_{xy} > \frac{1}{2} - \frac{1}{2n} \qquad (3\text{-}48)$$

式中　R_{xy}——订正前后序列的相关系数。

3.3.2.3　配电网风害风险区划绘制

首先对本地区气象台、站资料开展研究，分析站点地理分布和资料年限，对于定时 2min 平均最大风速需要进行观测次数和风速时距换算，统一订正为自记 10min 平均最大风速。气象站点搬迁或者仪器变更，会对资料的均一性造成影响，需要对气象站长年代风速资料进行均一性检验。将订正和检验后的风速数据进行统计整理，根据极值 Ⅰ 型分布计算不同重现期的风速，按 23.5、25、27、29、31、33、35、37、39、41、43、45、50、>50m/s 分为 14 个等级进行绘制，基本风速小于 23.5m/s 时统一按照 23.5m/s 绘制。由于风的局地性非常强，在实际应用时，线路沿线不同的地形可根据相关的规范给予相应的订正。

对于曾发生下击暴流配电线路灾害的地区，应根据灾害现场调研情况和附近台站气象记录，在风区分布图底图上进行标注和说明，标识为"🜨"。对于发生强风倒塔的区域，应采用"⟨"加"倒塔数量"标识在底图上进行标注；对于发生强风致风偏故障的区域，应采用"▽"加"跳闸次数"标识在底图上进行标注。

⏩ 3.3.3　配电网水害风险区划与绘制

3.3.3.1　资料收集整理

灾情资料包括暴雨洪涝灾害下配电网杆塔失效、基础倾覆和配电设备水浸失效等灾损的数量、范围和经济损失等数据。

气象资料主要为各气象站的逐日降水数据。

社会经济资料主要包括以县（区）为单元的行政区域土地面积，国民生产总值（GDP）、防洪除涝面积等数据。

基础地理信息资料主要包括高程、水系、植被等 1:5 万 GIS 数据。

3.3.3.2　自然断点分级法

自然断点分级法用统计公式来确定属性值的自然聚类。公式的功能就是减少同一级中的差异、增加级间的差异。其公式为

$$SSD_{i-j} = \sum_{k=i}^{j} (A[K] - \text{mean}_{i-j})2 \ (1 \leqslant i < j \leqslant N) \qquad (3\text{-}49)$$

也可表示为

$$SSD_{i-j} = \sum_{k=i}^{j} A[K]^2 - \frac{\left(\sum_{k=i}^{j} A[k]\right)^2}{j-i+1} \ (1 \leqslant i < j \leqslant N) \qquad (3\text{-}50)$$

式中　　A——数组（数组长度为 N）；

　　$mean_{i-j}$——每个等级中的平均值。

该方法可用 GIS 软件自带的功能实现。

3.3.3.3　配电网水害风险区划绘制

1. 孕灾环境敏感性区划

对孕灾环境因子进行分析，主要考虑地形、水系、植被等因子对洪涝灾害形成的综合影响。然后根据 3.2.2 中的方法对孕灾环境敏感性进行评估，求得各影响因子的影响指数，经规范化处理后，按照各因子对当地洪涝的影响程度，分别给出相应的权重系数，采用加权综合评价法计算得到各格点孕灾环境的敏感性指数。最后利用 GIS 中自然断点分级法将孕灾环境敏感性指数按高敏感区、次高敏感区、中等敏感区、次低敏感区和低敏感区 5 个等级分区划分，并基于 GIS 绘制孕灾环境敏感性指数区划图。

2. 致灾因子危险性区划

对致灾因子进行分析，主要表征因子为降水强度和降水频次。根据 3.2.2 中的方法对致灾因子危险性进行评估，确定致灾临界指标，继而根据暴雨强度等级确定降水致灾因子权重，计算单站降水致灾因子危险性指数。将各站的危险性指数作为分县图的致灾因子影响度属性的属性值赋给该图，然后将该图栅格化，利用 GIS 中自然断点分级法将致灾因子危险性指数按高危险区、次高危险区、中等危险区、次低危险区和低危险区 5 个等级分区划分，绘制致灾因子危险性指数区划图。

3. 承灾体易损性区划

对承灾体因子进行分析，主要考虑土质、杆塔基础、设备设防水位等。然后根据 3.2.2 中的方法对承灾体易损性进行评估，对每个承灾体易损性评价指标进行规范化处理，根据专家打分法得到每个承灾体易损性评价指标的权重，根据加权综合法计算综合承灾体易损性指数。利用 GIS 中自然断点分级法将综合承灾体易损性指数按高易损性区、次高易损性区、中等易损性区、次低易损性区和低易损性区 5 个等级分区划分，绘制综合承灾体易损性指数区划图。

4. 防灾减灾能力区划

对防灾减灾能力因子进行分析，主要有人均 GDP、防洪面积、除涝面积、设备防灾改造等。根据 3.2.2 中的方法对承灾体易损性进行评估，得到各防灾减灾能力指标的相应的权重系数，采用加权综合评价法计算得到综合防灾减灾能力指数并进行规范化。利用 GIS 中自然断点分级法将防灾减灾能力指数按高防灾减灾能力区、次高防灾减灾能力区、中等防灾减灾能力区、次低防灾减灾能力区和低防灾减灾能力区 5 个等级分区划分，并基于 GIS 绘制配电网水害防灾减灾能力区划图。

5. 配电网水害风险区划

配电网水害风险是孕灾环境敏感性、致灾因子危险性、承灾体易损性和防灾减灾能力综合作用的结果，考虑各部分对风险的构成所起作用不同，对各部分分别赋予权重，采用 3.2.2 中的配电网水害风险评估模型计算各地配电网水害风险指数，利用 GIS 中自然断点分级法将配电网水害风险指数按高风险区、次高风险区、中等风险区、次低风险区和低风险区 5 个等级分区划分，并基于 GIS 绘制配电网水害风险区划图。

3.3.3.4 配电网水害风险区划结果验证

基于历年配电网水害灾情统计数据，绘制灾情数据的空间分布图，并与配电网水害风险区划图进行对比分析，如出现显著差异，就分析其原因，并对建立的模型权重进行适当调整，重新绘制配电网水害风险区划图。

基于 GIS 的配电网水害风险区划图绘制流程如图 3-7 所示。

下面另介绍一种基于洪水水位的配电网水害风险区划方法。

配电网水害主要包括本地区的江河洪水和平原内涝引起的灾损。在江河洪水区划中实际上需要研究的是超出堤坝高度的洪水出现的概率及不同概率下，洪水淹没范围和水深及可能产生的风险。当河流上建有调蓄功能的水利设施时，还需要按照防洪调度方案，考虑水利设施的排水量。对于平原内涝，需要研究的是警戒水位的出现概率及不同概率下平原淹没范围和水深及可能产生的配电网倒杆和淹没风险，有排涝设施的地方还需要按照防内涝方案加入单位时间的排水量。二者风险区划的思路和方法是相同的，只是江河洪水和内涝洪水水位不同而已。下面以配电网江河洪水灾害风险区划为例，阐述配电网洪涝灾害风险区划的步骤。

（1）研究配电网附近河流历年最大洪水的流域致洪面雨量—洪水过程面雨量（可以从某一基础水位起算），形成致洪过程面雨量序列。

（2）利用水文站每年最大洪水位和对应的致洪过程面雨量资料，建立致洪过程面雨量与洪水水位的函数关系，确定漫堤（坝）的流域过程面雨量 AR_0。

（3）当历年最大洪水过程的流域面雨量系列资料超过 30 年时，对致洪过程面雨量时间序列进行概率密度函数检验，选择最适宜的概率密度函数计算超过堤防高度及以上洪水重现期 T 的致洪过程面雨量 AR_T。

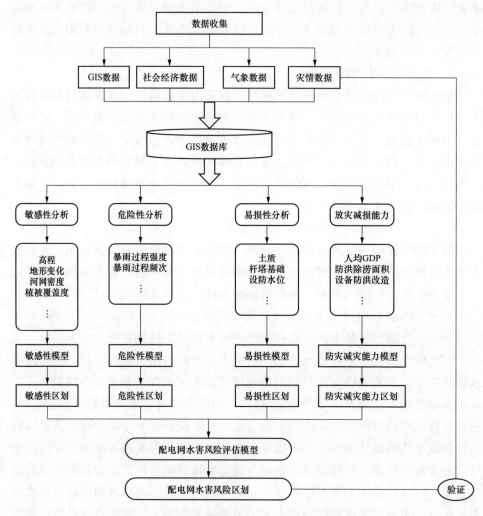

图 3-7　基于 GIS 的配电网水害风险区划图绘制流程图

（4）对于超过坝／堤高度水位及以上洪水的重现期的洪水，实际用于淹没的体积降雨量 VR 应当是：

$$VR = \left[AR_T - AR_0 \right] \times 流域的面积 \qquad (3-51)$$

用淹没模型中的漫坝模型模拟洪水的淹没范围和水深时，只要 DEM 数据中包含了河流堤防（坝）的高度，得到的结果就是我们所需要的结果。

当河流上建有调蓄功能的水利设施（水库和其他防洪设施），还需要按照防洪调度方案，上式右端减去过程排水量换算成的面雨量。

（5）在 GIS 数据和配电网设备数据库的支持下，评估淹没范围内各类配电网设备的数量-物理暴露,给出不同重现期被洪水淹没的配电网设备图表及文字说明,并根据配电设备的脆弱性曲线,评估配电设备的可能损失。

当配电设备的物理暴露和脆弱性发生重大变化时,应当重新评估洪涝的风险。当堤防高度发生重大变化时,应当重新研究配电网洪涝灾害风险区划。

应当注意,当河流上新修了防洪工程时,防洪工程兴建前后的流域致洪面雨量发生了突变,不符合平稳马尔科夫随机过程,必须使用防洪工程修建后流域致洪面雨量时间序列资料确定洪水发生概率或重现期。

••• 3.3.4 配电网冰害风险区划与绘制

架空配电线路覆冰风险区划思路:首先收集与整理气象资料、电力灾害资料,将电力灾害中的实际覆冰厚度换算成标准冰厚和设计冰厚;其次采用风险区划绘制方法计算具有长序列覆冰资料站30、50、100年一遇的覆冰厚度;最后利用地理信息系统的空间栅格计算功能进行网格推算,从而得到标准冰厚和设计冰厚的风险区划图。

下面以国家电网公司冰区分布图为例说明。

3.3.4.1 资料收集整理

覆冰资料收集范围如下:

(1)已建送电线路的设计冰厚,投运时间,运行中的实测、目测覆冰资料,以及冰害事故记录、报告,包括冰厚、冰重、杆(塔)型、杆(塔)高、线径、档距和事故后的修复标准。

(2)邮电通信线路的设计冰厚、线径、杆高和运行情况,以及冬季打冰措施、实测覆冰长短径、厚度。

(3)高山气象站、电视塔、微波站、道班的冰害事故记录和报告。

(4)气象台站实测覆冰资料、覆冰的起止时间、气象条件,以及天气系统过程。

(5)沿线覆冰照片和摄像资料。

(6)民政局覆冰灾情报告及档案局覆冰灾情记录文献史料。

在资料收集过程中,应注重调查覆冰的以下资料:

(1)覆冰地点、海拔、地形、覆冰附着物种类、型号及直径、离地高度、走向。

(2)覆冰的形状、长径、短径和冰重。

(3)覆冰性质与密度(颜色、透明程度、坚硬程度、附着力)。

(4)覆冰重现期,包括历史上大覆冰出现的次数、时间、冰害及排位情况。

（5）覆冰持续日数，天气情况（气温、湿度、风向、风力、雨、下雪、起雾等）。

同一冰区段内，如果存在多个观冰站或者气象台站，经过相关分析后如果确定处于同一导线覆冰气候区，则可将所有站点的覆冰资料或者气象资料合并，从而拓展资料的年历程。对于存在微地形、微气象的区域，应单独划分出来，并进行相应处理。

3.3.4.2　实测冰厚与标准冰厚、设计冰厚转换

对于电线覆冰厚度，输电线路的不同高度、不同线径以及不同覆冰密度等有不同的参数。因此评估覆冰厚度与气候条件、地形地貌的相互关系需要在同一覆冰厚度计量标准下进行。将实测冰厚转换为标准冰厚（密度为 $0.9g/cm^3$），将标准冰厚订正到离地高度为 10m、直径为 26.8mm 导线的设计冰厚。

标准冰厚可通过不同的方法进行确定。根据相关研究结果，宜根据覆冰冰重进行标准冰厚的换算。

据覆冰冰重计算 b_0 的公式：

$$b_0 = \sqrt{\frac{G}{0.9\pi L} + r^2} - r \qquad (3\text{-}52)$$

据覆冰直径计算 b_0 的公式：

$$b_0 = \sqrt{\frac{\rho}{0.9}(K_s R^2 - r^2) + r^2} - r \qquad (3\text{-}53)$$

据覆冰长短径计算 b_0 的公式：

$$b_0 = \sqrt{\frac{\rho}{3.6}(ac - 4r^2) + r^2} - r \qquad (3\text{-}54)$$

计算 ρ 的公式：

$$\rho = \frac{G}{\pi\left(\dfrac{1}{4}ac - r^2\right)} \qquad (3\text{-}55)$$

式中　b_0——标准冰厚，mm；

　　　ρ——实测或调查覆冰密度，g/cm^3；

　　　r——导线半径，mm；

　　　R——覆冰半径（含导线）， mm ；

　　　K_s——覆冰形状系数；

　　　π——圆周率；

　　　L——覆体长度，m（取值 1m）；

G——冰重，g/m；

a——覆冰长径，mm；

c——覆冰短径，mm。

其中覆冰形状系数 K_S 应由当地实测覆冰资料计算分析确定，无实测资料地区可参考表 3-14 选用。在应用表 3-14 时，小覆冰的形状系数应靠下限选用，大覆冰的形状系数应靠上限选用。

表 3-14 覆冰形状系数

覆冰种类	覆冰附着物名称	覆冰形状系数
雨凇、雾凇 雨雾凇混合冻结	电力线、通信线	0.80～0.90
	树枝、杆件	0.30～0.70
湿雪	电力线、通信线、树枝、杆件	0.80～0.95

将标准冰厚订正到离地高度为 10m、直径为 26.8mm 导线的设计冰厚，需要进行高度修正、线径修正、重现期换算和地形修正。

1. 高度修正

覆冰大小与风速、空气含水量关系密切。不同高度的风速、含水量有差别。在近地空气层风速随高度增加，风速越大，导线捕获的水滴、水晶就愈多，覆冰就愈大。我国线路设计规范要求覆冰厚度应归算至 10m 高处，高度修正系数计算公式为

$$K_h = \left(\frac{Z}{Z_0} \right)^{\alpha} \tag{3-56}$$

式中　Z——设计导线悬挂高度，m；

　　Z_0——实测或调查覆冰导线悬挂高度，m；

　　α——指数，与风速、含水量与捕获系数有关，无实测资料时 α 可取值 0.22。

2. 线径修正

线径修正系数计算公式为

$$K_\phi = 1 - 0.126 \ln \left(\frac{\phi}{\phi_0} \right) \tag{3-57}$$

式中　ϕ——设计导线直径，mm；

　　ϕ_0——实测或调查覆冰的导线直径，mm。

3. 重现期换算系数

有连续 10 年以上长序列实测覆冰资料地区，应采用极值 I 型概率统计模型

计算不同重现期的设计冰厚。

应用调查资料计算冰厚或短期实测资料计算冰厚，并以此推算设计重现期冰厚时，当无条件移用参证观冰站概率分布关系时，可用表 3-15 中的重现期换算系数将其换算为设计重现期冰厚。

表 3-15　　　　　　　　　　　重现期换算系数

设计重现期（年）	调查重现期（年）							
	100	50	30	20	15	10	5	2
100	1.00	1.10	1.16	1.28	1.32	1.43	1.75	2.42
50	0.94	1.00	1.10	1.16	1.23	1.30	1.60	2.20
30	0.86	0.94	1.00	1.10	1.15	1.25	1.50	2.10

4. 地形修正系数

对于风口、迎风坡等对线路覆冰有影响的特殊地形，应考虑不同地形的修正系数，其取值应根据实测资料分析确定，无实测资料地区应在加强调查分析与借鉴基础上，参照表 3-16 的经验系数选用。

表 3-16　　　　　　　　　　特殊地形的地形修正系数

地形类别	海拔（m）
一般地形	1.0
风口	2.0～3.5
迎风坡	1.2～2.0
突出山体	1.5～2.0
水体	1.2～1.5
背风坡	0.5～0.8

3.3.4.3　配电网覆冰风险区划绘制

由于我国各地的覆冰分布情况相差很大，导致不同地区覆冰观测的具体情况差别很大。例如，湖南等覆冰较严重地区的地面气象观测站点具有观冰业务的较多（87 个），其中年代序列较长的有 20 余个站点，而覆冰较轻地区的地面气象观测站点的观冰业务开展较少，年代序列不长。

下面介绍几种确定不同重现期设计冰厚的方法，供参考。

1. 覆冰数据法

当某处的观冰数据年代序列足够长（不小于 30 年）时，可直接根据概率统计的方法确定不同重现期的设计覆冰厚度。应用覆冰数据法绘制冰区图的具体步骤如下：

（1）将气象观测电线积冰数据转化为标准冰厚并订正为离地 10m、直径为 26.8mm 导线的覆冰冰厚。将修正后的冰厚数据，进行统计整理，根据概率分布模型计算不同重现期的冰厚。概率分布模型采用极值 I 型分布，计算公式如下

$$b_T = \bar{b} - \frac{\sqrt{6}}{\pi}\left\{0.57722 + \ln\left[-\ln\left(1 - \frac{1}{T}\right)\right]\right\}\sigma_{n-1} \tag{3-58}$$

式中　b_T——重现期标准冰厚，mm；

　　　$\bar{b}$——冰厚平均值，mm，$\bar{b} = \dfrac{\sum\limits_{i=1}^{n} b_i}{n}$；

　　　σ_{n-1}——标准方差，mm，$\sigma_{n-1} = \sqrt{\dfrac{\sum(b_i - \bar{b})}{n-1}}$，$n$ 为样本总数；

　　　T——规定的重现期，通常取 30、50、100 年，其中 b 为电力线标准冰厚，mm。

（2）微地形影响订正。根据覆冰观测业务气象站点的分布情况，将绘图范围进一步细化为网格状区域，划分后的单个网格内应包含至少一个气象站点，根据实际情况和气候分区情况，可尽量对网格细分。将网格内根据气象站点观测计算得到的不同重现期的设计冰厚作为标准值，根据海拔高程数据，使用海拔订正方法中的公式，计算不同高程内的微地形冰厚。

（3）绘制冰区图并进行订正。使用绘图软件内置的 Kriking Interpolation 技术，将微地形冰厚计算结果进行空间插值，并绘制冰区图。根据线路设计和运行的实际经验，对所绘冰区图进行订正。

2. CRREL 模型法

当观冰数据的年代序列较短，但是具有较为详细的历史气象记录时，可利用 CRREL 模型回归计算历史覆冰冰厚。拓展年代序列后可利用极值 I 型分布进行各站点不同重现期冰厚计算。应用 CRREL 模型法绘制冰区图的具体步骤如下：

（1）应用 CRREL 模型模拟覆冰厚度。CRREL 模型公式如下：

$$R_{\text{eq}} = \frac{N}{\rho\pi}[(P\rho_0)^2 + (3.6VW)^2]^{1/2} \tag{3-59}$$

式中　N——冻雨过程的时间，h；

　　　P——过程降水率，mm/h；

ρ_0——水的密度，$1g/cm^3$；

ρ——雨凇的密度，$0.9g/cm^3$；

V——风速，m/s；

W——液态水含量，g/m^3，根据经验公式得到，$W=0.067P^{0.846}$。

将收集到的气象资料，按照是否发生冻雨（雨凇）覆冰进行筛选，然后将筛选出的雨凇时段内的降水、风速和雨凇过程时间等参量进行数据处理，降水和风速以每小时一次的观测为最好，如缺少每小时一次的观测资料，可将 3h 和 6h 的观测资料根据线性插值方法进行转化，但是，转化必须严格按照雨凇发生时间进行，雨凇发生时段外数据应排除在计算范围之外。气象观测数据按照模型要求处理之后，通过经验公式计算出液态水含量 W，并通过 CRREL 模型计算出每小时内标准冰厚的增长量，雨凇发生时段内覆冰增长需逐小时计算，模型计算总标准冰厚为各小时冰厚之和。

（2）建立 CRREL 模型的订正公式并进行订正。由于气象数据的原因，需对使用人工观测（3h 一次和 6h 一次）气象数据模拟得到的标准冰厚进行订正。订正中应选用具有 10 年以上连续电线结冰观测的气象台站的观测数据，选取有代表性的电线覆冰事件进行模拟，将模拟值和电线结冰观测值进行比较，确定订正关系。订正过程中应尽可能多的选取不同地理区域内符合要求的气象台站观测数据和电线覆冰事件，增加订正的可信度。

应用 CRREL 模型并确定订正公式后，将订正公式运用到本地区所有地面气象观测站，从而确定所有地面气象观测站所在位置的历史覆冰冰厚。

（3）高度和线径修正。进行高度修正和线径修正，将冰厚统一修正为离地 10m、直径为 26.8mm 导线的覆冰冰厚。

（4）计算不同重现期设计冰厚。将修正后的冰厚数据，进行统计整理，根据极值 I 型分布计算不同重现期的冰厚。

（5）微地形影响订正。根据气象站点的分布情况，将绘图范围进一步细化为网格状区域，划分后的单个网格内应包含至少一个使用 CRREL 模型模拟冰厚的气象站点，根据实际情况和气候分区情况，可尽量对网格细分。将网格内使用 CRREL 模型模拟得到的不同重现期的设计冰厚作为标准值，根据海拔高程数据，使用海拔订正方法中的公式，计算不同高程内的微地形冰厚。

（6）绘制冰区图并订正。使用绘图软件内置的 Kriking Interpolation 技术，将微地形冰厚计算结果进行空间插值，并绘制冰区图。根据线路设计和运行的实际经验，对所绘冰区图进行订正。

3. 气象参量回归法

当观冰数据的年代序列较短，但是具有较为详细的与覆冰形成相关的气象因子和地理因子资料时，可利用逐步回归法建立电线覆冰厚度与气象因子的回归模型，并将确定的回归模型运用到本地区地面气象观测站的历史观测资料回算上，从而确定地面气象观测站所在位置的历史覆冰冰厚序列。通过逐步回归法拓展年代序列后可利用极值 I 型分布进行各点不同重现期冰厚计算。应用气象参量回归法绘制冰区图的具体步骤如下：

（1）回归气象要素选择与处理

选择并处理电线积冰日当日和前 1 日、前 2 日的气象要素，气象要素选择根据实地情况，参照表 3-17 进行，气象要素应为日值观测记录，并根据回归区域划分情况分别归类。对气象台站的观冰数据进行标准冰厚转化，并将冰厚统一修正为离地 10m、直径为 26.8mm 导线的覆冰冰厚。

（2）建立回归方程

根据多元逐步回归方法，使用 SPSS 或者 MATLAB 等软件，进行逐步回归分析，建立标准冰厚与高影响气象因子的回归方程。回归方程宜通过显著性检验，以确保方程可以收敛。

（3）非电线积冰观测站标准冰厚历史覆冰序列回算

根据非电线积冰观测站天气现象观测记录，选取具有雨凇和雾凇天气现象的观测，记录以上天气现象对应日期。根据电线积冰观测站电线积冰日当日的日平均气温、相对湿度的统计结果，对已记录的日期进行筛选，通过筛选的日期为电线积冰日。将电线积冰日和前 1 日、前 2 日的高影响气象因子提取出，并代入步骤（2）中得到的气象因子回归方程，计算不同区域的非电线积冰观测站每个结冰日的标准冰厚拟合值，形成非电线积冰观测站历史覆冰序列。

（4）计算不同重现期设计冰厚

将修正后的冰厚数据，进行统计整理，根据极值 I 型分布计算不同重现期的冰厚。

（5）微地形影响订正

根据气象站点的分布情况进一步细化为网格状区域，划分后的网格内应包含至少一个用回归法计算冰厚的气象站点，根据实际情况和气候分区情况，可尽量对网格细分。将网格内电线积冰计算结果作为标准值，根据海拔高程数据，使用海拔订正方法中的公式，计算不同高程内的微地形冰厚。

通过气象模型计算得到的模拟值与观测值不会完全相同，这两者之间的差值ΔIce 可认为是由于除气象条件外其他因素造成的影响，最主要的应该是地形

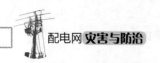

因素，因此，用ΔIce与地形因子（见表3-17）进行相关分析，以找出其关系模型。利用数理统计方法，找出ΔIce与地形因子的关系，建立地形参数的订正模型。

（6）绘制冰区图并订正

将气象模型冰厚计算结果进行空间插值（使用绘图软件内置的 Kriking Interpolation 技术），之后针对上一步骤所获取的全省覆冰格点资料，利用地形参数订正模型进行订正，以获取最终的覆冰厚度模拟结果，并绘制冰区图。根据线路设计和运行的实际经验，对所绘冰区图进行订正。

表 3-17　　　　　　　　与电线积冰形成相关的主要影响要素

省份	气象因子与地理因子
湖南	冬季日平均气温、最高气温、最低气温、降水量、平均相对湿度、平均风速、天气现象、925hPa 温度、850hPa 温度、850hPa 温度与 925hPa 温度差、700hPa 温度与 925hPa 温度差、700hPa 温度与 850hPa 温度差、冰冻持续日数、冰冻持续期内不同降水量的降水日数、冰冻持续期内不同高相对湿度等级日数、日平均气温不大于 0℃的日数、纬度、经度、海拔高度、坡度、坡向
湖北	气象类：平均气压、平均气温、最高气温、最低气温、水气压、相对湿度、最小相对湿度、降水、日照、平均风速 地形类：海拔高度、坡度、坡向、地形起伏度、坡向变率、坡度变率
安徽	日平均气温、日最高气温、日最低气温、日平均相对湿度、日平均水汽压、日降水量、日照时数、日平均风速、天气现象
陕西	1月份或冬季（11月份～次年3月份）的温度、湿度、水汽压、降水量、风速的平均值

4. 局地地形-气象影响覆冰等级模型法

本方法的适用性体现在以下两个方面：①在地形复杂起伏比较大的区域，覆冰的变化主要受地形的影响，本方法首先考虑地形对覆冰的影响，能够较准确地确定覆冰等级；②在覆冰观测数据相对较少的区域，本方法可以弥补回归模型的不足，能够体现不同区域的覆冰差异。首先，利用气象和覆冰观测数据建立局地微气象微地形影响覆冰等级的关系模型。该模型是一种基于局地气象要素和地形因子的经验-统计关系模型。其次，利用地理信息数据和多源气象数据（台站观测数据、自动站观测数据、卫星遥感资料等），通过降尺度技术，获得 2.5km 高分辨率地形和气象要素数据。再次，选择零度层高度作为覆冰参考起点，在参考起点的基础上进行地形和气象要素订正。地形订正主要考虑高程、坡向、坡度、特殊地形、地表覆被等方面，而气象要素订正主要考虑温度、风速、湿度、降水等主要影响覆冰的因子。最后，进行了地形和气象因子订正之后，考虑到资料的准确性可能导致一定的异常，结合电力线路实际运行经验和覆冰在线观测数据进行等级划分的修正，最终得到划分的覆冰等级。应用局地地形-气象影响覆冰等级模型法绘制冰区图的具体步骤如下：

（1）研究区域划分。结合研究区域地形特征、山脉走向和气候差异，结合大范围区域的覆冰分布差异性，进行研究区域的划分。

（2）数据处理与准备。数据处理与准备部分主要包括两个方面：第一，现有高分辨率地形数据的抽取以及特殊地形的划分；第二，站点资料的格点精细化处理。将处理好的地理信息和气象要素数据，运用划分的研究区域矢量化数据，进行裁剪，得到不同分区的地形数据、气象要素数据。

1）地形数据处理。选用高分辨率的海拔高程数据（30m 或 90m），运用当前较为成熟的地理信息系统软件，提取所需分辨率的研究区域的格点地理信息资料（高程、坡度、坡向），并根据地形信息，定义特殊地形（如垭口等）。

2）气象数据降尺度技术。为了保证气象数据资料格点精细化的准确程度，充分利用研究区域内气象站点观测、自动站观测和卫星遥感资料，比较不同插值方法在研究区域适用性，选取合适的插值方法。结合地理信息系统软件，考虑地形因子对气象要素的影响，利用 ArcGIS 的统计分析方法，选取合适的表面预测模型，并进行模型检验与对比。运用选定模型进行不同气象要素的插值，得到所需分辨率的气象要素格点数据集。

（3）覆冰等级模型建立。结合研究区域划分结果，在不同研究区域建立相应的覆冰等级模型。基于不同分区的地形数据、气象要素数据，确定覆冰参考起点以及不同区域、不同地形、不同气象要素下的经验订正系数，建立基于统计和经验数据的覆冰等级模型。订正系数包括覆冰随高度变化系数、覆冰随坡度坡向变化系数、覆冰与特殊地形（如垭口等）的相关系数、覆冰随气象因子变化的相关系数。系数的确定方法需要通过覆冰观测与地形、气象因子的分析来确定。

（4）覆冰等级区划图绘制。利用格点的地理信息、气象要素数据，选择零度层高度作为覆冰参考起点（如四川省，应用零度层高度数据，零度层高度缓坡、北向、区域平均极低气温、降水、湿度、风速处参考覆冰厚度的设定值取10mm），运用建立的覆冰等级模型，计算得到各格点的覆冰等级结果，并初步绘制覆冰等级区划空间分布图。结合线路运行经验以及覆冰在线监测数据等，进行覆冰等级区划的修订。根据电网冰区图绘制要求，利用 ArcGIS 等绘图软件得到符合要求的覆冰等级区划栅格图。

5. 几种方法的使用特点比较

（1）覆冰数据法使用特点。

根据覆冰观测数据绘制冰区图是目前冰区图绘制中使用的主要方法。此方

法使用中主要难点在于收集长期覆冰观测数据。覆冰观测来源主要有观冰站资料、气象台站电线积冰观测资料、线路覆冰调查资料等。目前，主要的覆冰观测资料来源是气象台站的电线积冰观测，根据美国冰区图绘制经验，冰冻发生时报纸等媒体的冰冻厚度记录也可作为覆冰资料的补充。随着我国覆冰观测业务的拓展及覆冰观测数据的积累，该方法的适用性将会逐步增加。

（2）CRREL 模型法使用特点。

CRREL 模型是建立在覆冰形成的气象规律基础上的物理模型，模型计算所需气象参数较少，物理意义明确，是目前美国覆冰计算和冰区图绘制采用的模型。CRREL 模型虽然使用的气象参数较少，但需要每小时一次的气象参数观测，以保证模型计算的准确性。目前我国气象台站在电线结冰研究中主要使用的仍然是 3h 和 6h 一次的气象观测资料，每小时一次的自动站气象观测仪器由于在冰冻发生时结冰，无法正常使用。根据调研结果，除了 CRREL 模型外，其他覆冰数值计算模型均使用高时间分辨率的自动气象观测资料，在我国使用也都存在资料缺乏的问题。虽然 CRREL 方法和相似的覆冰数值计算方法在美国等发达国家已经广泛用于冰区图绘制，但在我国受到气象观测手段的制约，大范围推广 CRREL 模型会面临资料缺乏的困难，推广难度较大。应用 CRREL 模型法绘制冰区图时，可根据线性插值方法将 3h 或 6h 一次的气象观测资料转换为每小时一次的观测资料进行计算和订正。

（3）气象参量回归法使用特点。

气象参量回归法是建立在气象参量和覆冰标准冰厚长期统计关系上的一种方法。根据各省份覆冰形成气象特点，选取降水、温度、风速、相对湿度等气象因子和电线积冰观测数据，采用逐步回归法，建立回归方程，确定高影响气象因子和标准冰厚的关系。利用这一回归方程，在没有电线结冰观测的地区，使用气象因子观测数据，计算标准冰厚，并进行相关订正和冰区图绘制。气象参量回归法主要难点在于需要大量的长期气象观测资料，同时需要熟练掌握回归统计方法。

（4）局地地形-气象影响覆冰等级模型法使用特点。

局地微地形微气象条件影响覆冰等级模型法选择零度层高度作为覆冰参考起点，充分考虑决定覆冰的多种地形特征和气象要素，将局地覆冰冰厚客观化、定量化。实际应用表明，该方法精确度高，可避免大范围覆冰高估的情况，有效提高覆冰区划的准确性和可靠性。局地地形-气象影响覆冰等级模型方法，地形因子分辨率最高可达 30m，气象要素分辨率也比常规方法要更高，可达千米量级。该方法可以充分利用高分辨率的地形和气象要素，实现高分辨率覆冰精细确定和区划。其覆冰计算更加接近于实际覆冰分布，尤其对于资料缺乏地区，具有一定的适用性。局地地形-气象影响覆冰等级模型方法，依赖于局地微地形微气象条件影响覆冰的经验-统计关系模型。需要在研究区域内开展不同特定地形条件下覆冰和气象要素的连续观测。在没有相应观测时，也可参考覆冰设计数据以及电网覆冰工程设计经验进行补充。在实际使用过程中，还需要借助于实际运行经验和观测数据来进行覆冰等级修订。因此，进行电网覆冰和气象要素观测，获取更加充分的数据支撑，模型的适用性将会改善，其精度和准确性也会进一步提高。

以 2017 年福建省南平市配电网 30 年一遇的冰区分布图为例。在绘制过程中，主要采用气象参量回归法。利用观测站有结冰日对应的气象要素观测值构建覆冰厚度与气象因子的回归模型。普查有雨凇及雾凇观测的气象站，挑选出雨、雾凇出现日期及相关气象要素，通过回归模型计算有雨凇及雾凇记录的气象站的覆冰厚度。对于南平境内的七仙山，采用 CRREL 模型计算七仙山的标准冰厚。七仙山站为福建省 2 个高山气象站之一，1955 年建站，由于观测条件恶劣，观测人员生活工作艰苦，于 1991 年撤站。其每年都有覆冰现象，且有较为详细的历史气象记录，但未开展电线积冰的观测。于是，绘图人员将当年最长连续雨、雾凇时段内的天气现象截取出来，与人工观测的降水量进行结合，考虑到有电线结冰时往往降水量比较小，且较均匀，因此将降水时段内的降水量进行平均，得到小时的降水量。风速按 6h 一次的观测值进行线性插值得到逐小时的风速。由此构建七仙山每年的标准冰厚序列，用于重现期计算。最终绘制得到了南平市 30 年一遇的冰区分布图。

3.3.5 配电网雷害风险区划与绘制

配电网雷区分布图是一组用来描述各区域地闪密度、配电线路雷击闪络风险的图集，由地闪密度分布图、配电网雷害风险分布图共同组成。

3.3.5.1 地闪密度与雷害风险分级

1. 地闪密度等级划分

基于地闪密度（Ng）值，将雷电活动频度从弱到强分为 4 个等级，7 个层级：

A 级——Ng≤0.78 次/（km^2·a）

B 级

B1 级——0.78 次/（km^2·a）＜Ng≤2.0 次/（km^2·a）

B2 级——2.0 次/（km^2·a）＜Ng ≤2.78 次/（km^2·a）

C 级

C1 级——2.78 次/（km² · a）＜Ng≤5.0 次/（km² · a）

C2 级——5.0 次/（km² · a）＜Ng≤7.98 次/（km² · a）

D 级

D1 级——7.98 次/（km² · a）＜Ng≤11.0 次/（km² · a）

D2 级——Ng＞11.0 次/（km² · a）

其中，A 级对应少雷区，B 级对应中雷区，C 级对应多雷区，D 级对应强雷区。

2. 雷害风险分级

（1）危险地闪密度分布。危险雷电密度分布在地闪密度分布和雷电流幅值分布的基础上绘制，是雷害风险分布图的基础。对于不同电压等级、不同雷害性质，具有不同的危险电流段；绘制各类危险电流段内的地闪的密度分布，得到相应的危险雷电密度分布。

危险雷电密度分布的分级方法建立在地闪密度分级基础上，以地闪密度等级划分时的 3 个分割点（分别为 A 级与 B1 级的分割点、B2 级与 C1 级的分割点、C2 级与 D1 级的分割点）对应的地闪密度 Ng 值，以及当地雷电流幅值累积概率分布 PI（＞I）为依据，计算得到危险雷电密度分布中相应的 3 个分割点值，作为雷害风险分布图中 I、II、III、IV 级区域划分的基础。

（2）雷害风险等级划分。

1）风险等级划分。根据不同电压等级危险雷电密度分布、运行经验、地形地质地貌概况等因素综合考虑，将输电线路雷击闪络危险风险分为 4 个层级：

I 级—危险雷电密度小，线路雷击跳闸概率低；

II 级—危险雷电密度较小，线路雷击跳闸概率较低；

III 级—危险雷电密度较大，线路雷击跳闸概率较高；

IV 级—危险雷电密度大，线路雷击跳闸概率高。

2）影响因素。运行经验主要依据运行配电线路的雷击跳闸率和雷击事故记录、采用的防雷措施等情况而定。依据运行经验，对由危险雷电密度分布确定的等级进行调整，可将雷击故障点附近区域的雷害风险提升一级。

同一电压等级线路，可考虑配电线路具体走向、地形、地质、地貌、接地电阻、绝缘子数量、防雷措施等因素的影响，据此对前面确定的等级进行局部适度调整，将容易引发雷击故障的地形地貌区域的雷害风险提升一级。

3.3.5.2 雷电样本数据处理

地闪密度分布图的数据基础是雷电监测系统监测数据。地闪密度分布图在绘制时宜采用三站及以上数据，并进行探测效率修正。以处理后的数据为基础建立雷电参数统计样本数据库，即雷区分布图绘制样本。

3.3.5.3 配电网雷害风险区划绘制

配电网雷害风险区划绘制中，应根据地闪密度参数绘制本地区地闪密度分布图，根据各电压等级危险地闪密度分布绘制本地区相应电压等级的电网雷害风险分布图。

雷害风险区划绘制以雷电监测系统多年雷电监测数据为基础，宜采用10～13年的监测数据绘制，至少要有5年雷电监测数据的积累。

（1）地闪密度分布图绘制。地闪密度分布图采用网格法绘制，将统计对象区域划分成等边长的网格，统计各个网格中的地闪密度值，按地闪密度等级划分原则进行分级并采用不同的颜色渲染，采用一定的技术进行平滑处理，剔除网格的棱角，形成地闪密度分布图。

地闪密度分布图的绘制流程如图 3-8 所示。

（2）雷害风险分布图绘制。

1）危险地闪密度分布。依据电压等级确定危险雷电流段，从雷电参数统计样本中筛选出雷电流幅值处于危险雷电流段的地闪监测数据，在此基础上采用网格法绘制危险地闪密度分布图。将统计对象区域划分成一系列网格，根据危险电流段分别统计各个网格中的危险地闪密度值，对多个网格中的危险地闪密度值按分级原则进行等级划分，形成危险地闪密度分布图。

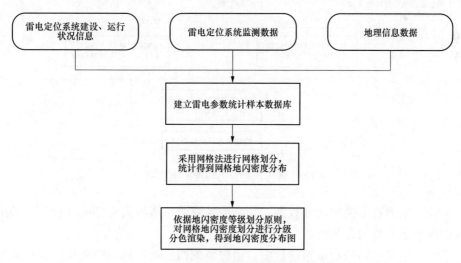

图 3-8　地闪密度分布图绘制流程框图

2）电网历史雷害分布。雷区分布图应考虑故障特征，可调查本地配电线路

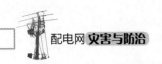

历年雷击故障情况，在底图上标明故障点位置，对其半径 3～5km 的区域进行标识，得到不同电压等级、不同雷害性质的电网历史雷害分布。

3）雷害风险分布图绘制。在危险地闪密度分布图基础上，依据相应的历史雷害分布区，将雷击故障点标识区域的雷害风险等级在原基础上提高一个等级，形成雷害风险分布图。

环境影响因素，采取开放策略，由各地区依据线路实际雷害风险情况，可在已绘制的雷害风险分布图基础上进行局部调整，对高雷害风险地形地貌区域的风险等级提高一级。

雷害风险分布图的绘制流程见图 3-9。

➡ 3.3.6 配电网地质灾害风险区划与绘制

3.3.6.1 数据来源及标准化

（1）中国数字高程模型基础数据（DEM）。DEM 基础数据使用分辨率精度为 90m 的航天飞机雷达地形测绘 （Shuttle Radar Topography Mission，SRTM）数据。

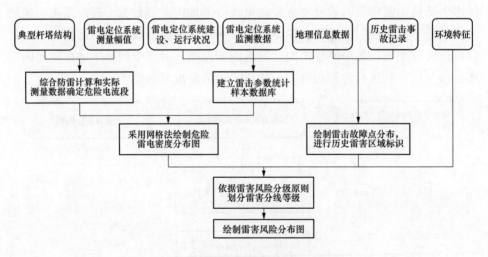

图 3-9 雷害风险分布图绘制流程框图

（2）中国岩土类型划分数据。使用殷坤龙著《滑坡灾害风险分析》中采用的中国岩土类型划分数据。

（3）中国年均降雨量基础数据。由气象部门提供的年均降雨量，分辨率为西安 80 地理坐标下的 5°×5°。

（4）中国地震烈度区划基础数据。使用 GB 18306—2001《中国地震动参数区划图》。

（5）全国电网综合数据。电网因素综合考虑全国各省份面积、输电线路长度及其电压等级。其中，各省份输电线路长度及其电压等级可使用《中国电力年鉴》统计的数据。

在对数据进行相关分析和制图前，先对原始数据进行预处理，包括格式转换、地图配准、栅格数据矢量化、定义地理坐标、投影转换以及数据拼接等。

3.3.6.2 评价指标的权重确定方法

1. 层次分析法

层次分析法的基本步骤为：

（1）建立层次结构模型。将问题层次化，根据问题的性质和需要达到的总目标，将问题分解为不同的基本组成因素，并按照因素间的相互关联影响以及隶属关系将因素按不同层次聚集组合成一个多层次的分析结构模型。

（2）构建判断矩阵。判断矩阵元素的值反映了各因素相对重要性（优劣、偏好、强度等），一般采用 1～9 及其倒数的标度方法。在层次分析法中，假定目标元素为 A，同与之相关联的有准则层的元素 B_1，B_2，…，B_k 有支配关系，通过向专家询问，考察 B 层元素相对于 A 层元素的重要性可以得到 A-B 判断矩阵，如表 3-18 所示。

表 3-18   **A-B 判断矩阵**

A	B_1	B_2	…	B_k
B_1	a_{11}	a_{11}	…	a_{1k}
B_2	a_{21}	a_{11}	…	a_{2k}
…	…	…	…	…
B_k	a_{k1}	a_{k2}	…	a_{kk}

其中，a_{ij} 表示对 A 来说，B_i 对 B_j 相对重要性的数值体现，通常取 1～9 以及它们的倒数来作为标度，其含义如表 3-19 所示。

（3）层次单排序及一致性检验。计算判断矩阵 A 的最大特征值 $\lambda_{\max}$ 和其相对应的经归一化后的特征向量 $W=\begin{bmatrix}w_1 w_2 \cdots w_n\end{bmatrix}^{\mathrm{T}}$。即首先求判断矩阵 A 的特征值：

$$AW=\lambda_{\max}W \tag{3-60}$$

经过解方程得到判断矩阵的最大特征向量 IV，然后将其归一化处理得到 $W=\begin{bmatrix}w_1 w_2 \cdots w_n\end{bmatrix}^{\mathrm{T}}$ 作为排序权值。

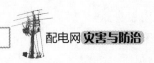

表 3-19 标度 1~9 的含义

标度值	含 义
1	两个元素相比，具有同等重要性
3	两个元素相比，一个元素比另一个元素稍微重要
5	两个元素相比，一个元素比另一个元素明显重要
7	两个元素相比，一个元素比另一个元素强烈重要
9	两个元素相比，一个元素比另一个元素极端重要
2、4、6、8	为上述两相邻判断的中间值

为了保证应用层次分析法分析得到的结论基本合理，还需要对构造的判断矩阵进行一致性检验，需要计算一致性指标

$$CR = CI/RI \tag{3-61}$$

式中　CR ——判断矩阵的随机一致性比率；

　　　RI ——平均一致性指标，对于它的取值，可以采用表 3-20 中的数据；

　　　CI ——矩阵一致性指标，其计算公式为

$$CI = \frac{\lambda_{\max} - n}{n-1} \tag{3-62}$$

式中　$\lambda_{\max}$ ——最大特征值；

　　　n ——判断矩阵的阶数。

表 3-20 平均一致性指标值

n	1	2	3	4	5	6	7	8	9	10	11
RI	0	0	0.58	0.90	1.12	1.24	1.32	1.41	1.45	1.49	1.52

当 $CR < 0.1$ 时，即认为判断矩阵具有满意的一致性，说明权数分配是合理的，否则，就需要调整判断矩阵，直到取得满意的一致性为止。

（4）层次总排序的一致性检验。层次总排序需要从高到低进行，也需要计算与层次单排序类似的检验量。如果上一层所有元素 A_1，A_2，…，A_n 的组合权重已知，权值分别为 a_1，a_2，…，a_n，如果 B 层次某些因素对于 A_j 排序的一致指标为 CI_j，相应的平均随机一致性指标为 CR_j；则 B 层次总排序随机一致为：

$$CR = \frac{\sum_{j=1}^{n} a_j CI_j}{\sum_{j=1}^{n} a_j RI_j} \tag{3-63}$$

当 $CR<0.1$ 时，即认为判断矩阵具有满意的一致性，说明权数分配是合理的。否则，就需要调整判断矩阵，直到取得满意的一致性为止。AHP 的最终结果是得到相对于总的目标各个决策层的优化顺序权重，并做出决策。表 3-21 介绍了总的排序组合权重系数。

表 3-21 总的排序组合权重系数

层次B ＼ 层次A	A_1	A_2	...	A_n	B层次总排序权重
	a_1	a_2	...	a_n	
B_1	a_{11}	a_{11}	...	a_{1k}	$\sum_{j=1}^{n} a_j b_{1j}$
B_2	a_{21}	a_{11}	...	a_{2k}	$\sum_{j=1}^{n} a_j b_{2j}$
...					...
B_k	a_{k1}	a_{k2}	...	a_{kk}	$\sum_{j=1}^{n} a_j b_{nj}$

这种方法的特点是在对复杂的决策问题的本质、影响因素及其内在关系等进行深入分析的基础上，利用较少的定量信息把决策者的决策思维过程数学化，从而为多目标、多准则或无结构特性的复杂决策问题提供简便的决策手段。

2. 电网地质灾害危险性分区及权重的确定

为建立本地区的电网地质灾害危险性分布图，将本地区电网地质灾害分区，并分别确定各评价指标的权重。

电网地质灾害危险性评价因素分为地质灾害易发程度和电网相对重要性两大类。地质灾害易发性影响因素分为环境因素和触发因素两类，每类又分成若干因素，每个因素被进一步细化成不同的状态；电网相对重要性的影响因素分为线路长度和电压等级，一共分四个层次，如图 3-10 所示。

各层指标重要性的比较采用专家打分法，对专家所打分值进行分析综合，计算打分平均值，且通过计算重要性方差，评价专家打分的离散程度，以专家所打分值的平均值为基础经过一定的调整，构造指标重要性判断矩阵。

3.3.6.3 配电网地质灾害风险区划图绘制

1. 评价单元划分

对绘制地区进行基本地貌形态分类。选用 Albers 投影坐标下的 $21km^2$ 的方格作为起伏度的统计单元，分析绘制本地区基本地貌图。

坡度图采用 Albers 投影坐标下的 $0.01km^2$ 的作为评价单元。综合考虑基础数据的特点和精度，并在满足研究精度和计算机运行速度的前提下，本地区地

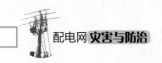
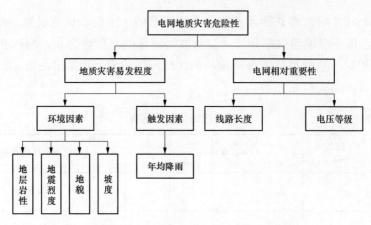

图 3-10　电网地质灾害危险性评价因素

震烈度区划图和年均降雨量图建议采用西安 80 地理坐标下的 0.02°×0.02°的方格进行网格化。

2. 地质灾害易发程度分布图

基于五大分指标图，并详细参考本地区地质灾害（滑坡、泥石流）历史灾害密度数据，结合电网地质灾害危险性评价分区图，运用层次分析法得到的分指标权重，综合绘制本地区地质灾害（滑坡、泥石流）易发程度分布图。

3. 配电网地质灾害危险性分布图

基于地质灾害（滑坡、泥石流）易发程度分布图，结合本地区配电网综合指标图，绘制本地区电网地质灾害（滑坡、泥石流）危险性分布图。

第4章　配电网灾害监测与预警

虽然我国已基本建成高时空分辨率的立体气象监测体系，但配电网气象灾害监测预警技术仍处于起步阶段，主要体现在以下三个方面：

（1）气象数据与电网的关联性分析不足。目前的电网气象灾害监测预警系统仅实现了气象数据与电网地理信息的映射关联，数据挖掘程度不够，缺乏从机理、统计和灰关联分析的角度深入发掘"气象要素——电网故障"的关联性。

（2）气象灾害监测预警用于电网时的精细化程度不足。目前的气象服务以社会公众为对象，在时间、空间精细度方面远无法满足配电设备的监测预警需求。

（3）配电网台风气象信息缺少一体化服务。电网各部门独立获取所需气象信息，缺乏统筹，未建立起一体化的电网气象服务体系。

鉴于监测预警技术对于配电网抗御气象灾害的重大意义及存在的不足，有必要深入开展配电网气象灾害监测与预警工作。建设配电网气象大数据分析平台，开展气象数据深度挖掘及其与配电网的深度关联分析，主动研判极端气象条件下配电网的风险区域，及时发布配电网气象灾害监测预警信息，切实提升配电网的防灾减灾能力。

4.1　灾情监测

⏩ 4.1.1　气象要素

气象要素是指能够表征大气状态特征的基本物理量，主要有气温、地面温度、气压、湿度、云量、降水量、积雪深度、能见度、风、蒸发量、日照和辐射等，其中配电网领域常用的有气温、气压、湿度、云量、降水量、积雪深度、能见度和风等。

4.1.1.1 气温

气温是表征空气冷热程度的物理量。从微观角度来看，空气的冷热程度表征了空气分子平均动能的大小。空气分子运动的平均动能增大，空气获得热量，气温升高；空气分子运动的平均动能减小，空气丧失热量，气温下降。在气象学中，气温是在空气流通、不受阳光直射的条件下，由距离地面 1.5m 的百叶箱内的温度计测量得到的。

在我国气象预报中，气温的单位常用摄氏度（℃），常测计到小数点后一位。摄氏温标（t）是在一个标准大气压（101.325kPa）下，将纯水的冰点温度定为 0℃，将纯水的沸点温度定为 100℃，其间等分为 100 份，每一份为 1℃。在国外气象预报中，气温的单位也常用华氏度（℉）。华氏温标（F）是在一个标准大气压（101.325kPa）下，将纯水的冰点温度定为 32℉，将纯水的沸点温度定为 212℉，其间等分为 100 份，每一份为 1℉。因此，两种温标的换算公式为

$$F = \frac{9}{5}t + 32 \tag{4-1}$$

式中　F——华氏温度；

　　　t ——摄氏温度。

摄氏温标和华氏温标提出于 18 世纪，属于早期的经验温标，其缺点为温度测量结果与测温物质的属性有关。随着温度测量研究的深入，19 世纪中期提出了热力学温标（K），也称开尔文温标或绝对温标。热力学温标是一种理想温标，常用于理论研究，其单位为开尔文（K），是国际单位制的七个基本单位之一。1K 等于水的三相点时温度值的 1/273.16。

为了进一步提升测温实用性，国际计量委员会引入了一个在各个测温范围内使用的测温标准元件系列，如铂丝电阻温度元件等，利用它们进行温标确定的方法称为实用温标。实用温标自 1927 年决定采用以来，经过漫长的摸索，先后经过了 1948、1960、1968、1970、1990 年等多次修订。目前国际上采用的是 1990 年国际实用温标，也称 ITS-90 温标。该温标将水的三相点时温度值定义为 0.01℃，将绝对零度规定为 −273.15℃。与此同时，该温标也定义了国际开尔文温度（T_{90}）和国际摄氏温度（t_{90}），国际开尔文温度的单位为 K，国际摄氏温度的单位为℃，其换算关系为

$$T_{90} = t_{90} + 273.15 \tag{4-2}$$

4.1.1.2 气压

气压是指在单位面积下所承受的大气压力。在大气静止的条件下，气压即为单位面积下所承受的大气柱重力

$$P = \frac{Mg}{A} \tag{4-3}$$

式中　　P——气压；

　　　　M——大气柱质量；

　　　　g——重力加速度；

　　　　A——面积。

常用水银压力计测量气压值，设测量时汞柱的密度为 ρ，汞柱的高度为 h，则汞柱的重力等同于大气柱重力，那么测量的气压值为

$$P = \frac{Mg}{A} = \frac{\rho Ahg}{A} = \rho gh \tag{4-4}$$

因此，气压曾以毫米汞柱（mmHg）作为单位。目前，气压的国际单位为帕斯卡（Pa），在气象学中，气压常以百帕（hPa）或毫巴（mb）为单位，其换算关系为

$$1hPa=1mb=100Pa=0.75mmHg \tag{4-5}$$

4.1.1.3　湿度

湿度表征大气中的水汽含量。在温度一定的情况，空气中所能承载的水汽含量是有上限的。当水汽含量达到上限时，空气就达到饱和状态。此时，空气中的水汽压成为饱和水汽压（SVP）。若超过上限，则空气中的水汽开始液化，凝结为液滴。

气象学中常用相对湿度（RH）来表征空气中的饱和程度。在温度变化不大的情况下，相对湿度可以表征大气中的水汽含量。其定义为空气中的水汽压（VP）与相同温度下饱和水汽压的比值

$$RH = \frac{VP}{SVP} \times 100\% \tag{4-6}$$

相对湿度越大，表明空气越趋近于饱和。当相对湿度达到 100%时，表明此时空气已达到饱和状态。

除了相对湿度外，气象学中也常用露点温度来表征空气中的饱和程度。露点温度是指在气压、水汽含量一定的条件下，空气冷却达到饱和时的温度。在空气未达到饱和的情况下，露点温度一般低于气温。露点温度越接近气温，则空气越接近于饱和，因此，露点温度和气温之间的差值也可以用于判断空气中的饱和程度。

4.1.1.4　云量

云是大气中液滴和固态冰晶的聚合体，具有一定的厚度。不同的云距离地面高度不同，积云、积雨云、层积云等低云的高度多在 2500m 以下，高层云和

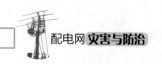

高积云等中云的高度多在 2500～5000m 之间，卷云和卷层云等高云的高度多在 5000m 以上。

云量是指云遮盖天空视野的比例，分为总云量、低云量、中云量和高云量等，表征天空状况，可通过目测或遥感仪器观测。气象学中将天空视野分为 10 份，云所遮盖的份数为云量。若天空中无云，碧空如洗，则云量为 0，若天空全部被云遮盖，则云量为 10。若因降水和雾等天气导致云量无法辨识时，则标注天空状况不明。

4.1.1.5　降水

降水是指空中降落到地面的液态或固态水，包括雨、雪、雨夹雪、冰粒、霰、米雪、冰雹等，其中，冰粒、霰和米雪为秋冬季常见的固态降水，冰雹多见于春夏季，秋冬季也偶有出现。气象学中，降水量是指降水落到地面后，未经蒸发、渗透和流失后在平面上累计的高度，单位为毫米（mm），测计到小数点后一位。

在我国，根据 12 或 24h 的累计降雨量将降雨量级分为小雨、中雨、大雨、暴雨、大暴雨和特大暴雨六种等级。气象学中的 24h 以北京时间 20 时或 08 时为日界，即以前一日 20 时至当日 20 时或前一日 08 时至当日 08 时为统计区间，如表 4-1 所示。

表 4-1　　　　　　　　　　　　降雨量级划分

降雨量级	12h 降雨量（mm）	24h 降雨量（mm）
小雨	0.1～4.9	0.1～9.9
中雨	5.0～14.9	10.0～24.9
大雨	15.0～29.9	25.0～49.9
暴雨	30.0～69.9	50.0～99.9
大暴雨	70.0～139.9	100.0～249.9
特大暴雨	≥140.0	≥250.0

在我国，根据 24h 的累计降雪量将降雪量级分为小雪、中雪、大雪、暴雪、大暴雪和特大暴雪六种等级，如表 4-2 所示。

表 4-2　　　　　　　　　　　　降雪量级划分

降雪量级	24h 降雪量（mm）	降雪量级	24h 降雪量（mm）
小雪	0.1～2.4	暴雪	10.0～19.9
中雪	2.5～4.9	大暴雪	20.0～29.9
大雪	5.0～9.9	特大暴雪	≥30.0

积雪深度则是和降雪量不同的概念。积雪深度是指积雪表面到地面的垂直深度，单位为厘米（cm）。在我国北方，平均 1mm 的降雪可形成 8～10mm 深的积雪，在南方，平均 1mm 的降雪可形成 6～8mm 深的积雪。

4.1.1.6　能见度

能见度是指在当前天气条件下，能够在天空中辨识目标物的最大水平距离，常用米（m）或千米（km）表示。在晴朗、无雾或霾的天气条件下，能见度可达 10km 以上。当出现雾、霾、沙尘暴、暴雨等天气时，能见度会急剧下降，有时仅有数百米，甚至不到 50m。根据能见度预报和服务的需要，我国将能见度等级划分为 5 级，如表 4-3 所示。

表 4-3　　　　　　　　　　　能见度等级划分

能见度等级	能见度范围（km）	定性用语
0	≥10.0	好
1	1.5～10.0	较好
2	0.5～1.5	较差
3	0.2～0.5	差
4	0.05～0.2	很差
5	<0.05	极差

4.1.1.7　风

空气的水平运动产生风。风是一个矢量，既有大小，又有方向，即具有风速和风向。

风向一共用北、东北、东、东南、南、西南、西、西北等 16 个方位表示，相邻方位的角度差为 22.5°，即正北方位为 0°，东北偏北方位为 22.5°，东北方位为 45°，以此类推。

气象学中，风速常以米/秒（m/s）、千米/小时（km/h）和海里/小时（也称节，knot）作为单位。其中我国内地的风速单位常用 m/s，港澳和国外的风速单位常用 km/h，knot 则常用于海洋船舶的气象预报，三者的换算关系为

$$1m/s = 3.6km/h = 1.944knot \qquad (4-7)$$

国际通用的蒲福风级将风力划分为 0～17 级，将风速范围和风力等级一一对应。

⏩ 4.1.2　自动气象站

自动气象站是指能自动进行地面气象要素观测、处理、存储与传输的仪器。

图 4-1　自动气象站

自动气象站通过传感器将气象要素的变化转化为电信号的变化，通过微机处理后得出各个气象要素的实时值，并借助通信网络实现相关数据传输。自动气象站是地面气象观测的重要组成部分，有效提升了气象要素的观测和传输效率，提升了气象观测的覆盖范围，极大节约了人力成本，为气象监测、预报和科研提供了坚实的数据支撑，如图 4-1 所示。

根据区域气象观测的需求，一个自动气象站可同时观测若干个气象要素，其中温度、湿度、气压、降雨量、风速以及风向是观测中最基本的气象要素。除日照和总辐射外，气象要素的观测一般以北京时间 20 时为日界。

自动气象站由传感器、采集器、供电单元以及其他附件等部分组成。在气象业务系统中，基本气象要素常用的测量仪器如表 4-4 所示。

表 4-4　　　　　　　　　　基本气象要素常用测量仪器

基本气象要素	常用测量仪器
温度	电阻式测温元件 （外含百叶板等防辐射设备）
湿度	湿敏电容
	干湿球湿度表
气压	电容式金属膜盒
	硅单晶膜盒
	振筒式压力表
风速和风向	小型风杯风速计
	机身形旋桨式风向风速计
	二维超声风速计
降雨量	翻斗式雨量计

自动气象站的测量性能和采样频率应满足 GB/T 33703—2017《自动气象站观测规范》，如表 4-5 和表 4-6 所示。

表 4-5 自动气象站测量性能要求

气象要素	测量范围	分辨力	最大允许误差
气压	450～1100hpa	0.1hpa	±0.3hpa
气温	−50～+50℃	0.1℃	±0.2℃
相对湿度	5～100%	1%	±3%（≤80%） ±5%（>80%）
风向	0～360°	3°	±5°
风速	0～60m/s	0.1m/s	±（0.5m/s+0.03V）[1]
降水量	0～4mm/min（翻斗）	0.1mm	±0.4mm（≤10mm） ±4%（>10mm）
	0～400mm（称重）	0.1mm	±0.4mm（≤10mm） ±4%（>10mm）
地面温度	−50～+80℃	0.1℃	±0.2℃（≤50℃） ±0.5℃（>50℃）
浅层地温	−40～+80℃	0.1℃	±0.3℃
深层地温	−30～+40℃	0.1℃	±0.3℃
草面温度	−50～+80℃	0.1℃	±0.2℃（≤50℃） ±0.5℃（>50℃）
能见度	10～30000m	1m	±10%（≤1500m） ±20%（>1500m）
积雪深度	0～150cm	0.1cm	±0.1cm
蒸发量	0～100mm	0.1mm	±0.2mm（≤10mm） ±2%（>10mm）
日照	0～24h	60s	±0.1h
总辐射	0～2000W/m²	5W/m²	±5%

表 4-6 自动气象站气象要素采样频率

气象要素	采样频率（次/min）	气象要素	采样频率（次/min）
气压		降水量	1
气温		蒸发量	1
相对湿度	6	能见度	4
草面温度		积雪深度	10
地温		日照	5
风速	60	总辐射	5
风向			

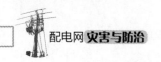

自动气象站具有数据存储和传输功能，有通用数据通信接口，支持有线或无线传输数据。传输的数据应包括站点基本信息、气象要素观测值和质量控制信息，如表 4-7 所示。

表 4-7　　　　　　　　　自动气象站传输数据应包含的内容

传输数据大类	具体包含内容
站点基本信息	测站名称及代码
	观测场地经纬度
	观测场地海拔高度
	观测方式
气象要素观测值	观测时间
	各要素分钟观测数据
	各要素小时观测数据
	各要素极值及极值出现时间
质量控制信息	正确/可疑/错误/缺测/修改

4.1.3　卫星观测

20 世纪 60 年代以前，气象观测、预报和研究主要依靠地面气象观测站获取实况资料。由于受人力、财力以及技术水平所限，地面气象观测站的布设密度并不高，且海洋、湖泊、高山、沙漠等地区更是观测盲区，因此地面气象观测所获取的实况资料已无法满足需求。

气象卫星观测手段正是在此背景下孕育而生，利用高空仪器设备获取的资料进行气象观测。自 1960 年美国发射第一颗气象卫星以来，世界上已先后试射 200 余颗气象卫星。五十余年来，气象卫星观测经历了从极轨卫星到静止卫星、从试验到应用、从单一仪器观测到多仪器综合观测、从独立工作到全球联网等阶段，取得了长足的进步与发展。

目前中国、美国、欧洲、日本、俄罗斯、印度等国家和地区均开展了大量气象卫星的研制与发射工作，组成了全球气象卫星观测网，使得气象卫星在气象观测和预报中凸显了其至关重要的作用，并将其应用扩展至气候预测、地球环境监测等领域。

4.1.3.1　极轨气象卫星

按照分类，气象卫星分为极轨卫星和静止卫星。

极轨气象卫星是轨道平面与地球赤道平面夹角约为 90° 的气象卫星，以一定周期绕地球旋转，其轨道多在地球上空 700～1000km 范围内，通过地球南北极，一天可观测全球两次。它的运行速度与地球绕太阳公转的速度相同，因此也称为太阳同步轨道气象卫星。

20 世纪 60 年代中期，美国 ESSA 极轨卫星开始提供全球卫星云图，70 年代初 NOAA 极轨卫星开始提供昼夜全球性红外云图，目前在轨运行的有 NOAA 系列的 4 颗卫星和 DMSP 系列的 6 颗卫星。俄罗斯于 1962 年开始 COSMOS 极轨气象卫星的发射，1969 年开始 Meteor 系列极轨气象卫星的发射，先后发展了四代。此外，欧洲也有 Metop 系列极轨卫星在轨运行，和美国 NOAA 系列卫星共同组成联合极轨业务系统。

我国气象卫星的发展始于 20 世纪 60 年代末至 70 年代初，卫星代号为风云系列（FY）。1988 年 9 月 7 日，我国发射第一颗气象卫星——风云一号 A 星（FY-1A），之后于 1990、1999 和 2002 年相继发射了 FY-1B、FY-1C 和 FY-1D，其中 FY-1C 是我国第一颗被列入世界气象业务应用的卫星，如图 4-2 所示。

图 4-2　风云一号（FY-1）极轨气象卫星

FY-1 系列是我国第一代极轨气象卫星。目前正常在轨运行的极轨卫星为风云三号（FY-3）系列，如图 4-3 所示。FY-3A、FY-3B、FY-3C 和 FY-3D 分别于 2008、2010、2013 年和 2017 年成功发射，其中，FY-3D 和 FY-3C 共同运行，开展上下午组网观测。值得一提的是，FY-3D 搭载的红外高光谱大气探测仪采用目前国际上最先进的探测技术，能对我国中长期数值天气预报提供很好的技术支撑。此外，FY-3D 搭载的中分辨率

图 4-3　风云三号（FY-3）极轨气象卫星

光谱成像仪可实现云、气溶胶、水汽、陆地表面特性、海洋水色等大气、陆地、

海洋参量的高精度定量反演，能为我国生态治理与恢复、环境监测与保护等提供科学支持。

4.1.3.2 静止气象卫星

静止气象卫星是定点在赤道上空某一位置，与地球自转同步运行的气象卫星。与极轨气象卫星不同，静止气象卫星与地球相对静止，轨道距地约 35000km 左右，虽然仅可观测地球固定 1/3 的区域，但其可以做到每 10～30min 一次的高频次观测，小范围的观测频次更可达到每 2～5min 一次，这有利于对局地短时气象灾害的监测。

世界上第一颗静止气象卫星为美国 GOES-1，于 1975 年 10 月发射。GOES 系列卫星已发展四代，其中 2016 年 11 月发射了 GOES-R，这是截至目前最为先进的气象卫星，可以对龙卷风、洪水、雷暴等天气甚至太阳耀斑等进行高分辨率观测，如图 4-4 所示。

日本 1977 年发射 GMS 系列首颗卫星，而后相继发射了 MTSAT 系列和 Himawari 系列卫星。值得一提的是 2014 年发射的 Himawari-8，其成像性能大幅提高，可见光和红外谱段分辨率分别为 0.5km 和 2km，可做到每 10min 观测一次。

1997 年 6 月 10 日，我国发射首颗静止气象卫星——风云二号 A 星（FY-2A），并于 2000、2004、2006 和 2008 年相继发射了 FY-2B、FY-2C、FY-2D 和 FY-2E，其中 FY-2D 和 FY-2E 目前正常在轨运行，如图 4-5 所示。2012 和 2014 年，我国发射了 FY-2F 和 FY-2G，这是第一代静止气象卫星向新一代静止气象卫星的过渡星。

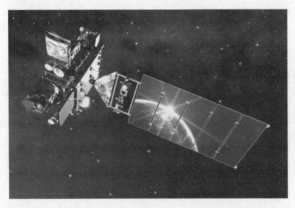

图 4-4 GOES-R 静止气象卫星

图 4-5 风云二号（FY-2）
静止气象卫星

2016 年 12 月 11 日，我国发射新一代静止气象卫星——风云四号 A 星（FY-4A），如图 4-6 所示。FY-4A 首次搭载静止轨道干涉式红外探测仪，1h 完成 1 次对我国及周边区域的大气探测。它还搭载了我国目前最为先进的静止轨道辐射成像仪，可见光分辨率达 0.5km，红外光谱分辨率达 2～4km。总体而言，FY-4A 的综合技术水平达到了国际领先水平。

图 4-6　风云四号（FY-4）静止气象卫星

目前，中国、美国和欧洲是三个同时拥有极轨气象卫星和静止气象卫星的国家和地区。我国形成了 9 颗卫星在轨稳定运行的业务布局，实现了极轨气象卫星"上、下午星组网观测"、静止气象卫星"多星在轨、统筹运行、互为备份、适时加密"的运行格局。

4.1.3.3　卫星遥感仪器

卫星观测主要依靠装载的遥感仪器。目前应用广泛的经典星载遥感仪器主要有可见光辐射仪、红外辐射仪和微波辐射计三种。可见光和红外辐射仪主要用于获取地球和云的可见光、红外云图和水汽图像以及云顶以上大气层的温度廓线，微波辐射计可进行 24h 的大气层温度廓线观测，根据云图观测还可推演出风速廓线等资料。以风云四号 A 星（FY-4A）为例，图 4-7 展示了相关的彩色云图产品。

下垫面和云对太阳光有反射作用，可见光辐射仪在可见光谱段测量来自下垫面和云的太阳辐射。辐射强度与太阳

图 4-7　风云四号 A 星（FY-4A）彩色云图

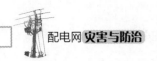

高度角以及物体本身的反射率有关,接收的辐射强度可转化为地球和云的图像,接收到的辐射强度越大,图像的色调表达就越亮;接收到的辐射强度越弱,图像的色调表达就越暗。由于是在可见光谱段,因此仅可在白天获取可见光云图,夜间无法获取。

下垫面、云、大气等会对外发射红外辐射,大气中的各成分对辐射有一定的吸收作用,吸收较强的区域具有该波段较强的辐射能力,卫星装载的红外辐射仪会在该波段接收到较强的信号,这在白天或夜间均可获取。卫星根据不同下垫面、不同高度云体等发射的辐射经过大气层吸收衰减后的规律,通过函数建模计算,能够提供地球和云的红外图像,推演出各高度的温度分布,形成对云顶以上大气层温度廓线的反演。红外云图中,色调越白亮,表示下垫面或云顶温度越高,反之越低。水汽图的获取也与红外云图类似,通过接收大气中水汽发射的辐射,将辐射强度转化为图像。在水汽图中,色调越亮,水汽含量越大,反之越小。以2016年第14号超强台风"莫兰蒂"为例,图4-8展示了相关卫星图像产品。

（a）可见光云图　　　　　　　　　（b）红外云图

（c）温度分析图　　　　　　　　　（d）水汽图

图4-8　2016年第14号超强台风"莫兰蒂"图像产品

大气中的氧和水汽对于微波有强烈的吸收,因此在该波段也有较强的辐射。相对于红外辐射,微波辐射测量精度和灵敏度更高,受云层的干扰小,特别是受高云的影响小,可更好推演出有云地区大气层的温度廓线,缺点为微波辐射强度弱于红外辐射。

除了形成云图产品外,气象卫星形成的地球图像还可提供山火、大雾、沙尘暴、洪涝等气象灾害以及水体等环境监测分析,应用遍及环保、水利、海洋、农业和交通等行业,如图 4-9 和图 4-10 所示。

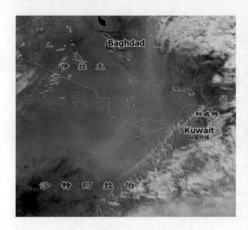
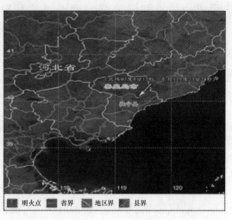

图 4-9　2011 年 4 月 5 日 17:45
中东地区沙尘监测图像

图 4-10　2011 年 4 月 12 日 13:54
河北省抚宁县火情监测图

4.1.4　雷达探测

气象雷达探测是气象监测的重要手段之一。雷达一词为音译,含义为无线电的测量与测距,通过主动发射电磁波,接收目标散射的信号,根据信号确定目标的位置和相关特征。气象雷达与普通雷达类似,监测目标即为云、雨、雪、雹等。气象目标散射的电磁波信号特征与本身的物理特性有关,也与发射源有关,目前在气象监测中常见的雷达有脉冲多普勒天气雷达、风廓线雷达、激光雷达、双极化雷达、双波长雷达等,其中以脉冲多普勒天气雷达的应用最为广泛,如图 4-11 所示。

图 4-11　脉冲多普勒气象雷达

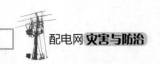

19世纪中期，多普勒效应由奥地利数学家多普勒提出。他指出，当振动源和观察者以相对速度产生相对运动时，观察者接收到的频率和振动源发出的频率不同。20世纪30年代，多普勒效应被应用到电磁波领域，并于40年代应用于雷达中。脉冲多普勒天气雷达以多普勒效应为基础，以云、雨、雪、雹等作为监测目标，通过探测气象目标的散射电磁波信号，判断气象目标的当前位置、移动速度和发展态势等信息。以降雨为例，多普勒雷达在判断雨滴运动速度的基础上还可以进一步推断降水速度分布、风场结构特征、垂直气流分布等内容，从而成为监测和研究强对流天气的利器。

一部脉冲多普勒气象雷达主要由发射机、定时器、天线系统、天线收发开关、接收器以及信号处理器等部分组成。发射机以功率振荡器或功率放大器作为末级电路，由定时器负责输出定时脉冲，由接收器负责接收信号的抗扰和放大。天线系统则在发射器和接收器之间充当电磁能和电能之间的转换器。

脉冲多普勒气象雷达的工作波长多在3～10cm之间，如表4-8所示。其中在我国，多普勒气象雷达主要分为C和S两个波段。C波段多普勒气象雷达主要分布在内陆和少雨地区，S波段多普勒气象雷达主要分布在沿海和多雨地区。C波段多普勒气象雷达一般可获取150km半径内区域的降水和风场信息，S波段多普勒气象雷达可监测400km半径内区域的台风、飑线、冰雹、龙卷风、短时强降雨等天气，并可做到雹云和龙卷等中小尺度天气系统的高分辨率识别。

表4-8　　　　　　　常见的气象雷达波长与探测气象目标

波长（cm）	频率（MHz）	波段	可探测的气象目标
0.86	35000	Ka	云和云滴
3	10000	X	小雨和雪
5.5	5600	C	中雨和雪
10	3000	S	大雨和强风暴

脉冲多普勒气象雷达提供的常见监测产品为雷达基本反射率图，它反映了目标区域内降水粒子的尺度和密度分布，数据单位用dBZ表示。脉冲多普勒气象雷达每6min回传一次雷达回波数据，以颜色深浅和数值大小表示雷达回波数据的强度。一般来说，回波强度越大，表示回波覆盖区域和回波即将经过区域出现强雷电、雷雨大风、短时强降雨、冰雹等强对流天气的可能性越大。

4.1.5　水文监测

水文监测主要是水文部门针对江、河、湖、海、水库、地下水等水文参数的监测，包含水位、流量、降雨量、蒸发量、冰情、水体含沙量、水体透明度等要素，其中和气象观测密切相关的主要是降雨量和水位的观测。

水文监测历经了从人工到自动化的飞跃。20 世纪 60 年代，美国等率先开始研究水文自动测报系统的研制，并于 70 年代将产品推广至实际生产应用。我国的水文自动测报从 70 年代起步，在 40 余年的时间内取得了长足的进步，在防汛抗旱调度和水资源管理中发挥了重要作用。

水文监测中的雨量观测站多设在山塘、水库、河流、湖泊附近，其降雨量的观测方式与气象部门类似，多采用翻斗式雨量计。当雨水进入雨量计的承水部分，雨水通过漏斗流入翻斗。当降雨量达到一定值时，翻斗溢满雨水而倾倒。每一次倾倒都会使得雨量计中的继电器电路接通一次，发出一个触发脉冲。记录器通过脉冲信号进行计数，从而计算出总的降雨量和各个时段内的降雨量。

当出现大风天气时，为防止因风速较大导致雨滴不落入雨量筒内，还会在筒口外部安装防风圈。翻斗式雨量测量精确，抗干扰能力强，自动化程度高，能够做到数据的实时存储与传输，有利于无人值守和恶劣气象条件下的雨量观测。

水位观测主要借助水位计，常见的水位计主要有浮子水位计、超声波水位计、压力式水位计等。在水文监测中，水文观测多使用浮子水位计。

浮子水位计主要由浮子、平衡锤、码盘、拉索等部分组成。水位不变时，浮子和平衡锤保持力的平衡。当水位上升时，浮子向上产生位移，平衡锤带动拉索引发码盘顺时针旋转，码盘中的计数电路即输出水位的上升值。反之，当水位下降时，浮子向下产生位移，平衡锤带动拉索引发码盘逆时针旋转，码盘中的计数电路也实时输出水位的下降值。

➡ 4.1.6　覆冰监测

输电线路覆冰是配电网主要灾害之一。传统的输电线路覆冰监测主要依靠人工巡线，线路所处的地形环境和气象条件极大制约了巡线效率的提升。在 2008 年我国南方特大低温雨雪冰冻灾害之后，输电线路覆冰监测技术研究与应用有了长足的进步，目前的输电线路覆冰监测技术主要有视频图像法、导线应力测量法和倾角法等。

视频图像法主要依托安装在杆塔线路附近的摄像装置拍摄图像，图像资料经过公网通信传输至后台系统，通过图像边缘特征进行覆冰厚度等研判。该方法简单直观，易于实施，但摄像装置监测的范围有限，摄像头易受结冰、大雾等干扰，图像传输的可靠性依赖公网通信质量，仅适用于覆冰情况的定性和辅

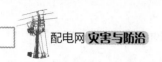

助分析。

导线应力测量法通过应力传感器测量输电线路多点承受的拉力，结合线路参数和气象信息，基于输电线路状态方程计算覆冰质量和等值厚度。倾角法与之类似，同样基于输电线路状态方程，依据导线倾角和弧垂等参数进行计算，结合历史数据和专家知识库研判覆冰质量和厚度。以上技术方式可实现覆冰情况的定量分析，但传感器基于电信号传输，需克服信号传输质量不稳定等问题，因此国内外正在研究信号传输稳定可靠的光纤传感器。且倾角等参数的测量均存在偏差，通过输电线路状态方程进行数学处理，计算结果的误差不可避免。

在工程应用中，目前国内应用较多的线路覆冰监测系统将视频图像法、导线应力测量法和倾角法等技术方法有机结合，实现优势互补。现场的图像采集、应力测量、倾角测量及温湿度测量、风速测量等传感器装置多采用太阳能和蓄电池供电，以 GPRS/CDMA、短距离无线等通信方式进行数据和信号传输，后台依托覆冰监测分析预警软件进行计算和结果输出。

4.1.7　雷电监测

雷电监测是灾害性天气监测的重要组成部分，主要分为人工和仪器监测两种。

人工监测是通过目测和听声判断雷电天气过程。在监测过程中记录雷暴云的来向和闪电方位，以第一次听到雷声的时间为开始时间，以第一次听到雷声的所在方向记为开始方向，以最后一次听到雷声的时间为结束时间，以最后一次听到雷声的所在方向记为结束方向。

仪器监测是通过闪电定位仪、大气电场仪和雷电流测量仪等监测雷电天气过程，其中以闪电定位仪的监测为主，如图 4-12 和图 4-13 所示。前面提到的脉冲多普勒天气雷达也可进行雷电天气监测，通过雷达回波强度和回波顶层高度数据进行辅助分析。仪器主要监测的数据如表 4-9 所示。

表 4-9　　　　　　　　　　　雷 电 监 测 数 据

监测仪器	监测数据
闪电定位仪	雷电时间日期
	雷电位置的经纬度和高度
	雷电强度
	雷电负荷
	雷电电荷

续表

监测仪器	监测数据
闪电定位仪	雷电能量
大气电场仪	电场强度
雷电流测量仪	雷电流峰值和极性

图 4-12　闪电定位仪　　　　　　　图 4-13　大气电场仪

闪电定位仪主要通过磁场方向测定和时差测定两种方式进行雷电监测。雷电过程中，电场和磁场发生强烈的变化，以电磁波辐射的形式在空中传播。磁场方向测定主要通过一对正交的磁场线圈测定闪电的方位，时差测定法主要通过测定闪电的电磁波辐射从落地点传播到仪器探头所需的时间测定闪电的方位。闪电定位仪需要三个及以上的测站布局才能进行准确的定位，任何一个测站都会影响闪电定位的准确度。

大气电场仪主要通过电场传感器和控制电路实现对大气电场强度进行测量。在大气电场中的导体表面会产生感应电荷，感应导体对地产生感应电压，借助控制电路对感应电压信号进行放大、甄别、输出、存储和显示等，即可实时监测大气电场强度。大气电场仪不仅可对大强度的雷电天气进行监测，对低强度的晴天电场也可以进行监测，应用广泛。

🔹 4.1.8　地质监测

地质灾害是指自然或人为因素造成的对人类生命财产和环境造成危害的地

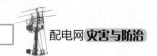

质现象，主要有滑坡、崩塌、泥石流、水土流失、土地沙漠化、土地盐碱化以及地震、火山喷发等灾害，其中对配电网影响较大的地质灾害为滑坡、崩塌和泥石流等。

地质监测主要分为人工监测和仪器监测两种。

人工监测主要是定期对地质灾害监测点进行观察，目测是否有地面开裂、水体水位变化、建筑物或树木倾斜等异常现象，对监测点相对位移进行测量，把握监测点的地质演变情况。

仪器监测是地质监测的重要途径，主要有地表形变监测、深部形变监测和环境因素监测。

4.1.8.1 地表形变监测

地表形变监测是对地表绝对位移、裂缝张开度和地表倾斜等进行监测，主要分为非接触式传统测量法、GPS 法、接触式位移测量法和近景摄影测量等。

非接触式传统测量法利用全站仪、测量机器人等仪器设备进行观测，通过对监测点的位置数据进行分析，判断变形体的基本情况，如图 4-14 所示。由于全站仪采用光学测量原理，在能见度较差的雨雾天气以及夜间无法测量，且对监测地点的通视要求高，因此在使用时存在一定局限性。

GPS 法是利用 GPS 卫星定位技术和计算机通信技术，实时获取监测点的高精度三维坐标，通过对坐标数据的分析自动判断监测点的形变情况。GPS 法不受天气影响，无需通视，自动化程度高，可 24h 在线监测，因此应用广泛，如图 4-15 所示。

图 4-14　全站仪

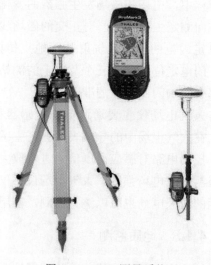

图 4-15　GPS 测量系统

接触式位移测量法主要通过测缝计、伸缩计、倾斜计等接触式测量仪器，对监测点的变形体裂缝大小、伸缩和倾斜情况进行测量，如图 4-16 所示。

图 4-16　测缝计

4.1.8.2　深部形变监测

深部形变监测是对内部相对位移、深部倾斜、深层沉降等情况进行监测。

内部相对位移主要采用多点位移计、土体位移计进行监测，如图 4-17 所示。深部倾斜主要采用活动式或固定式测斜仪进行监测，如图 4-18 所示。深层沉降主要采用电磁沉降仪等进行监测，如图 4-19 所示。

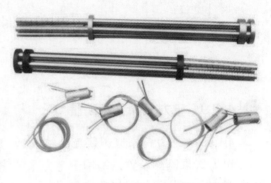

图 4-17　多点位移计

图 4-18　活动式测斜仪

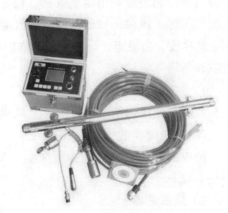

图 4-19　沉降仪

4.1.8.3　环境因素监测

环境因素监测主要是对降雨量、土壤含水率、孔隙水压力、次声、振动等进行监测，其中降雨量的监测与气象观测相同，在此不再赘述。图 4-20 和图 4-21 所示分别为土壤湿度计和孔隙压力计。对土壤含水率和孔隙水压力变化进行监测，可用于判断监测点的土体是否有发生泥石流、滑坡等灾害的可能。土体发生泥石流或崩塌时会产生次声波和振动，对其进行监测可实时跟踪地质灾害演变过程和土体运动情况。

图 4-20　土壤湿度计

图 4-21　孔隙水压力计

●●● 4.1.9　电力气象监测装置

4.1.9.1　电力气象监测装置的组成

电力气象监测装置是指用于电力系统输电、变电和配电设施上，观测其周围各类气象条件并传回气象信息，供电力系统使用的气象传感器及其配套装置。电力气象监测装置采用当今成熟、稳定、先进的测量和传输技术，实现气温、湿度、风速、风向、气压、降水等气象要素的自动观测，并具有低功耗、高可靠、高精度、高稳定、易扩展、易维护等特性。一般由监测单元、集成处理器、外围设备等单元组成。

1. 监测单元

监测单元应包括气温、湿度、风速、风向、气压、雨量等传感器单元。

2. 集成处理器

集成处理器主要包括数据采集、处理、存储、传输以及控制命令等功能模块。

3. 外围设备

（1）外存储器：采用标准 SD 卡，存储容量不低于 1GB，主要用于数据短期存储。

（2）通信模块：主要包括有线电缆连接、wifi 无线通信、GPRS 数据通信等。

（3）电源：包括交流 220V 有源供电模块、蓄电池、太阳能供电以及在线取能供电模块等一种或多种方式的组合。

4.1.9.2 电力气象监测装置的布点

电力气象监测装置的布点应尽量靠近电力输变电设施，并且能反映该区域气候特点、较大范围气候变化特征和局部微地形影响的地方，下垫面具有代表性，尽可能减少局地人类活动影响，最后应保证有无线网络覆盖。

1. 输、配电线路布点

（1）电力气象监测装置在输、配电线路上的布点通常在杆塔和沿线走廊上。

（2）布点间间隔一般不小于 2km，但对于连续爬坡、临近海岸区域和局部微地形等地形，可选择连续布点安装，以观测风速衰减规律。

（3）杆塔上或自立杆布点安装中，布点高度均应严格按照电力气象监测装置各监测单元高度需求进行。

（4）尽量避免在无线网络覆盖盲区或者信号强度较弱区域布点。

2. 变电站布点

（1）选择受自然灾害影响风险大的变电站布点。

（2）尽量布置在变电站内建筑物顶层，选择空旷无遮挡物的区域进行布点安装。

3. 电力气象监测装置的安装

电力气象监测装置安装主要包括其监测单元、集成处理器、通信线路及电源等的安装。各部分安装的总体原则为：保证不影响电力设备、线路等正常运行；做到牢固安装和相应防雷措施的装设；保证电力气象监测装置的监测单元安装满足高度、无遮挡等要求，保证所观测数据的有效性；安装位置和方式还应考虑方便后期的运维。

安装注意事项：

（1）严格遵守电力设备安装运行安全管理要求，保证人身、设备、线路、变电站运行等的安全。

（2）根据不同电压等级的杆塔，安装主支架位置有所不同，应确保安装人员及安装设备与带电输电线路的安全距离。

（3）在有雷害风险地区安装气象监测装置时，注意做好设备运行的防雷措施，如装置系统与杆塔等电位处理等。

（4）安装太阳能组件时应尽量使太阳能板面朝正南方。

（5）在建筑类的楼顶安装时，不得破坏建筑楼顶防水层。

● 4.1.10 配电网灾害综合监测平台

通过融合气象和配电网灾害信息，借助配电网 GIS 系统实现可视化，构建

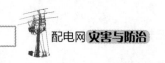

配电网灾害综合监测平台，从而实现灾害及其造成配电网灾损可视化、信息获取实时化和数据统计自动化。

4.1.10.1 灾害及其造成配电网损失可视化

基于配电网 GIS 平台、图像监测装置和统一视频监控平台，建立集台风、降雨、洪涝、雷电、覆冰、地质灾害等为一体的灾害可视化平台，实现灾害全过程、全要素可视化，以及配电线路、变压器、站房和用户的灾损可视化。

4.1.10.2 灾损信息获取实时化

通过各类灾害监测手段，借助数据专线和内外网穿透技术，实现台风、降雨、洪涝、雷电、覆冰、地质灾害等灾害数据的实时获取；通过集成调度、营销、用电信息采集等系统，实现停电线路和变电站、停电用户、重要用户等信息的实时获取。

4.1.10.3 灾损数据统计自动化

改变灾损数据收集自动化程度低、人工统计为主的现状，实现停运配电线路、变压器、站房、停电用户、重要用户及恢复情况等数据的自动统计，保证数据的及时性和准确性。

配电网灾害综合监测平台的功能架构如图 4-22 所示。

福建电网灾害监测预警与应急指挥管理系统气象模块通过接入福建省气象局 2000 余个自动气象站监测数据、3km×3km 网格和乡镇精细化预报数据、台风报文数据和省水利厅 800 余个水位站的水情监测数据，实现了以下功能：

（1）全省风情、雨情和水情的精细化监测。展示过去 1~24h 内受风、雨、水影响最严重的县区和乡镇；以 3km×3km 网格为单位，展示过去 1~24h 全省的风雨分布图；以站点形式展示当前全省的水情分布图。

（2）全省风情和雨情预测预警。展示未来 1~24h 内受风雨影响最严重的县区和乡镇；以 3km×3km 网格为单位，展示未来 1~24h 全省的风雨分布图、大风和暴雨预警图。

（3）提供全省/地市/区县/乡镇/自动气象站逐级每 5min 监测数据和每小时预测数据查询。

灾害天气期间，配电网智能平台将研判为灾损的配电网设备停送电信息推送至应急指挥系统。数据内容包括停复电配电网干线、支线、配电变压器数量、影响用户总数、重要用户数、生命线用户数，以及线路和用户复电比率。通过应急指挥系统，一是分区域对九地市配电网灾损情况进行横向比较；二是基于恢复率，通过地图的不同色块直观展示省、市、县停电用户恢复情况；三是按近 1、6、12h，分时间段展示配电网灾损发展情况。通过趋势图对台风影响全过程灾损和恢复进行整体展示。四是报表智能生成，系统根据灾损汇总数据进行多版本分支管理，并可进行人工调整，自动生成不同的报表和报告。

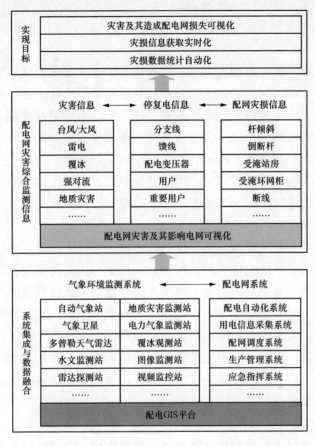

图 4-22　配电网灾害综合监测平台的功能架构

4.2　灾害预报与模型

4.2.1　气象预报

气象预报主要包括预测不同时长内的大气形势场变化、地面气象要素变化和气候预测等，预报方法主要有天气学预报和数值气象预报，两种方法各有侧重，互为补充，共同组成了如今的气象预报体系。

4.2.1.1　天气学预报

天气学预报是一种传统的气象预报方法，主要应用于短期气象预报、航空

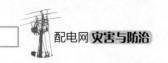

和船舶气象预报、局地小型天气系统预报。它以天气分析图为主要依据，结合地面观测、卫星观测和雷达探测等数据，利用天气学原理定性分析短期内天气系统的演变规律，从而制作气象预报。

常见的天气学预报方法有外推法、引导气流法、物理分析法和经验预报法等。

外推法主要是依据短期内天气系统的移动速度和强度变化规律，进行等速或变速的顺时外推，预报未来天气系统的移速和强度变化。由于天气系统变化的复杂性，外推法一般用于时长不超过 36h、天气系统未发生剧烈的移速或强度变化的短期天气形势预报，并结合其他预报方法共同使用。

引导气流法主要是将 500hpa 或 700hpa 等位势高度作为引导层，通过对引导层的中高空风速风向进行修正，用于预报地面天气系统的移动趋势。引导气流法主要用于引导气流强、气流无剧烈的速度或方向变化的短期预报，不适用准静止的大型深厚天气系统预报。

物理分析法主要是考虑气压变化的动力因素和热力因素，通过天气学原理分析由温度或涡度平流变化引起的气压场形势变化，从而预报高空天气形势。

经验分析法主要是依据历史天气图或统计资料中天气系统的变化数据平均值，总结归纳出天气形势或天气系统变化的典型规律。当气象预报出现相似天气过程时，可借助经验分析法进行分析和判断。但每一次天气过程和经典案例并不会完全一致，且经验分析还受限于历史样本数量，因此只能将经验分析法作为一种参考，同时还需要考虑实际天气过程中的其他影响因素，从而作出较为全面的预报分析。

4.2.1.2 数值气象预报

数值气象预报是利用大型计算机进行数值模拟，给出当前天气形势的初始条件，从而求解大气状态变化的数学方程组，得出未来大气状态变化和天气形势演变的预测。

数值气象预报思想起源于 20 世纪初，但其快速的发展主要是依托于 20 世纪 40 年代计算机产生之后。20 世纪 50 年代后期到 60 年代初，美国、瑞典等国家率先实现了数值预报在气象预报中的业务化应用，中国也于 50 年代开始进行数值预报研究，并于 60 年代后期首次发布了短期数值气象预报。随着计算机技术的迅猛发展、大气科学理论的不断完善和地面、卫星、雷达等多方位气象观测体系的形成，数值气象预报的准确度不断提高，并成为如今气象预报中重要的组成部分。

数值气象预报是定量的、客观的预报方法。目前国际上主流采用的天气数值模式主要有欧洲中期天气预报中心（ECMWF）推出的数值模式和美国国家海洋和大气管理局（NOAA）推出的全球预报模式（GFS）。我国目前研发的数值模式主要有 T639 全球中期预报模式和 GRAPES_MESO 中国及周边区域预报模式。

数值预报模式是一种基于多种理想假设前提下的计算机模拟产品，它的不确定性来源于初始条件、物理条件和动力条件的不确定性。不同的数值气象预报模式在相同初始条件下可能产生完全不同的预测产品，同一模式在相同初始条件下，利用不同的参数化方案或物理过程分析也可能产生不同的预测结果。由于人类对于天气演变规律认识的局限性和气象观测分辨率的局限性，因此数值气象预报仍有很大的进步空间，气象预报还不能完全依赖于主流数值的预报。

在气象预报中，气象预报员需科学地利用数值气象预报这一工具，结合天气学预报法和自身预报经验，对数值预报结果进行合理的订正和采用，方能做出相对准确的气象预报。

4.2.2　配电网风害预报模型

4.2.2.1　风速预测方法

风速预测是配电网风害预报的基础。从科学研究范式看，风速预测可分为统计型方法、因果型方法和混合型方法。

1. 统计型方法

统计型方法采用各类回归技术从历史数据时间序列中发现相关关系，建立用于风速预测的线性或非线性外推（映射）模型。由于历史数据序列反映了全部实际因素的影响，故基于统计观点的外推模型可以回避对物理机理掌握不够的困难。统计型方法隐含的前提是：被测系统以缓慢而渐进的方式演化，即天气系统未来演化的统计规律与样本窗口内相同。因此，统计预测模型一般用于超短期或短期预测，其误差随着预测时效的增加而迅速加大，而当系统结构或外部因素突变时，预测可能完全失效。即使在系统缓慢变化期间，统计方法也只能控制平均误差，而难以控制最大误差。这些原因都严重地影响常规外推法的适用性。

当历史数据仅局限于单个空间位置时，统计方法只能处理时间序列风速数据的相关性，常用的方法包括时序外推法及人工神经网络。如果具有来自不同空间位置的历史数据，就可以挖掘它们之间的相关性，即空间相关性。基于空间相关性的风速预测方法逐渐受到重视，利用空间相关性预测风速的思路如图 4-23 所示。

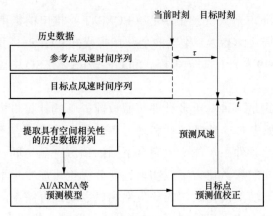

图 4-23　利用空间相关性预测风速的思路

2. 因果型方法

因果型方法不依赖于历史统计数据，而是根据气象、地形、环境等信息建立详细的风速预测模型，适用于中长期预测。以数值天气预报为代表的物理方法根据流体力学和热力学模型，在已知的大气初值和边值条件下，逐个时段地求解天气演变过程，再结合地形地貌信息，求取不同高度的风速、风向等信息。

通常情况下，全球气候模式（Global Climate Models，GCMs）的网格间距约为 100～300km，采用动力降尺度方法，使用高分辨率区域气候模式（Regional Climate Models，RCMs）能够得到分辨率为几十千米甚至更高的信息。如美国国家大气研究中心（National Center for Atmospheric Research，NCAR）等机构开发研制的新一代中尺度数值天气预报系统 WRF（Weather Research and Forecasting model）是非静力的有限区域预报模式，采用原始大气运动方程组，垂直方向为地形跟随坐标，同时具备多重网格嵌套技术，能够通过动力降尺度方法得到 1km 分辨率的近地层风场模拟结果。WRF 已被广泛应用于中尺度及区域大气数值模拟，在数值天气预报、空气质量研究等方面有很好的模拟能力，是当前最先进的大气数值模式之一。WRF 具有丰富的物理过程参数化方案，能够较真实地再现大气边界层及下垫面复杂的物理过程。

中尺度预报模式 WRF 的输出结果可以通过小尺度边界层诊断模式 CALMET 做进一步降尺度分析。CALMET 对 WRF 模式预测输出的气象要素进一步进行地形动力学、斜坡流、热力学阻塞等诊断分析，以发散最小化原理求解三维风场，根据湍流参数化方法计算湍流尺度参数，最后输出逐时风场、混合层高度、大气稳定度以及各种微气象参数等。

因果型方法的精度依赖于模型、参数及边界条件的精度，对大尺度空间的预测效果较好，当信息不足而用主观假设替代时，可能严重影响预测精度。此外，计算量大也阻碍了因果型方法在风速超短期预测中的应用。

3. 混合型方法

混合型方法将数据驱动的统计型方法和模型驱动的因果型方法结合起来。风速的混合型预测方法主要是统计动力预报方法，以数值天气预报模式为基础，考虑未来大气环境和海洋状况的变化建立预报模型。统计动力预报方法包括完全预报（Perfect Prognostic，PP）法和模式输出统计（Model Output Statistics，MOS）法。

PP 法是使用历史资料与预报对象同时间的实际气象参量做预报因子，建立统计关系。在实际应用时，我们假定数值预报的结果是"完全"正确的，用数值预报产品代入到上述统计关系中，就可得到与预报相应时刻的预报值。PP 法的优点是可利用大量的历史资料进行统计，因而得出的统计规律一般比较稳定可靠。PP 法的缺点是含有统计关系造成的误差，主要是无法考虑数值模式的预报误差，因而使预报精度受到一定影响。完全预报在美国 1966 年投入业务，每天制作指导预报。完全预报是数值预报的形势预报误差和形势场与要素对应误差的两种误差叠加，因此它的精度并不太高。

MOS 法是由数值预报模式得到某时段的各种变量，以及局地天气观测资料和预报量之间建立统计关系式所组成。在应用时，将数值预报模式输出的变量及局地天气观测资料代入方程，就可以得到预报方程。按这种方式所建立的预报系统就会自动地考虑数值预报的偏差以及地方性气候特点。MOS 法另一个优点是能够引入许多完全预报方法不易取得的预报因子，如垂直速度、边界层位温等。经过严格对比证明 MOS 预报比完全预报有较高的精度。

综上所述，PP 法原理比较简单，依赖历史数据程度高，导致预报精确度具有不稳定性。MOS 方法是目前比较流行的统计预报方法，随着数值预报模式的发展和数值产品质量的提高，MOS 方法的预报精度越来越好。

4.2.2.2 台风预报模型

与输电网相比，配电网网架结构相对薄弱，容易遭受台风灾害影响而导致大面积停电事故。从近些年电网台风受灾情况来看，台风对配电网的影响较输变电更为明显。因此，有必要针对配电网开展台风预报和预警工作。台风预报主要包括台风路径和强度预报。

1. 台风路径预报

对于配电网的防台减灾而言，首先需要知道台风未来途径的区域，而这主要取决于台风的移动路径（一般用 3h 或 6h 间隔的各台风中心位置连线来表示），

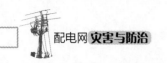

因此台风路径预报是防台减灾的首要问题。随着沿海配电网规模的快速发展，精确的台风预报越发显得重要，尤其是在登陆台风可能侵袭的情况下，路径预报更是配电网防台部署的重要指导依据。

在地面天气图上，台风环流的平均半径为数百千米，属于中尺度天气系统，其运动受到环境场更大尺度（数千千米）气压系统的影响，同时受到台风内部更小尺度（数千米至数十千米）系统的影响。台风的移动也会受到下垫面（海表、陆表）状况，地形（如山脉）等影响，因此台风的路径预报涉及多方面的复杂因素。

由于观测手段和资料的不断丰富，例如各种遥感卫星、多普勒天气雷达和GPS下投式探空仪等观测手段以及数值天气预报模式的发展，尤其是模式分辨率的提高、模式中物理过程的改进和资料同化技术应用的日益成熟，台风路径预报水平在过去20多年里取得了长足进步，2016年中央气象台24、48、72、96和120h台风路径预报误差分别为67、131、221、304和379km。

传统的台风路径业务预报方法主要包括天气气候学预报方法和环境引导气流预报方法。天气气候学预报方法有外推预报方法、相似预报方法和气候持续性预报方法等。环境引导气流预报方法是将台风看作没有内部结构的刚体。引导气流是控制和影响台风移动的最主要外部因子，大约超过70%的台风移动与之有关。计算引导气流的技术困难在于分离台风自身的影响，以及确定合适的层次或者多层加权平均来计算。

近30余年来，台风路径客观预报方法得到了普遍应用，包括统计预报方法、动力预报统计法、预报专家系统、模式输出统计释用法、神经网络法、集成预报法、动力释用预报等，大多采用台风历史资料作为统计样本，在对影响台风移动的大尺度环境场气压系统、环境场引导气流、海洋要素、下垫面状态作相关分析基础上，选择具有天气学、大气热力动力学等物理意义的因素作为预报因子，一般以特定时效的经向和纬向移动距离作为预报量，采用各种数理统计方法对历史样本研究建立用于预报台风路径的模型。

台风路径数值预报方法的理论基础是基于牛顿力学第一定律和能量守恒定律的流体动力学、热力学，它从根本上克服了主观和定性的缺陷。通用的数值预报模式在4.2.1.2中已做过介绍。然而，对于台风而言，通用的数值预报模式还不能完全胜任，鉴于台风内在结构及其与环境气压系统和海—陆下垫面相互作用等独特性，台风路径数值预报模式系统是在数值天气预报模式框架基础上研发的专业应用的数值预报系统，其预报初始场中含有三维独特结构的台风系统，在模式中含有反映台风独有的物理过程计算方案和针对台风建立相应的物理过程。模式变量初始场中的台风与实际状况有较大的差异，因此台风路径数值预报首先要解决的问题是台风初始场的形成技术。

我国台风数值预报业务模式主要有国家气象中心全球台风路径数值预报模式 GMTTP、上海台风研究所热带气旋数值预报模式 STI_TCM 和 GRAPES_TCM、广州台风数值预报模式和沈阳区域气象中心热带气旋预报模式。

2. 台风强度预报

台风强度预报的对象是近中心最大平均风速或台风中心最低气压。台风强度预报水平在过去 20 多年里提高十分缓慢。从最近几年的情况看,我国中央气象台的 24 和 48h 预报的平均误差分别为 4~6m/s 和 5~8m/s。

全球各台风预报中心在业务中使用的强度客观预报方法包括外推、统计、统计动力和数值预报方法,此外还使用一些强度预报指标。目前最优的是统计和统计动力学预报方法。统计预报方法主要是基于气候持续性因子(包括台风的当前位置和强度以及过去 12h 的变化趋势等)进行预报。除此之外,还可引入当前和前期大气环境因子、洋面温度因子以及卫星影像因子建立统计预报模型。台风强度的统计动力预报方法是以数值天气预报模式为依托,考虑未来大气环境和海洋状况的变化建立预报模型。统计动力预报方法的部分误差源自数值天气预报模式对未来大气状况的预报误差、台风路径预报误差,以及统计动力预报方法选用的预报路径与模式预报路径之间的偏差。

进行台风强度预报的数值天气预报模式有很多,包括全球模式、区域模式以及专业的台风模式。因为空间分辨率低,这些结果通常是将模式预报的强度变化趋势叠加在初始观测强度上而得出。总体上,当前数值模式的台风强度预报能力仍然不如统计或统计动力预报模型。集合或集成预报是提高天气预报准确率和分析预报不确定性的一个有效手段。

台风强度预报的难点问题主要是强度的突然变化过程,包括迅速增强和迅速减弱。此外,对登陆台风而言,其登陆之后是迅速消亡还是长时间维持也是预报难点之一,不少严重的登陆台风都与台风登陆后长时间维持不消并深入内陆引起(特大)暴雨有关。由于台风强度变化涉及复杂的多时空尺度相互作用(从对流尺度到天气尺度),对相关物理过程认识的缺乏制约了客观预报技术的发展。在短期内,业务预报能力有望通过集成或集合预报技术来提高,而从长远看,将依赖于业务数值预报系统的发展,包括大气—海洋—波浪耦合、各种非常规探测资料及其同化以及对流活动的显式描述等。

➡ 4.2.3 配电网水害预报模型

影响配电网的水害主要指洪涝灾害,包括洪水和内涝灾害。洪涝灾害对配

电网破坏力巨大，经常引发配电网架空线路倒杆断线和配电站房受淹损毁的严重灾害事故，并且抢修复电难度大，致使供电区域大面积和长时间停电。配电网的水害预报主要通过降水预报与洪水预报、内涝预报之间的耦合预报来实现。

4.2.3.1　降水预报

洪涝灾害产生的直接原因是一定量级的降水，所以降水预报是配电网水害预报模型的基础。基于雷达等遥感手段的定量降水估算以及基于数值模式的定量降水预报是降水预报的两种主要手段。

1. 基于卫星、雷达等遥感手段的定量降水估算

利用卫星遥感资料估算降水，具有覆盖范围广、获得资料容易的优点，但是其空间分辨率不高，星下点的最高分辨率也只有 5km，能从静止卫星收到的资料时间间隔一般是 1h 一幅图，另外所利用的卫星遥感资料主要反映的是云的情况，它与具体到某一点、某一小区域的降水无必然联系，缺乏一定的理论依据，但是随着静止卫星时空分辨率的提高，也逐步引起了专家学者的关注。

雷达等遥感估算降水有时空分辨率高的优点，可以比较客观地反映降水量相对大小的分布趋势。目前在天气雷达资料的面雨量估算以及融合技术方面，欧美国家处于领先水平。我国从 20 世纪 60 年代开始布设天气雷达，目前我国建成了由 200 部左右的新一代多普勒天气雷达组成的雷达观测网，实现 6min 一次的数据实时传输和拼图联网，加强暴雨等突发性灾害天气的监测预警服务。

中国气象局 2008 年启动的业务建设项目"灾害天气短时临近预报预警业务系统"（简称 SWAN 系统），是由国家气象中心和广东、湖北、安徽等省气象局联合全国其他省市参与，应用雷达、自动站、危险天气报、模式等数据，针对突发性强的短时强降水和强对流天气，优选全国各地开发的算法和研究成果，检验、集成并加以优化优选，基于 MICAPS 平台建设的一个快速反应、业务化、集强降水和强对流天气监测预警和临近预报为一体的灾害性天气综合分析与临近预报业务平台。SWAN 可提供丰富的实况监测和短临预报产品，如定量降水估测（QPE）和定量降水预报（QPF）、反射率因子预报以及风暴识别、追踪、分析和临近预报等，是当前我国自主研发的、供各级气象台站开展短时临近预报业务的主要平台。

2. 基于数值模式的定量降水预报

数值天气预报（NWP）是目前定量降雨预报最行之有效的一种方法。数值天气预报模式研究开始于 50 年前，目前国际上比较先进的数值天气预报模式有 ECMWF（欧洲中期预报中心）的全球模式，NCEP（美国国家环境预报中心）的 Eta 模式、WRF、美国宾夕法尼亚州立大学和美国大气研究中心联合开发的中尺度数值预报模式 MM5，以及日本全球模式、亚洲区域模式、日本区域模式等。我国的数值预报研究始于 20 世纪 70 年代，多以引进吸收国外模式为主。目前我国 NWP 整体水平与欧美等发达国家还存在一定的差距。随着中国气象局精细化预报服务工作的开展，七大区域中心已建立了高分辨率的区域精细化预报业务系统，如华中区域气象中心由中国气象局武汉暴雨研究所基于 WRF模式搭建的 3km×3km 格距的区域精细化预报系统。

4.2.3.2　洪水预报

流域洪水预报主要方法有两大类：一是以历史数据为基础的统计预报，该方法利用输入（一般指降雨量或上游干支流来水）与输出（一般指流域控制断面流量）资料，建立某种数学关系；然后就可由新的输入推测输出。这种模型只关心模拟的精度，而不考虑输入输出之间的物理因果关系。二是以水文模型为核心的定量洪水预报，该方法建立气象与水文因子的关系，依据气象要素进行水文预报。基于水文模型的洪水预报可分为概念性水文模型和分布式水文模型，概念性模型是以水文现象的物理概念作为基础进行模拟，对下渗、蒸发、产汇流等物理现象进行了合理概念化，具有一定的物理基础，因此，在近几十年里发展很快，在实际应用中得到了大量的使用。概念性模型目前仍然是主流的洪水预报模型，在一定时期内还会继续发挥作用。从 20 世纪 90 年代中期以来，随着卫星遥感、数字雷达测雨技术以及 GIS 技术的完善和高速发展并进入科技领域，分布式水文模型作为一类新的流域水文模型得到了快速发展，成为近 20 年来水文建模领域的热点，是水文模型的发展趋势和研究前沿。分布式流域水文模型最显著的特点是与数字高程模型（DEM）的结合，以偏微分方程控制基于物理过程的水文循环时空变化，能更好地考虑到降水和下垫面的空间变异，更好地利用 GIS 和遥感信息模拟降水径流响应，并能与气象模式结合延长洪水预见期。

4.2.3.3　内涝预报

通过构建城市雨洪模型研究城市暴雨内涝，开展淹没模拟分析，是现阶段城市暴雨内涝研究的热点。

局部短时降雨过多是城市暴雨内涝形成的主要气象因素，而复杂的城市下垫面条件引起的暴雨径流产汇流过程和市政管网水流运动过程的改变是城市暴雨内涝发生的内在动力因素，也为认识和模拟城市内涝形成过程增加了难度。与自然流域不同，城市混凝土路面、房屋、小区、基础设施建设，使得地表不透水面积大幅增加，蓄滞作用减弱，产汇流历时缩短，导致城市暴雨径流峰量加大；而市政集排水口众多分散、管网结构复杂、实际过流能力各异。因此，

对城市暴雨洪水过程模拟需要考虑城市下垫面空间变异性，并合理处理路网、管网、河网等径流主要通道之间的复杂水力联系。

国外早在 20 世纪 60 年代就开始研究满足城市排水、水环境治理等方面要求的城市雨洪模型，模型构建的基本理论经历了水文学模型、水动力学模型和水文水动力学模型的发展过程。20 世纪 70 年代初，国外的研究机构逐渐提出了一批功能强大的城市雨洪模型，经过不断的发展和完善，目前在国际上应用比较广泛的有 SWMM、PCSWMM、DigitalWater 和 InfoWorks 等。

SWMM 模型能较好地计算暴雨条件下研究区域经下渗、蒸发、地下径流、排水系统输出等方式的水循环后，留存于地表的积水水量，表现为各个管网点的溢出水量，但对现实城市雨洪管理中溢出水量产生内涝的淹没范围和淹水深度问题处理不够。快速发展的地理信息系统（GIS）技术为繁杂的城市排水管网模型构建提供了有力支持。PCSWMM 和 DigitalWater 模型均是在 SWMM 模型基础之上开发而成的，且采用一些方法处理溢出水量在城市地面的运动，这些模型已成功地应用于排水管网设计和评估、一维管道与二维地表耦合模拟等；InfoWorks 模型实现了管网系统与河道的交互耦合，能较为真实地模拟地下排水管网系统与地表受纳水体之间的相互作用，且拥有强大的前后处理能力，已广泛地应用于排水系统现状评估、城市内涝积水模拟及城市洪涝灾害风险分析等。

4.2.3.4 耦合预报

洪涝预报追求的是高精度和预见期长，要得到高精度和长预见期预报，必须从提高降雨估算精度开始，结合降雨预报，采取流域降雨径流模型、河道洪水演算模型和城市暴雨内涝淹没模型的途径来实现。因此，洪涝预报与降水预报的集成耦合是提升洪涝预报精度的关键。

1. 水文气象耦合的降水降尺度技术

数值天气预报模式与流域水文模型在时间空间分辨率存在的差异制约了天气预报模式预报结果在水文预报中应用的进一步发展。立足于在水文预报中充分有效地利用天气预报及气象信息这一目的，建立定量降水估算、定量降水预报（QPE/QPF）与水文模型之间的结合，其首要任务就是解决降水信息场与水文模型时间和空间尺度上的匹配问题，缩小两者的尺度差异，寻找水文气象结合的契机。

2. 雷达定量降水估算与洪涝预报的耦合

确切地掌握降雨量的空间分布，是使用水文模型的重要先决条件。雷达测雨可直接测得降雨的空间分布，提供流域或区域的面雨量，并具有实时跟踪暴雨中心走向和暴雨空间变化的能力。雷达估算降水有时空分辨率高的优点，可以比较客观地反映降水量相对大小的分布趋势。

3. 模式预报降水与洪涝预报的耦合

预见期内的降水量直接影响着洪涝预报的精度，预见期愈长，预见期内的降雨对预报值影响就愈大，为此预见期内的降雨与洪水预报耦合技术也逐步受到了广大水文和气象科技工作者的关注。目前随着数值预报理论与方法的飞跃发展，数值预报现正成为暴雨预报实现定点、定时和定量的科学手段，为水文模型预见期降水的预报提供了强有力的支撑。

4.2.4 配电网冰害预报模型

大量研究表明，覆冰是一个受环境温度、风速风向、空气湿度、水滴直径、覆冰结构物形状等因素影响的复杂物理过程。对线路覆冰，大量的科研机构和学者研究出了多种覆冰预测模型。大体上可归纳为物理模型、统计模型和智能算法模型三类。

4.2.4.1 物理模型

覆冰预测的物理模型是从热力学及流体力学理论出发，对覆冰产生及增长机理进行研究，从而提出了覆冰增长模型。典型的模型有 Imai 模型、Lenhard 模型、Goodwin 模型、Chaine 模型和 Makkonen 模型。对比以上几种模型可以发现：Imai 模型认为覆冰强度由导线表面的传热控制，是湿增长过程，得到的结论是覆冰增长与降温成正比，而与降水强度无关。这一结论对雨凇覆冰而言，在气温低于−5℃时会高估导线覆冰量，而在气温接近于 0℃时会低估覆冰量。对覆冰机理的研究发现，发生雨凇时，气温大多在 0℃附近。在经验数据的基础上，Lenhard 提出了一个最简单的冰重计算式，Lenhard 模型中只牵涉到一个降水量的气象参数，对于雨凇而言，模型的物理意义不太清楚，且模型忽略了风速气温湿度等对覆冰的影响，认为覆冰量只与降水量有关。Goodwin 认为，所有撞击到导线表面的液滴全部冻结，即覆冰为干增长过程，导线对水滴的收集系数为 1，此模型假设导线上的覆冰为均匀圆筒形。Chaine 同样也假设覆冰为干增长过程，但覆冰形状为不均匀的椭圆形，提出导线不均匀覆冰。Makkonen 为了揭示覆冰荷载与气象条件的关系提出了一种数值模型方法，该模型利用边界层理论预测了导线周围表面的传热系数，同时考虑了表面粗糙度的影响。在分析冻雨覆冰的湿增长过程中发现，导线上未冻结的液体并没有全部掉落，而是在导线的底部长成冰柱，理论和实验研究表明：每米长导线上有 45 根冰柱长成，而其他模型均未考虑覆冰过程中的这一物理特点。Makkonen 把导线半径

气温风速降水率风吹角度及覆冰时间等作为输入量，用数值计算方法对这种考虑冰柱生长的覆冰模型进行了分析和计算，结果表明，最大覆冰荷载发生在0℃左右气温，且覆冰重量中，冰柱占有不少份量。此外，还有学者指出已有的雾凇覆冰厚度预测模型有的忽略了冰面与导线表面以及冰面与空气交界面之间的热量和能力交换对覆冰密度的影响，有的忽略了导线直径对覆冰过程的影响，这都会对计算结果产生较大影响，并建立了计及导线捕获水滴及冰面热传递过程的雾凇覆冰厚度预测模型，同时结合实验室及现场观测数据对模型进行了验证。

上述物理模型从覆冰的机理出发，研究覆冰质量的增长与外界物理环境的关系，分别从不同的角度推导出相应的覆冰质量的公式，最后换算为电线的等值覆冰厚度。实际中覆冰的影响因素众多，最后导致上述各物理模型不能适用每一种条件，且上述模型中的参数在实际中难以准确获得或确定，最终导致该类物理模型并不能很好地运用到实际中。

4.2.4.2 统计模型

2008 年南方地区遭受严重冰灾以后，电力部门对覆冰灾害更加重视，应用在线监测装置直接或间接监测电线的覆冰厚度，通过这些监测装置获得了大量的监测数据，由此将数据统计相关的建模理论应用到覆冰预测模型之中。此类模型主要利用统计学的方法对历史数据进行处理，拟合覆冰厚度数据与其他相关因素。基于数据统计的覆冰预测模型最关键的部分是要求有较多的历史数据，而且模型随地域的变化而不同，当数据量较大时，计算量较大。预测模型可进行短期、长期的覆冰厚度预测。

目前，由于在线监测装置覆冰厚度测量仪器并没有大量应用，所以覆冰数据有限也影响了此类模型的应用。

4.2.4.3 人工智能模型

覆冰与环境温度、风速风向、空气湿度、水滴直径、覆冰结构物形状等因素存在复杂的多维非线性关系。监测得到的样本数据往往非常有限，属于小样本的情况，传统的回归分析和统计方法难以对其进行有效的分析。

人工神经网络、支持向量机等人工智能方法对多维非线性问题具有很好的处理能力，在输配电线路覆冰预测中得到了一定的应用。已有的应用在覆冰预测中的有 BP 网络径向基函数神经网络等。围绕神经网络的算法改进，又衍生了其他的神经网络模型，如将模糊系统理论与神经网络结合，灰色关联预测与神经网络结合，遗传算法与神经网络结合等都在一定程度上提高了预测的精确性。

4.2.4.4 三种模型对比

覆冰预测物理模型、统计模型和人工智能模型的优缺点对比如表 4-10 所示。

表 4-10 三 种 模 型 的 对 比

模型	优 点	缺 点
物理模型	接近电线覆冰的真实物理状态,理论上最精确	模型建立困难,部分机理不明,各类参数的确定和获取困难
统计模型	不考虑物理过程,只需要覆冰历史数据,有较好的预测精度,可做短、长期预测	对历史数据要求高,数据量的大小影响预测时间的长度及精度
人工智能模型	不考虑物理过程,只需部分历史数据,能考虑影响覆冰的其他因素影响,预测精度较好	需要部分历史数据,要求数据具有代表性

4.2.4.5 覆冰预测的发展趋势

1. 局部天气预报与传统模型相结合的预测模型

一般认为电线覆冰与其所在环境的温度、风速、湿度等条件相关,但如果满足了这些条件,线路却不一定会覆冰。有研究结果表明,当温度风向和液态含水量达到覆冰条件时,实际却并没有覆冰。此外,在实际中还发现电线覆冰还与局部的气象环境、地形地貌有关,即覆冰与否、严重程度与局部的微气象条件有很大的关系。所以覆冰预测模型一定要考虑局部微气象因素的影响。

目前的天气预报系统也趋于完善,准确率日趋提升,并且天气预报部门有丰富的历史数据,强大的数据处理能力,可通过气象部门获取某一区域的气象参数运用到覆冰预测之中。

2. 应用新兴的覆冰监测技术并有机整合

电线覆冰是一个较为复杂的过程,要实现覆冰预测的准确性,就必须从覆冰厚度数据采集、各种影响因素的采集到数据处理,最后到用户得到覆冰预测结果这一系列过程高效有机的整合,并保证数据的准确性,从事覆冰机理的研究、覆冰预测模型的建立和验证提供数据支撑。此外,传统的在线监测装置设备多,系统复杂,整体可靠性较差,有必要开展新兴覆冰监测技术的研究和应用。

➡ 4.2.5 配电网雷害预报模型

4.2.5.1 雷电预报方法

雷电预报是利用表征过去一段时间一定区域雷电发生发展情况的多种观测资料来分析预测被保护对象可能遭受的雷电威胁。为达到准确预测雷电的目的,近年来已有大量人员从事相关工作。研究方向主要分为两类:一是理论研究方

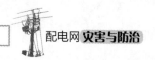
法，主要是指研究与雷电相关的自然因素，寻找各相关因子与雷电的理论关系来预测雷电。二是统计研究方法，主要是指研究雷电数据的统计特性，利用机器学习的方法完成雷电的预测。

从预报手段来说，作为潜势预报的主要方法有：

（1）常规预报方法，这种方法是由预报员利用天气学方法构建的，但这些方法的准确度较低。

（2）利用天气雷达资料和卫星云图，通过动态显示对流云团来预报雷电发生和落区。

（3）应用闪电定位仪组成的雷电定位系统来监测闪电，应用引导气流方法和雷电发生发展理论对闪电的未来强度做出预报，显示未来可能影响本地的雷电。

（4）利用大气电场仪，监测区域内地面电场的分布及地面电场随时间的演变特征来进行雷电的监测和预警。

（5）数值预报方法，是利用强对流天气的大气参数的数值模式来模拟各个区域出现雷电的情况。

4.2.5.2　雷电预报装置

1. 卫星云图接收装置

图 4-24 所示的卫星云图接收装置可获取高分辨率云图信号，实时输出可用的图像产品。但卫星的空间分辨率不高，只适合大尺度的雷电预报。

2. 多普勒天气雷达

多普勒天气雷达具备分辨雷暴云的能力，能为雷电的预警预报提供空间结构上相对完整、时间上足够密集的数据。利用雷达在某一高度上的基本反射率或组合反射率图，可以进行强回波区域的识别、跟踪与外推，能了解到雷暴天气的大致发展过程，并且雷雨云的起电机制与其中的微物理过程密切相关，所以多普勒天气雷达成为目前在雷电预警领域中最适合的观测设备。但是，雷达在体扫过程中在范围上有一定局限性，在某些范围内无法探测到雷暴单体，导致在雷电探测时不能提供比较完整有用的回波信息，从而会直接导致在较复杂的环境下给出的不是特别准确的雷电预警信

图 4-24　卫星云图接收装置图

息。图 4-25 所示为雷达现场安装图。

图 4-25　雷达现场安装图

3. 雷电定位系统

新一代雷电定位系统，全称为广域雷电地闪监测系统（LDS，Lightning Detecting System）（简称雷电监测系统），是一套全自动、大面积、高精度、实时雷电监测系统，能实时遥测并显示地闪的时间、位置、雷电流峰值、极性和回击次数等参数。雷电监测技术是 20 世纪 70 年代末期由美国科学家提出并实现的，经过近三十年的不断发展，目前已有 40 多个国家建立了雷电监测系统。

雷电发生时会产生强大的光、声和电磁辐射，最适合大范围监测的信号就是电磁辐射场。雷电电磁辐射场主要以低频/甚低频（LF/VLF）沿地球表面方式传播，其传播范围可达数百千米或更远，取决于其放电能量。地闪和云闪是雷电放电的主要形态，地闪危害地面物体安全，由主放电和后续放电构成，现代观测表明，有超过 50%的后续放电在接近地面时会挣脱主放电通道，形成新的对地放电点。LDS 是采用多个探测站同时测量雷电 LF/VLF 电磁辐射场，剔除云闪信号，对地闪定位。LDS 的多站典型定位方法有定向法、时差法和综合法三种。雷电探测站外型如图 4-26 所示。

4. 大气电场仪

大气电场仪是通过测量大气静电场变化、无定向方式预警雷电发生的专用精密设备，主要用于探测大气中带电物质所引发的地面电场变化，对局部地区潜在雷暴活动及静电事故发出警报。大气电场仪及大气电场波形如图 4-27 所示。

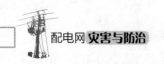

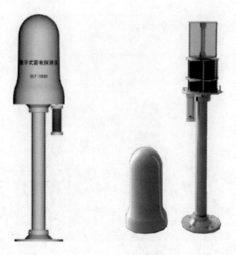

图 4-26　雷电探测站

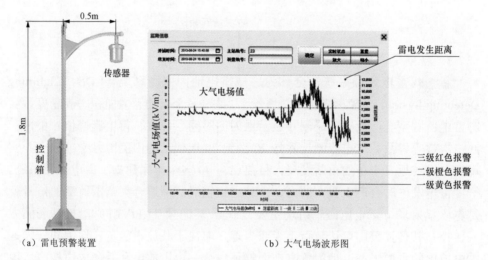

（a）雷电预警装置　　　　　　　　　（b）大气电场波形图

图 4-27　雷电预警装置及大气电场波形图

4.2.5.3　雷电预报预警系统

雷电预报预警系统依托雷电监测系统，并结合大气电场、卫星云图和气象雷达等气象环境监测数据，基于多数据融合的综合预警模型，预测雷电活动发生情况及趋势，实现广域雷暴天气预报和对特定保护对象的雷电灾害风险预警。

如图 4-28 所示，雷电风险预警系统主要由三个部分组成：

1. 雷电风险预警子站系统

子站是系统数据监测与采集端，负责在雷电发生前监测大气物理特征量，并将数据传输至主站服务器，主要设备包含雷电预警传感站和雷电预警雷达站。

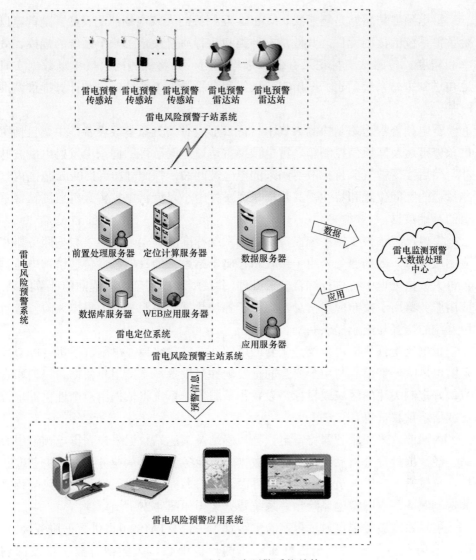

图 4-28 雷电风险预警系统结构

2. 雷电风险预警主站系统

主站是数据分析与服务端，负责接收子站监测数据，并传输至大数据处理中心进行分析计算，最终将雷电风险预警应用结果数据保存于服务器。

3. 雷电风险预警应用系统

应用系统是系统与用户的交互端，负责为各应用人员提供友好的界面接口，提供雷电天气预报、风险预警等定制服务，并将预警结果通过网页浏览、微信等方式动态返回给应用人员。

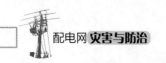

雷电预警传感站是场磨式、MEMS双探头的大气电场监测设备，是雷电风险预警系统的核心元件，其数量、种类和运行质量决定了一个系统的规模、效率和精度。传感站支持记录存储和远程调用，并将探测的大气电场数据实时地传送到主站系统，同时采用GPS天线和高稳晶振为系统测量和计算提供精准时基。

雷电预警雷达站是探测大气中与雷云形成有关气象参数设备，主要包括雷电预警雷达及其通信控制箱。雷电预警雷达通过间歇性的向空中发射电磁波脉冲，然后接受被气象目标散射回来的电磁波回波，探测120～150km范围内气象目标的空间位置和特性，其数据是突发性中小尺度雷电灾害天气监测预警重要的基础数据。

雷电风险预警主站系统在雷电定位系统标准配置上，增设了数据服务器和应用服务器。数据服务器用于接收和存储子站系统的数据，并传递给雷电监测预警大数据处理中心进行综合分析处理，并接受数据处理中心返回的计算结果。应用服务器用于发布应用信息，集合了各种数据结果服务，为雷电风险预警应用系统的交互与展示提供基础。

雷电风险预警应用系统是一套应用软件及搭载终端（电脑、手机、PAD），是雷电风险预警信息与用户交互的重要软件与设备，支持用户依据自己的职责或偏好定制关注的区域或目标，设置预警服务，系统将依据用户个性化需求推送或展示预警信息。

内网前置采集服务器将雷电预警传感站及雷达站数据采集到雷电预警中心站，经数据处理分析后保存到业务数据库，业务服务器从业务数据库中获取数据，负责为各应用人员提供友好的界面及接口，提供雷电天气预报、风险预警等定制服务。电网雷电风险预警系统数据架构如图4-29所示。

展示系统服务端可通过内网为省级管控平台及PMS2.0提供数据服务接口，同时可将业务数据同步至国网雷电监测预警中心，为国网管控平台及国网PMS2.0提供数据支撑。

➔ 4.2.6　配电网地质灾害预报模型

配电网地质灾害预报是对配电设施周围可能发生的地质灾害进行预测，并按规定向电网有关部门报告的工作。

4.2.6.1　地质灾害预测预报的特点

在地质灾害的研究中，近年来出现了一些新的研究动向，目前对滑坡灾害预测预报的理解还存在着不同的意见或分歧。有人认为滑坡灾害空间预测相对

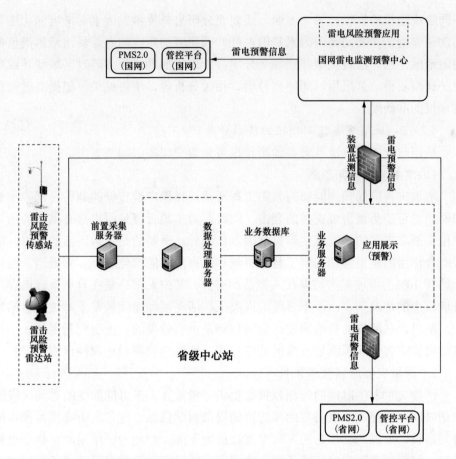

图 4-29 雷电风险预警系统结构

容易，而时间预测预报则十分困难。因而致力于发展滑坡灾害的时间预测预报研究，而忽略空间预测；也有人认为滑坡灾害的空间预测可以独立于时间预测预报进行，即不包括时间预测预报内容的滑坡灾害空间预测可以表达不同自然地质条件下的滑坡空间危险性程度；还有人认为滑坡灾害预测必须既是空间的又是时间的。实际上进行全面的滑坡灾害时空预测预报，系统复杂、难度很大。尤其对于区域性的滑坡灾害预测预报而言难度则更大。滑坡的时间预测预报困难，其空间预测同样并不容易。时间预测预报的选点，首先应以滑坡空间预测成果为依据，才可避免时间预测预报选点的错误。原则上滑坡预测必须既是空间的又是时间的，但决不能排除滑坡灾害空间预测与时间预测预报之间的相对独立性及先后的有序性。滑坡灾害的时间预测预报工作，一方面是注意其自身发展演化进程的监测和描述。如斋藤蠕变曲线模型所描述的滑坡变形破坏 3 个

不同阶段的位移特征；另一方面，还要充分研究外界激发因素对滑坡演化进程的加速作用，尤其是暴雨因素是国内外共同研究的重点问题。暴雨量的阈值问题随地区差别、滑坡类型差别等十分明显。这方面的成果多通过区域统计或历史统计而获得。若采用时间序列分析、相关分析等，所得结果可望提高时间预测预报的准确度。

4.2.6.2　地质灾害预测预报的技术分类

按照时空关系，滑坡灾害预测预报可分为空间和时间两大类。

1.　滑坡灾害空间预测

滑坡灾害空间预测能够为人类工程活动选择稳定性较好的地段，保障生命和财产尽可能免遭滑坡灾害的袭击，同时，对土地合理使用也具有重要的指导作用。滑坡灾害的频繁发生除自然因素作用外，重要的是人为因素的参与，两者联合作用的结果急速加剧了自然斜坡和已有滑坡的演化进程。据报道，地球上约有 70%的滑坡灾害与现代人类活动有关。其中大部分是在自然条件已存在滑坡隐患的情况下，由于不合理的人类工程活动而加速或触发了滑坡灾害的发生。所以，从减灾的目的出发，空间预测是更有效果的。按研究范围的大小可以将滑坡灾害空间预测划分成区域性预测、地段性预测和场地性预测。

2.　滑坡灾害时间预测预报

滑坡灾害发生时间的预测预报是要确定滑坡在未来可能发生的时间区段或确切时间，为提前采取必要的预防措施提供科学依据。通常，所要预测预报的时间越长，所能依据信息的可靠度就相应地下降，预测预报结果的可靠度也就越低。按照预测预报时间的长短，滑波灾害的时间预测预报可分成长期预测、短期预测和临滑预测预报。

（1）长期预测。滑坡灾害长期预测以某地区或某一滑坡对象今后可能活跃的年份范围为预测目标，其结果是近似的。历史滑坡及其活动性资料、易滑坡地质环境的确定是长期预测不可缺少的基础资料。但是这种预测是超长周期的、趋势性的。自然界许多大型滑坡，尤其是体积以 100 万 m^3 以上的特大型滑坡，不仅与外界因素的触发作用有关，更多的是受到地质环境和内动力因素的控制，其发生、发展和演化具有自身演化的旋回周期性。对这些类型滑坡灾害的活动历史研究，对开展滑坡灾害的长期时间预测具有十分重要的作用。

（2）短期预测。滑坡灾害短期时间预测是依据滑坡影响因素对滑坡作用的强度和随时间的变化规律，在掌握滑坡动态发展趋势的基础上，分析推断滑坡灾害的近期演化趋势，预测滑坡可能产生的季度或月份。滑坡灾害的短期时间预测可以依据两个方面：一是滑坡自身运动的内在规律，二是滑坡活动性趋势分析。

（3）临滑预测预报。这里之所以针对滑坡灾害的临滑问题提出预测和预报概念的区别，是因为滑坡在临滑阶段的时间预测首先是一个科学问题。同时从避灾、防灾和减灾的实际需要出发，临滑预报又具有灾害管理上的意义。因此，滑坡灾害的临滑预测与预报是结合在一起的，是以解决受滑坡威胁的对象免遭灾难和损失问题为目的。

滑坡灾害发生的时间方面受滑坡体自身发展演化规律的控制，尤其是大型滑坡的发生时间更多地受到滑坡发生、发展、演化进程和地质环境的影响；另一方面，外部触发因素，如降雨、地震、人类工程活动等，对加速运动滑坡发生时间的进程或直接导致滑坡的产生具有重要的激发作用。无论是地质环境或是滑坡发展演化的自身规律，还是外部触发因素，在滑坡发生之前所能反映出的信息和这些信息的变化规律与特征，对开展滑坡灾害的时间预测预报都是十分有意义的。

4.2.6.3 地质灾害工程预测预报模型

根据地质灾害预测预报的技术分类，在工程上相应地建立了一些数学模型。

1. 地质灾害空间预测工程数学模型

（1）稳定系数预测法

稳定系数预测法是最早的滑坡空间预测的方法。该方法通过计算滑坡体的安全系数 F_S 来预测某一具体边坡的稳定性。

$$F_S = \frac{F_{抗滑力}}{F_{下滑力}} \quad \begin{bmatrix} 当F_S < 1.0 & 边坡处于不稳定状态 \\ 当F_S = 1.0 & 边坡处于不稳定状态 \\ 当F_S > 1.0 & 边坡处于不稳定状态 \end{bmatrix} \quad (4\text{-}8)$$

计算稳定性系数的方法有很多种，如基于极限平衡理论的条分法、瑞典法、数值分析法等。在计算中，参数的选取直接影响到分析结果的正确性。

这种方法多适用于滑坡单体的预测，在工程中应用非常广泛，且为设计人员所熟悉。

（2）神经网络法

神经网络法，通过对已知样本的学习，掌握输入与输出间复杂的非线性映射关系，并对这种关系进行存储记忆直接为预测提供知识库，同时，还具有高速的并行处理能力，自组织学习能力，高速的容错性、灵活性和适应性等。用神经网络法对斜坡稳定性进行空间预测，是用研究程度较高的斜坡地段作为已知样本对网络进行训练，直到网络掌握数据间的非线性映射关系为止，然后用该地区其他稳定性未知的地段作为预测样本，输入已经学习好的网络，通过网

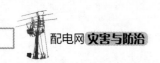

络的联想记忆功能直接预测稳定性。在用神经网络进行预测预报中，可以把各种可能对边坡稳定性有影响的因素作为网络的输入，从而提高预测的精度。

（3）信息模型法

信息模型法，把各种滑坡因素在滑坡作用过程中所起作用的大小程度用信息量表达。认为滑坡现象受多种因素的影响，且各种因素的作用性质不相同，对某具体滑坡而言，总会存在"最佳因素组合"，基于此理论，信息模型主要研究"滑坡因素组合"，而不是停留在单个因素上，其预测精度较高。

（4）灾变模型预测法

计算边坡的稳定系数需要涉及岩土的计算参数，由于岩土性质的不确定性和离散性，使得同一边坡采用不同的计算参数得出的结果差别较大，甚至得出相反的结论。采用灾变理论避开了这些不确定性参数的影响，它假定系统在任何时刻的状态都可完全由给定的几个状态内部量（x_1，x_2，…，x_l）的值来确定，同时系统还收到 m 个独立量（u_1，u_2，…，u_m）的控制，通过数学方法，研究系统状态的稳定性与各量值的关系。该方法综合考虑了各种边坡要素对边坡稳定性不同程度的影响，能较真实地描绘边坡系统的状态。

（5）模糊综合评判法

边坡的稳定性受诸多因素的影响，很难用一个确定的结论来表述其稳定还是不稳定，往往用模糊概念来表述，如把边坡的稳定等级分为"危险区""不稳定区""较不稳定区""稳定区"等。模糊综合评判方法就是对边坡稳定性等级进行分类，并通过专家评分或构造隶属函数，确定对同一等级各因素以及某一因素在不同等级中对边坡稳定性的影响程度（隶属度），建立模糊评判矩阵，确定边坡的稳定性对各等级的隶属程度，最后按择优原则预测边坡的稳定性。该方法的最终结果是否可靠，受单个因素的选择和隶属度的确定影响较大。

2. 地质灾害时间预测工程数学模型

（1）斋滕法

斋滕法是系统研究滑坡预测预报的初始理论。该方法以土体的蠕变理论为基础。如图 4-30 所示，土体的蠕变分为三个阶段，第Ⅰ阶段是减速蠕变阶段（AB 段），第Ⅱ阶段是稳定蠕变阶段（BC 段），第Ⅲ阶段是加速蠕变阶段（CE 段）。斋滕迪孝根据室内实验和仪器监测的结果，提出以第Ⅱ蠕变阶段和第Ⅲ蠕变阶段的应变速率为基本参数的预测预报经验公式，认为在稳定蠕变阶段，各时刻的应变速率与该时刻距破坏时刻的时间的对数成反比，相应计算公式为：

$$\lg t_r = 2.33 - 0.916 \times \lg \varepsilon_e \pm 0.59 \qquad (4\text{-}9)$$

在加速蠕变阶段，取期间变形量相等的 t_1、t_2、t_3 三个时间来计算最后破坏

时间，相应计算公式为

$$t_r = t_1 + \frac{(t_2 - t_1)^2 / 2}{(t_2 - t_1) - (t_3 - t_1)/2}$$ （4-10）

式中　t_r——边坡最终破坏时间。

（2）灰色理论预测模型

滑坡时间预报预测灰色理论模型为

$$t_r = -\frac{\Delta t}{a} \ln\left(\frac{bx_1}{a - bx_1}\right) + t_1$$ （4-11）

式中　a、b——与滑坡位移原始监测数据有关的参数。

（3）非线性动力学预测模型

非线性动力学模型，是根据非线性动力学的观点，并运用耗散结构理论和协同学的宏观研究方法，从时间序列数据中建立的边坡系统动力学模型。

（4）神经网络预报模型

和神经网络用于滑坡空间预测预报一样，时间预报是用监测到的原始位移建立网络模型，属于一种非参数

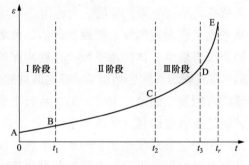

图 4-30　岩土体蠕变模型

预报方法。该预报方法无须实现假设边坡的破坏模型，避免事先假设模型所带来的误差。

4.2.6.4　存在问题和建议

目前滑坡预测预报取得了较大的成就。空间预测从传统的安全系数法到现在的模糊理论综合评判的方法，时间预报从斋藤法到现在的人工智能的引入，而且在实际工程中都得到了很好的验证。但由于工程地质条件复杂、自然条件的变化以及人类工程活动等因素的随机性和不可控制性，现阶段对滑坡做出准确可靠的预报还是十分困难的。从过去已经发生的滑坡地质灾害来看，当前绝大多数的滑坡都很难做到提前预报，究其原因，主要在于：一方面是滑坡成灾机理的影响因素复杂，不确定性因素较多，边坡破坏方式、变形过程和变形机制复杂多变，大大增加了预报的难度；另一方面是人们对滑坡危害性的认识不足和受到资金的限制，现在只有极少数的重大滑坡实施了长期监测，而大多数的滑坡未采取任何的工程措施，以致很多滑坡都是在没有任何监控的条件下突然发生的。还有些人认为滑坡空间预测较为容易，而时间预测较为困难，

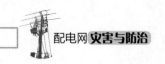

因而大力发展时间预测却忽略空间预测。这些均是我国目前滑坡治理中存在的问题。

应该肯定，边坡的监测是确保工程安全，进行预测预报和掌握岩土体失稳机理最重要的手段之一。由于边坡本身具有的复杂性及目前边坡稳定性研究水平，边坡监测是边坡稳定性分析中不可缺少的，也是至关重要的研究内容。目前这方面取得了一定的成就，但边坡稳定性优化设计方法研究还不够。

综上所述，目前要达到用精确的数学模型来模拟边坡稳定性问题和用精确的预报模型来预测滑坡的时间和空间问题，还相当困难。在目前的研究阶段，解决实际问题在很大程度上靠各种经验与事实的类比，针对地质灾害的具体特征及其发生、发育、发展特点，地质灾害监测预报的发展方向是应以野外调查为依托，结合气象、环境、大地构造和区域地质资料，以"三S"技术为手段，从系统工程观点出发，把勘测评估、预测监测以及灾害整治三者结合成一体的地质灾害信息立体防治系统。在勘测评估中，开展以遥感技术为先导的综合勘测，在查明地质灾害情况后，确定监测和设置警报系统地段提出需整治的工点，预测可能发生的地质灾害。形成从天上到地面，从面到点以"三S"技术为主体的地质灾害信息立体防治系统。

由于边坡系统是复杂的动态系统，仅仅用一种或两种方法是很难达到预期的精度和效果。因此，在进行预测预报时，应该综合多种有效的方法进行对比研究，把模型实验与理论模型相结合。

4.3 灾害预警体系

长期以来，灾害管理工作强调灾后的救助，对于灾前的预防准备重视程度不足，呈现出一种头痛医头、脚痛医脚被动救灾的灾害管理局面，使得对灾害风险的控制能力非常缺乏。我国灾害管理体系的具体执行和落实是"一案三制"，即应急预案，应急工作体制、机制和法制。我国在灾害管理体系上存在的主要问题是职能分散、职能交叉以及缺乏对灾害全过程的有效管理。灾害预警在整个自然灾害风险管理体系中居于核心地位。较为完整而有效的自然灾害预警系统由风险知识（库）、监测与预警服务、信息传播与通信、应对能力四个相互关联的部分组成，涵盖了从对孕灾环境稳定性、致灾因子危险性和承灾体脆弱性认识到备灾与救灾的能力。一个完善的国家自然灾害预警体系必然由政策法律保障体系、技术支撑体系、标准规范体系、决策和处置体系、教育和培训体系等组成。一个高效的风险管理体系必然是建立在一个有效的技术支撑体系之上的。

第4章 | 配电网灾害监测与预警

4.3.1 配电网灾害预警原理

电网预警从电网自然灾害风险传递过程角度出发，以电网系统与自然环境耦合作用系统为研究对象，研究电网自然灾害孕育与发展全生命周期特性，针对不同发展阶段采取措施和手段来感知其演化态势、阻断其传递途径、削减其灾害影响，从而实现电网自然灾害预警管理，为电网企业决策者和管理人员提供防灾决策参考。这个过程也可以称之为电网自然灾害的预防性防御，其意义在于将电网灾害预警向灾害源头及演变阶段延伸，将留给决策者的应对时间延长，将电网灾害损失降低到最小。从这个意义上来讲，电网自然灾害预警管理的关键在于预防，是尽可能将电网自然灾害消灭在初始阶段或者发展过程中。事实证明，自然灾害防御越早，其所需投入越少，取得效果越好，对承灾体影响的可能性越低，如图4-31所示。

配电网自然灾害预警原理是在纵观配电网自然灾害全局的基础上，将配电网防御体系延伸到配电网自然灾害风险传递过程和源头的理论。配电网自然灾害预警以配电网自然灾害风险传递为基础，根据电网自然灾害的不同形态特征及风险传递特性，开展多层次预警，从而达到削减或消除自然致灾因子对配电网影响的目的。

对配电网而言，不同类型的自然灾害风险传递与演化机理不同，

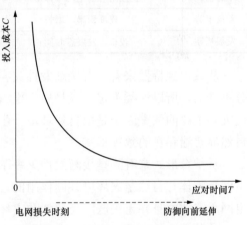

图 4-31　电网自然灾害投入成本与防御时间的关系

预警内容也有差异，通过梳理各类典型电网自然灾害，对其风险传递特性的共性特征进行提炼，将其总结为间接渐发性灾害、直接渐发性灾害和突发性灾害三大类。其中，电网突发性灾害形成和发生的时间很短，灾害发生前难以做到有效监测、预测和预警，在短暂的时间内难以做到有效的应对，一般着重于灾害发生造成影响后的灾后应急和恢复，如雷电、地质灾害等。渐发性灾害的致灾因子持续时间较长，留给人们应对的时间比较长，完全可以通过提高预警管理水平、采取防灾减灾措施来减缓或避免灾害损失，如台风、覆冰灾害等。

根据灾害演化特性与成害机理的不同，渐发性灾害可分为直接渐发性灾害和间接渐发性灾害两类，前者主要以覆冰、污闪灾害为代表，后者主要以山火、

台风为代表。这两类灾害从致灾独特性、孕育形式、发展形势等方面均存在一定的差异，如表 4-11 所示。

表 4-11　　　　　　　　　　电网自然灾害对象特征分析

	直接渐发性灾害	间接渐发性灾害
代表灾种	覆冰、污闪等	火山、台风等
成灾模型	电网承灾体　累积、增长　致灾因子	致灾因子 → 蔓延、传递 → 电网承灾体
孕育模式	直接附着于电网本体形成	自然环境孕育形成
发展形势	逐渐积累、增长	随着时间蔓延、转移
发展周期	较长、发展态时间长	较短、发展态时间短

从致灾独特性来看，直接渐发性灾害的致灾因子形成过程是与电网承灾体分不开的，所以这类灾害一般是属于电力系统所独有的灾害形式；而间接渐发性灾害主要的致灾因子是由自然环境产生的，这个过程与电网承灾体无关，是自然界普遍存在的致灾形式。

从孕育形式来看，直接渐发性灾害孕育过程是以电网承灾体作为载体，是电网承灾体与自然孕灾环境共同作用的过程。而间接渐发性灾害的孕育过程与电网承灾体本身并无关联，是自然孕灾环境孕育而成的。

从发展形势来看，直接渐发性灾害主要通过致灾因子或其他主要风险元依附于电网承灾体上逐渐累积或增长，形成累积效应并在一定的触发条件下引发灾害；而间接渐发性灾害则是在致灾因子形成后随着时间的变化而逐渐蔓延或空间状态转移，直至波及电网承灾体并相互作用引发灾害。从对电网承灾体的破坏形式来看，直接渐发性灾害对电网承灾体的破坏力一直存在，只是潜存而未表现出来，直到其累积效应达到临界条件或者存在外界触发因素时，才会爆发出来对电网形成影响；而间接渐发性灾害对电网承灾体的破坏性是只有当其发展演化到与电网在物理空间上发生重叠时才存在并爆发，而在此之前虽然致灾因子自身具有破坏性，但对电网承灾体的破坏性是不存在的。

从发展周期来看，一般直接渐发性灾害的发展演化周期比较长，特别是在发展态阶段一般是缓慢变化的；而间接渐发性灾害则是发展周期相对较短，一旦形成致灾因子后将会随时间快速变化。

渐发性电网自然灾害具有非常显著的迟滞机制和传递机制，从致灾因子孕育到电网灾害形成的全过程具有明显阶段性特征。根据其演化阶段性特征，将形成电网事故前的整个生命周期划分为孕育态、发展态和临界态三个阶段，以揭示处于不同状态下的电网自然灾害系统特征，为开展针对性预警管理奠定基础，如图 4-32 所示。

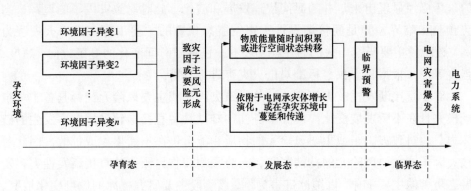

图 4-32　电网自然灾害演化阶段划分

针对电网自然灾害演化过程的三个阶段，具体描述如下：

1. 孕育态

孕育态是电网自然灾害的早期阶段。该阶段的典型特征是形成灾害的物质载体和能量载体还处于聚集和耦合阶段，致灾因子尚未形成或处于形成的初期，还不具备破坏力，电网自然灾害尚处于潜态阶段，灾害孕育时间一般较长。

对于间接渐发性灾害，该阶段孕灾环境异变产生致灾因子，这个过程与电网承灾体无关，只与孕灾环境的状态有关。以山火灾害为例，该阶段孕灾环境的气象、植被等特征不断演化，并在一定触发条件下形成致灾因子，因此识别山火灾害易发区域，研究山火灾害发生的可能性与区域分布等是该阶段的重点工作之一。

对于直接渐发性灾害，该阶段电网承灾体与孕灾环境相互耦合作用，形成致灾因子或主要风险元，这个过程与电网承灾体有直接关系。以污闪灾害为例，该阶段随着孕灾环境与电网承灾体耦合作用，会在绝缘子等设备表面形成污秽，随着污秽累积到一定程度，在孕灾环境作用下产生放电，引发电网灾害。其中积污这个过程，是孕灾环境和电网本体耦合作用的结果，两者缺一不可。因此，对于直接渐发性灾害，这个阶段除研究孕灾环境要素特征外，还需要深入研究电网本体特性要素等，识别易引发灾害的隐患区域及其区划是这个阶段的主要工作之一。

2. 发展态

发展态是电网自然灾害发展的中期阶段。该阶段的典型特征是形成灾害的物质载体和能量载体不断积聚并处于不断发展变化过程中，致灾因子或主要风险元已经形成，潜在破坏力已经形成但尚未对电网承灾体造成影响。

对于间接渐发性灾害而言，该阶段电网自然灾害已经处于显态，致灾因子的破坏已经显现出来，并随时间快速发展和演化。此时对致灾因子的追踪、态势预测和临界预警是间接渐发性灾害发展态预警的主要工作。以山火灾害为例，该阶段主要研究山火的时空态势变化，包括随时间变化的蔓延方向、速度、强度等，并根据临界预警标准对山火灾害进行预警。

对于直接渐发性灾害而言，该阶段致灾因子或主要风险元已经具备了一定规模并且在不断发展变化，但其本身往往难以具备直接导致电网灾害发生的破坏力。此时致灾因子或主要风险元的物质和能量仍在不断累积或扩散，因此对致灾因子或主要风险元的持续跟踪、态势预测和临界预警是直接渐发性灾害发展态防御的主要工作。以覆冰灾害为例，该阶段主要研究覆冰的厚度变化情况、预测随时间变化的覆冰发展态势，并根据预警标准进行预警。

3. 临界态

临界态是电网自然灾害发展的晚期阶段。该阶段的典型特征是电网自然灾害触发临界预警后的阶段，期间形成灾害的物质载体和能量载体继续积聚和变化，致灾因子破坏力仍在加强，并且即将对电网造成破坏性影响。该阶段的电网自然灾害本身的发展演化规律同发展态一致，并没有发生本质变化，但对电网承灾体的威胁程度已经很高，应该引起决策者足够重视。本质上该阶段是为预警管理所划分的逻辑阶段，而不是电网自然灾害形态发生根本性变化的物理状态阶段。该阶段的主要工作重点也是针对即将发生电网灾害的危急时刻选择正确的应对决策。

4. 电网自然灾害的形态关系

孕育态、发展态和临界态是电网自然灾害发展到不同阶段所展现的形态，对于不同灾害类型，各种形态存在不同的表现形式和特征。一般而言，孕育态是后续状态存在和发展的前提，一般该阶段比较漫长；发展态是致灾因子形成后不断发展和演变的，临界态是当致灾因子发展到某种临界点之后的状态。从电网自然灾害自身发展规律来看，本质上只存在孕育态和发展态。在临界态，致灾因子仍然在不断的发展和演化，直接渐发性致灾因子仍在不断累积，间接渐发性致灾因子仍在发生状态变化和转移。

电网自然灾害预警是将电网灾害的防御向灾害发展过程和源头延伸，在自然灾害形成、发展和临界预警的不同阶段开展针对性防御工作，尽早消除或削减自然灾害对电网本体造成影响。因此，只有当电网自然灾害的孕育、演化过程足够长时，电网自然灾害的预防性防御才有意义。

4.3.2　配电网灾害预警分级

配电网灾害预警分级是采用不同参数表征灾害条件下配电网的停运风险，通过预测停运风险的大小将预警划分为不同的等级。一般划分为四级：Ⅳ级（一般）、Ⅲ级（较重）、Ⅱ级（严重）、Ⅰ级（特别严重）。

4.3.2.1　气象灾害预警分级

为了规范气象灾害预警信号发布与传播，防御和减轻气象灾害，保护国家和人民生命财产安全，中国气象局依据《中华人民共和国气象法》、《国家突发公共事件总体应急预案》，制定了《气象灾害预警信号发布与传播办法》。该办法根据不同种类气象灾害的特征、预警能力等，确定不同种类气象灾害的预警信号级别。预警信号的级别依据气象灾害可能造成的危害程度、紧急程度和发展态势一般划分为四级：Ⅳ级（一般）、Ⅲ级（较重）、Ⅱ级（严重）、Ⅰ级（特别严重），依次用蓝色、黄色、橙色和红色表示，同时用中英文标识。下面列出与配电网相关的气象预警信号。

1. 台风

台风预警信号分四级，分别以红色、橙色、黄色和蓝色表示，如表 4-12所示。

表 4-12　　　　　　　　台 风 预 警 信 号 等 级

台风预警信号等级	发 布 标 准
红色	6h 内可能或者已经受热带气旋影响，沿海或者陆地平均风力达 12 级以上，或者阵风达 14 级以上并可能持续
橙色	12h 内可能或者已经受热带气旋影响，沿海或者陆地平均风力达 10 级以上，或者阵风 12 级以上并可能持续
黄色	24h 内可能或者已经受热带气旋影响，沿海或者陆地平均风力达 8 级以上，或者阵风 10 级以上并可能持续
蓝色	24h 内可能或者已经受热带气旋影响，沿海或者陆地平均风力达 6 级以上，或者阵风 8 级以上并可能持续

2. 暴雨

暴雨预警信号分四级，分别以红色、橙色、黄色和蓝色表示，如表 4-13所示。

表 4-13 暴雨预警信号等级

暴雨预警信号等级	发 布 标 准
红色	3h 内降雨量将达 100mm 以上，或者已达 100mm 以上且降雨可能持续
橙色	3h 内降雨量将达 50mm 以上，或者已达 50mm 以上且降雨可能持续
黄色	6h 内降雨量将达 50mm 以上，或者已达 50mm 以上且降雨可能持续
蓝色	12h 内降雨量将达 50mm 以上，或者已达 50mm 以上且降雨可能持续

3. 暴雪

暴雪预警信号分四级，分别以红色、橙色、黄色和蓝色表示，如表 4-14 所示。

表 4-14 暴 雪 预 警 信 号 等 级

暴雪预警信号等级	发 布 标 准
红色	6h 内降雪量将达 15mm 以上，或者已达 15mm 以上且降雪持续，可能或者已经对交通或者农牧业有重大影响
橙色	6h 内降雪量将达 10mm 以上，或者已达 10mm 以上且降雪持续，可能或者已经对交通或者农牧业有较大影响
黄色	12h 内降雪量将达 6mm 以上，或者已达 6mm 以上且降雪持续，可能对交通或者农牧业有影响
蓝色	12h 内降雪量将达 4mm 以上，或者已达 4mm 以上且降雪持续，可能对交通或者农牧业有影响

4. 寒潮

寒潮预警信号分四级，分别红色、橙色、黄色和蓝色表示，如表 4-15 所示。

表 4-15 寒 潮 预 警 信 号 等 级

寒潮预警信号等级	发 布 标 准
红色	24h 内最低气温将要下降 16℃以上，最低气温不大于 0℃，陆地平均风力可达 6 级以上；或者已经下降 16℃以上，最低气温不大于 0℃，平均风力达 6 级以上，并可能持续
橙色	24h 内最低气温将要下降 12℃以上，最低气温不大于 0℃，陆地平均风力可达 6 级以上；或者已经下降 12℃以上，最低气温不大于 0℃，平均风力达 6 级以上，并可能持续
黄色	24h 内最低气温将要下降 10℃以上，最低气温不大于 4℃，陆地平均风力可达 6 级以上；或者已经下降 10℃以上，最低气温不大于 4℃，平均风力达 6 级以上，并可能持续
蓝色	48h 内最低气温将要下降 8℃以上，最低气温不大于 4℃，陆地平均风力可达 5 级以上；或者已经下降 8℃以上，最低气温不大于 4℃，平均风力达 5 级以上，并可能持续

5. 大风

大风（除台风外）预警信号分四级，分别以红色、橙色、黄色和蓝色表示，如表 4-16 所示。

表 4-16 　　　　　　　　　大 风 预 警 信 号 等 级

大风预警信号等级	发 布 标 准
红色	6h 内可能受大风影响，平均风力可达 12 级以上，或者阵风 13 级以上；或者已经受大风影响，平均风力为 12 级以上，或者阵风 13 级以上并可能持续
橙色	6h 内可能受大风影响，平均风力可达 10 级以上，或者阵风 11 级以上；或者已经受大风影响，平均风力为 10～11 级，或者阵风 11～12 级并可能持续
黄色	12h 内可能受大风影响，平均风力可达 8 级以上，或者阵风 9 级以上；或者已经受大风影响，平均风力为 8～9 级，或者阵风 9～10 级并可能持续
蓝色	24h 内可能受大风影响，平均风力可达 6 级以上，或者阵风 7 级以上；或者已经受大风影响，平均风力为 6～7 级，或者阵风 7～8 级并可能持续

6. 高温

高温预警信号分三级，分别以红色、橙色和黄色表示，如表 4-17 所示。

表 4-17 　　　　　　　　　高温预警信号等级

高温预警信号等级	发 布 标 准
红色	24h 内最高气温将升至 40℃以上
橙色	24h 内最高气温将升至 37℃以上
黄色	连续三天日最高气温将在 35℃以上

7. 雷电

雷电预警信号分三级，分别以红色、橙色和黄色表示，如表 4-18 所示。

表 4-18 　　　　　　　　　雷 电 预 警 信 号 等 级

雷电预警信号等级	发 布 标 准
红色	2h 内发生雷电活动的可能性非常大，或者已经有强烈的雷电活动发生，且可能持续，出现雷电灾害事故的可能性非常大
橙色	2h 内发生雷电活动的可能性很大，或者已经受雷电活动影响，且可能持续，出现雷电灾害事故的可能性比较大
黄色	6h 内可能发生雷电活动，可能会造成雷电灾害事故

8. 冰雹

冰雹预警信号分两级，分别以红色和橙色表示，如表 4-19 所示。

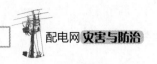

表 4-19   冰 雹 预 警 信 号 等 级

冰雹预警信号等级	发 布 标 准
红色	2h 内出现冰雹可能性极大,并可能造成重雹灾
橙色	6h 内可能出现冰雹天气,并可能造成雹灾

9. 霜冻

霜冻预警信号分三级,分别以橙色、黄色和蓝色表示,如表 4-20 所示。

表 4-20   霜 冻 预 警 信 号 等 级

霜冻预警信号等级	发 布 标 准
橙色	24h 内地面最低温度将要下降到零下 5℃以下,对农业将产生严重影响,或者已经降到零下 5℃以下,对农业已经产生严重影响,并将持续
黄色	24h 内地面最低温度将要下降到零下 3℃以下,对农业将产生严重影响,或者已经降到零下 3℃以下,对农业已经产生严重影响,并可能持续
蓝色	48h 内地面最低温度将要下降到 0℃以下,对农业将产生影响,或者已经降到 0℃以下,对农业已经产生影响,并可能持续

10. 大雾

大雾预警信号分三级,分别以红色、橙色和黄色表示,如表 4-21 所示。

表 4-21   大 雾 预 警 信 号 等 级

大雾预警信号等级	发 布 标 准
红色	2h 内可能出现能见度小于 50m 的雾,或者已经出现能见度小于 50m 的雾并将持续
橙色	6h 内可能出现能见度小于 200m 的雾,或者已经出现能见度小于 200 且不小于 50m 的雾并将持续
黄色	12h 内可能出现能见度小于 500m 的雾,或者已经出现能见度小于 500m 且不小于 200m 的雾并将持续

11. 霾

霾预警信号分两级,分别以橙色和黄色表示,如表 4-22 所示。

表 4-22   霾 预 警 信 号 等 级

霾预警信号等级	发 布 标 准
橙色	6h 内可能出现能见度小于 2000m 的霾,或者已经出现能见度小于 2000m 的霾且可能持续
黄色	12h 内可能出现能见度小于 3000m 的霾,或者已经出现能见度小于 3000m 的霾且可能持续

4.3.2.2 电网灾害预警分级

我国电力行业标准 DL/T 1500—2016《电网气象灾害预警系统技术规范》规定了电网气象灾害超短期预警等级划分的标准。

1. 大风类气象灾害超短期预警

在 30min 内，电网设备周围 10km 范围内通过自动气象站采集的 10min 平均环境风速，结合该设备防灾阈值，发出不同等级的大风类气象灾害超短期预警信号，共分为三个等级，分别以红色、橙色和黄色表示，如表 4-23 所示。

表 4-23　　　　　　　电网大风类气象灾害超短期预警信号等级

预警信号等级	发 布 标 准
红色	28.5m/s 以上（11 级，暴风）
橙色	24.5～28.4m/s（10 级，狂风）
黄色	17.2～24.4m/s（8～9 级，大风）

2. 暴雨类气象灾害超短期预警

电网设备周围 10km 范围内通过自动气象站采集的降雨量，结合该设备防灾阈值，发出不同等级的暴雨类气象灾害超短期预警信号，共分为三个等级，分别以红色、橙色和黄色表示，如表 4-24 所示。

表 4-24　　　　　　　电网暴雨类气象灾害超短期预警信号等级

预警信号等级	发 布 标 准
红色	连续 3h 累积降雨量达到 100mm 以上，且预报未来 3h 降雨天气仍将持续
橙色	连续 3h 累积降雨量达到 50mm 以上，且预报未来 3h 降雨天气仍将持续
黄色	连续 6h 累积降雨量达到 50mm 以上，且预报未来 6h 降雨天气仍将持续

3. 高温类气象灾害超短期预警

电网设备周围 10km 范围内通过自动气象站采集实时温度，结合该设备防灾阈值，发出不同等级的高温类气象灾害超短期预警信号，共分为三个等级，分别以红色、橙色和黄色表示，如表 4-25 所示。

表 4-25　　　　　　　电网高温类气象灾害超短期预警信号等级

预警信号等级	发 布 标 准
红色	连续 3d 日最高气温在 39℃ 以上
橙色	连续 3d 日最高气温在 37℃ 以上
黄色	连续 3d 日最高气温在 35℃ 以上

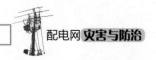

4. 低温类气象灾害超短期预警

电网设备周围 10km 范围内通过自动气象站采集温度，结合该设备防灾阈值，发出不同等级的低温类气象灾害超短期预警信号，共分为三个等级，分别以红色、橙色和黄色表示，如表 4-26 所示。

表 4-26　　　　　　　　电网低温类气象灾害超短期预警信号等级

预警信号等级	发 布 标 准
红色	日最低气温 48h 内降温幅度不小于 8℃，且已连续 3d 日最低气温在零下 38℃ 以下
橙色	日最低气温 48h 内降温幅度不小于 8℃，且已连续 3d 日最低气温在零下 35℃ 以下
黄色	日最低气温 48h 内降温幅度不小于 8℃，且已连续 3d 日最低气温在零下 30℃ 以下

5. 雷电类气象灾害超短期预警

根据雷电定位系统数据，发出电网雷电类气象灾害超短期预警信号，共分为两级，分别以红色和橙色表示，如表 4-27 所示。

表 4-27　　　　　　　　电网低温类气象灾害超短期预警信号等级

预警信号等级	发 布 标 准
红色	500kV 以上电网设备周围 1km 范围内近 30min 内发生落雷事件
橙色	220kV 以上电网设备周围 1km 范围内近 30min 内发生落雷事件

6. 气象次生灾害超短期预警

（1）线路覆冰超短期预警宜包括电网设备覆冰厚度告警、综合拉力告警、不均衡张力差告警、绝缘子串风偏告警和倾斜角阈值越限告警，阈值的设定宜取电网设备的防灾设计参数。

（2）线路污闪超短期预警宜包括电网设备的泄漏电流告警、绝缘子表面污层积聚阈值越限告警，阈值的设定宜取电网设备的防灾设计参数。

（3）线路导线振幅超短期预警宜包括导线振幅越限告警，阈值的设定宜取电网设备的防灾设计参数。

（4）导线监测超短期预警宜包括导线弧垂告警、对地距离告警、导线温度告警、导线振幅告警、导线风偏角告警、导线倾斜角告警、舞动振幅、频率、半波数阈值越限告警，阈值的设定宜取电网设备的防灾设计参数。

（5）线路杆塔超短期预警宜包括杆塔振动方向、加速度、杆塔倾斜、顺线倾斜角、横向倾斜角阈值越限告警，阈值的设定宜取电网设备的防灾设计参数。

此外，国内外学者针对不同灾害类型提出了各种不同的电网预警指标并进行了分级，具体将在预警方法中详细阐述。

4.3.3　配电网灾害预警系统

4.3.3.1　系统目标

配电网灾害预警系统的设计目标是面向配电网生产运行管理人员及安全管理人员，从配电网自然灾害对象维、演化维、防御维和信息技术维四个维度出发，贯通配电网自然灾害孕育态、发展态、临界态全过程，利用集约化的数据钻取技术、智能化的分析模型和方法、高时效的信息报送机制、可视化的信息展示手段等，提供灾害隐患评估及风险区划、态势监测预警提醒、演化趋势预测预警分析、应对决策支持等功能服务，为电网企业应对自然灾害提供智能化的预警决策支持服务。

配电网灾害预警系统的最终目标是实现一体化、可视化、自动化、智能化的预警分析与辅助决策支持系统，达到前移配电网自然灾害防御阵地，提前防御时间，提高配电网安全稳定运行水平和供电可靠性的目标。具体设计目标如下：

（1）深度挖掘电网企业内部数据及社会公共信息资源，构建涵盖配电网致灾因子域、孕灾环境域、配电网承灾本体域、配电网灾害案例域等的配电网自然灾害大数据中心，提高电网企业防灾减灾业务数据集约化管理及共享水平。

（2）在配电网自然灾害预警模型的基础上，建立配电网自然灾害隐患评估指标体系、模型及方法，实现配电网自然灾害的隐患区域划分，并基于配电网地理信息系统进行定期、定量的分析绘制，为确定重点灾害区域，制定运行检修计划提供有效决策支持。

（3）研究配电网自然灾害演化态势预测模型，结合仿真模拟分析、空间叠加分析等技术方法，实现灾害的动态追踪及预测预警，对灾害的未来态势进行科学准确的预测及直观可视的展现，帮助生产运行人员和安全管理人员预判灾害趋势。

（4）结合配电网运行设计标准及相关预警阈值规范，实时监测配电网运行状态，应用自动化、点对点的高效信息报送机制，及时将警情推送至生产运行人员和安全管理人员，实现配电网自然灾害的及时发现、智能判断和自动提示。

（5）面向配电网自然灾害孕育态、发展态、临界态全过程，研究不同灾害演化过程的应对决策模型，为配电网自然灾害的应对提供决策支持。

4.3.3.2 系统框架

配电网灾害预警系统的总体框架如图 4-33 所示。

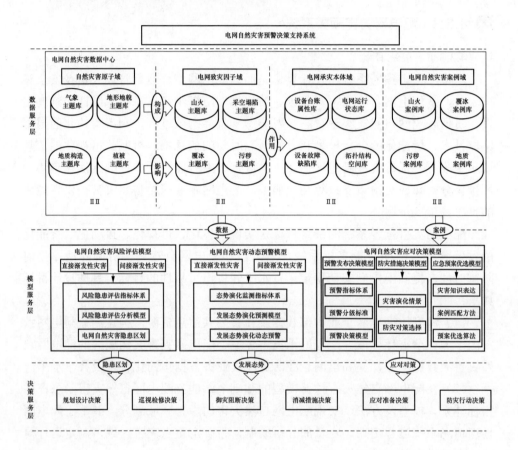

图 4-33 配电网灾害预警系统的总体框架

4.3.3.3 系统设计

配电网灾害预警系统宜采用面向服务的架构方式，建立由基础支持层和应用服务层组成的双层体系结构，如图 4-34 所示。

1. 应用服务层

应用服务层主要包括：配电网自然灾害隐患评估模块、配电网自然灾害监测预警模块、配电网自然灾害预测预警模块、配电网自然灾害应对决策模块等核心功能模块，是面向电网企业生产运行人员、安全管理人员等，提供配电网自然灾害预警管理与应对决策支持功能服务的交互界面。

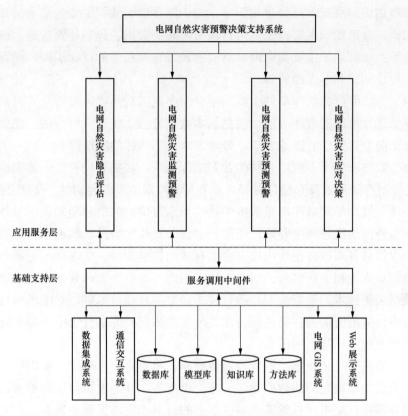

图 4-34 配电网灾害预警系统设计

2. 基础支持层

基础支持层主要包括数据库、模型库、知识库、方法库、数据集成子系统、通信交互子系统、电网 GIS 子系统和 Web 展示子系统等。

（1）数据库：数据库部件用于存储与管理配电网自然灾害预警决策支持业务相关的电网企业内部及社会公共数据资源。针对不同的自然灾害类型，涵盖孕灾环境、致灾因子、电网承灾体、灾害故障案例等主题的不同来源、不同类型、不同格式的数据信息，系统通过构建电网自然灾害大数据中心，提高电网企业防灾减灾业务数据集约化管理水平，为配电网自然灾害预警管理提供有效的数据支撑。

（2）模型库：模型库部件是系统的核心部分，其功能是存储电网自然灾害隐患评估、预测预警、应对决策等模型算法，使用户能够方便地构造、修改以及应用库内各种模型，支持配电网自然灾害预警决策应用。

（3）知识库：知识库部件主要用于存储各种规则、因果关系、领域专家知识、推理知识和决策人员经验知识等。知识库存储的知识主要包括案例知识及规则知识。案例知识主要指配电网自然灾害案例数据、预警处置措施、应对预案信息等；规则知识主要指电网自然灾害预警管理相关的设计规程、预警指标阀值、理论知识和专家经验等。

（4）方法库：方法库部件主要用于存储配电网自然灾害预警及应对决策各理论模型运行所需的程序方法，包括基本数学方法、统计分析方法、优化分析方法、空间分析方法、图论方法、排序方法、态势标绘方法等。

（5）数据采集子系统：系统的数据来源复杂，数据表现形式、数据模型及结构、数据存储形式及存储位置等各不相同，数据的多源异构性、存储分散性、格式不统一性致使难以在海量数据中快速识别有价值的信息和知识。另外，电力内网与外网的物理网络隔离，造成社会公共资源中涉及自然灾害的监测、预测、预报信息等难以方便地应用。全面有效的数据支撑，是进行配电网自然灾害预警决策支持相关研究与应用的基础，因此，有必要设计数据采集子系统，应用数据采集技术、数据适配与融合技术、数据总线技术等，对配电网自然灾害预警决策应用所需的各类电网内部及外部的数据资源进行集中存储和处理，满足预警系统数据与应用需求。

（6）通信交互子系统：负责协调数据库、模型库、方法库、知识库以及各子系统及功能模块之间的数据通信、方法调用等，并通过短信提醒服务、信息推送服务等提供配电网自然灾害预警信息的点对点实时报送和发布。

（7）电网 GIS 子系统：提供区域地理底图、地形植被影像图、配电网网架分布图、配电网自然灾害隐患区域图等叠加展示；配电线路、配电杆塔、配电变压器、配电环网柜、重要用户、生命线用户等的查询、定位；配电网自然灾害的分布情况、影响范围、演化态势等空间分析；配电网自然灾害处置相关人员、物资、车辆的分布标示、调度部署等功能。基于电网地理信息系统，应用包括空间插值、态势模拟、预测标绘、空间叠加等分析方法，将重要的配电网自然灾害灾情数据信息置于遥感影像、电网网架拓扑、地形地貌等较为直观和大尺度的数据背景下，通过多维度、多尺度、多时相的直观可视化表达，帮助电网企业灾害应对决策人员掌握灾害状态、演化态势、应对资源分布等情况。

（8）Web 展示子系统：利用报表、曲线、图形、仪表盘、组态图等多种Web 展示形式，提供电网设备信息、客户信息、运行信息、气象环境信息、灾害监测及预测信息、故障案例信息和应急资源信息等查询展示和统计分析等功能。

4.4 配电网灾害预警方法

预警方法是配电网灾害预警的核心问题，直接决定了预警的有效性和实用性。

4.4.1 配电网灾害预警方法的定义

广义的配电网自然灾害预警方法是针对自然灾害发展的不同阶段采取的预警方法，具体包含隐患识别、态势预测、临界预警与灾害对策选择等，如图 4-35 所示。

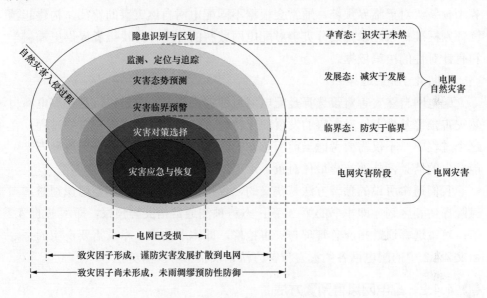

图 4-35　配电网灾害广义预警方法

4.4.1.1　隐患识别

配电网自然灾害隐患识别主要用于灾害系统早期警兆辨识，在配电网自然灾害早期致灾因子还无法直接监测时，隐患辨识是此时最佳预警管理手段。配电网自然灾害隐患识别主要从致灾危险性和配电网承灾体脆弱性角度入手，以配电网承灾体与孕灾环境耦合作用系统为对象，辨识配电网自然灾害隐患因素，隐患识别结果将为构建隐患区图提供基础，为配电网自然灾害早期的预警管理提供依据。隐患识别一般涵盖隐患分析、隐患评估和隐患区划等内容。

4.4.1.2　态势预测

配电网自然灾害态势预测是对配电网自然灾害发展演化态势，或各要素耦

合关系变化的辨识，是在配电网自然灾害中期致灾因子已经形成后的主要预警管理手段之一，是以配电网自然灾害系统监测为基础的深化分析。灾害演化态势是指当致灾因子形成后，整个配电网自然灾害系统不断变化的过程。灾害演化态势预测就是指对灾害未来发展态势或者情景的感知，判定灾害对配电网造成影响的可能性的过程，为防灾决策提供科学指导和依据。

4.4.1.3　临界预警

配电网自然灾害临界预警是指对在配电网自然灾害监测或预测基础上，结合预先设定预警评判标准，对可能威胁到配电网安全的自然灾害进行警示的过程。临界预警是预警管理的核心环节之一，监测、预测等一系列工作最终都服务于预警。对于临界预警，通常会根据不同配电网自然灾害的特征，构建起预警评判标准体系，以便划分灾害对配电网威胁的程度，为决策者提供更加科学和有针对性的决策依据。

4.4.1.4　对策选择

配电网自然灾害对策选择是配电网自然灾害预警决策过程，是在配电网自然灾害预警基础上针对灾害的发展演化特性，选择最优的灾害对策的过程。在这个过程中，不仅需要考虑当前所感知的静态信息，还有必要考虑各种未来可能发生的情景，从而选择最佳对策。

我们通常所说的预警方法是狭义的，仅指临界预警方法。隐患识别通常指风险评估和区划，即本书的第 3 章；态势预测通常指灾害预报，即本书的 4.2 节；对策选择通常指应急管理与灾害抢修，即本书的第 6 章。需要说明的是，后文 4.4.2 中的配电网各类灾害预警方法也仅指临界预警方法。

⏩ 4.4.2　配电网风害预警方法

目前国内外实际应用的配电网风害预警系统通常的做法是接入风情预报信息，匹配配电设备地理信息，查询出处于风害范围中的配电设备进行预警，也有部分系统将预测风速与设计风速进行比较后进行阈值预警。

4.4.2.1　因果预警法

因果预警法是基于风害形成机理和相应的配电设备受灾机理建立预警模型，不仅可以清晰地反映风害导致配电设备故障的因果关系，还可以实现各种影响因子的灵敏度分析。

由于配电设备的风害形成机理复杂，同时受到风雨特性、地形条件、设计参数和施工工艺等诸多因素的影响，而且某些机理尚不清楚，故无法直接采用解析方法开展致灾机理研究，需要借助于数值模拟手段。由于数值模拟需要耗费大量的计算资源,一般仅能对少数几个塔线体系进行计算,且计算耗时长,无法满足预警的时效性,大多应用在输配电线路的设计中。因此,至今未见采用纯因果模型开展配电设备风害预警的研究成果。

4.4.2.2 统计预警法

统计预警法是基于历史风害数据,采用数理统计方法建立配电设备故障率 P 与其影响因子 x 之间的关系,即 $P=f(x_1, x_2, x_3, \cdots)$。由此根据各影响因子的实时数据开展预警。统计预警法又可以分为解析预警法和模糊预警法。

1. 解析预警法

如果配电设备各类风害灾损历史数据详尽到可以支撑分析多维影响因子的联合概率分布,可以采用拟合、回归分析等数理统计方法建立配电设备故障率与其影响因子之间的解析关系。例如,采用指数函数模型近似表示配电线路停运率与有效风速的关系

$$\lambda(t) = \exp\left[a\frac{v(t)}{V} + b \right] \tag{4-12}$$

式中　$\lambda(t)$——配电线路的单位长度停运率;

　　　$v(t)$——垂直作用于配电线路上的有效风速;

　　　V——配电线路设计风速;

　a 和 b——通过统计分析历史数据得到。

解析预警法的优点是简单明了,计算效率高,方便应用于数量庞大的配电设备;缺点是基本只考虑了风速一个致灾因子的影响,难以有效地反映其他影响因素的影响,导致预警差异化不足,准确性不高。

2. 模糊预警法

由于配电设备风害的变量有多个,往往难以通过用精确的解析公式进行描述,此时就需要建立模糊的模型。目前,神经网络、可拓理论等模糊算法在风害评估中得到了一定的应用,但在配电网风害预警中仅有少量的应用。

模糊预警法的优点是直接根据黑箱系统建立风害和各影响因子的映射关系,可不必深入考虑致灾机理,且能够考虑各种因素的综合影响;缺点是无明确的物理含义,无法反映致灾机理和灾害形成的细节,难以有效进行单一影响因子的分析,且各影响因子的权重确定存在较大的主观性。此外,台风导致配电设备故障的气象因素、地形因素众多,加上统计数据的不完整,导致模糊预警法的结果难以保证可信度。

4.4.2.3 混合预警法

混合预警法是基于风害的特性及相应的配电设备受灾机理,通过数学推导

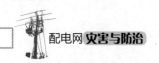

或数值模拟，求取导致配电设备风害的关键因子；然后基于统计理论建立故障率模型，并通过对有效历史数据的统计分析识别模型中的相关参数；最后将气象等影响因素的监测和预测值代入故障率模型，开展配电设备风害的预警。

混合预警法的优点是考虑了配电设备典型风害的形成机理，并从历史统计或经验类数据识别模型中的相关参数，提高了模型的实用性。同时也兼有因果预警法和统计预警法的缺点，即对历史统计数据的质量和数量要求高，对于缺乏统计数据的灾害或地理环境并不适用。此外，混合预警法能够考虑的影响因素也存在较大的局限性。若考虑的因素太多，就会降低模型的实用性；若考虑的因素太少，则会降低模型的真实性。

➡ 4.4.3　配电网水害预警方法

暴雨影响电网的途径可以归结为三种类型：一是雨闪破坏绝缘发生短路故障；二是局部内涝导致变电所、配电室等全停；三是暴雨引发山洪、泥石流、滑坡等次生地质灾害引起线路倒塔、站房冲毁等机械故障。

由暴雨引发雨闪、内涝、次生地质灾害的机理可以看出：雨闪与短历时降雨量强相关，并与污秽度、风速等有关；内涝与长时间的降雨量强相关，并与排水能力有关；次生地质灾害与短历时降雨量、长时间降雨量、地表/地下水量强相关，与地形、地势、植被等有关。

本节主要阐述雨闪和内涝两种类型的水害预警方法，次生地质灾害将在4.4.6 节阐述。

将降雨强度、降雨量、有效降雨量 3 个指标视为评估暴雨灾害的关键指标。降雨强度是指单位时间内的降雨量，一般取 10min 或 1h 降雨量（mm/min，mm/h）。降雨量是指一段时间内的降雨量，一般取 12h、24h 降雨量（mm）。这两个指标均可通过暴雨监测和预测系统得到。有效降雨量是综合反映当前降雨强度及累积降雨量使得坡体或松散物质产生或可能产生位移作用的等效降雨量（mm），其估算公式如下。

$$R_e = R_a + R_z + R_s \tag{4-13}$$

$$R_a = \sum_{i=1}^{n} \tau^i R_i \tag{4-14}$$

式中　R_a——间接前期有效降雨量，对应于当天之前的降雨过程；

R_z——间接前期有效降雨量，对应于当天已发生的降雨过程；

R_s——未来时段的预报雨量；

τ——衰减系数，$\tau \leqslant 1.0$；

R_i——过去的第 i 日一天内的降雨量。

根据致灾途径的不同，暴雨引发电网元件故障的概率可用下式进行计算

$$P_{rf} = f(I_r, D_p, V_w, \alpha) \tag{4-15}$$

$$P_{wl} = f(R_r, C_d, \beta) \tag{4-16}$$

式中 P_{tf}、P_{wl}——雨闪、内涝引发配电网元件故障的概率；

   D_p——污秽度；

   V_w——风速；

   R_r——降雨量；

   I_r——降雨强度；

   C_d——排水能力；

   α、β——配电网元件参数有关的能力系数。

目前，对于雨闪、内涝引发配电网元件故障的概率，还没有成熟的解析模型可供参考。可基于历史数据建立概率统计模型，或基于模糊逻辑推理建立人工智能模型，对故障概率进行求解。

对于电力系统安全预警系统来说，单纯以降雨量为依据进行统一的预警是不全面的。配电网水害预警方法和指标主要要有以下两种：

（1）根据提取的关键指标，结合区域配电网的实际情况或历史运行经验，分别提炼出不同级别的"临界降雨强度""临界降雨强度""临界有效降雨量"等指标。将降雨预测值或监测值与临界值比较，确定不同的水害预警等级。

（2）根据暴雨引发电网元件故障概率的大小进行水害预警分级。例如，当故障概率为（0.95，1］时，发出红色预警；当故障概率为（0.85，0.95］时，发出橙色预警；当故障概率为（0.75，0.85］时，发出黄色预警。

4.4.4 配电网冰害预警方法

针对输配电线路冰害进行预警大致可分为覆冰气象预警和覆冰厚度预警两类。

4.4.4.1 覆冰气象预警

覆冰气象预警是结合易形成覆冰的气象条件，通过气温、湿度、风速和风向 4 个关键风险因子的阈值设定，制定覆冰趋势预警模型。

（1）3 级预警

当温度满足在 0～-5℃左右以及雨量条件或者空气相对湿度（H）致使 $H > 85\%$ 时，启动趋势 3 级预警模式，提醒工作人员注意该监测装置附近达到易形成覆冰的气象条件，需要随时跟踪气象情况，以免恶化。

（2）2 级预警

当温度和湿度满足覆冰条件时，通过监测装置发送的瞬时风速和 10min 平均风速判断是否满足 $v>4\text{m/s}$ 或 $\bar{v}>4\text{m/s}$，若满足条件，那么启动趋势 2 级预警模式，提醒工作人员此时的环境极易形成覆冰，切不可掉以轻心，应注意密切观察。

（3）1 级预警

当温度、相对湿度和风速均满足条件时，若瞬时风向或 10min 平均风向满足 $F>45°$ 或 $F<150°$ 或 $\bar{F}>45°$ 或 $\bar{F}<150°$ 时，启动趋势 1 级预警模式，提醒工作人员需要进行现场巡视确认是否已形成覆冰，或通过覆冰监测装置的覆冰厚度观察覆冰情况。

4.4.4.2 覆冰厚度预警

在覆冰厚度预警模型中引入覆冰比值的概念衡量覆冰的严重程度，其中覆冰比值计算公式为：

$$\lambda = \frac{\max(\delta_A,\ \delta_B,\ \delta_C)}{\delta_s} \tag{4-17}$$

式中　　λ ——覆冰比值；

δ_A、δ_B、δ_C——监测或预测的导线 A、B、C 三相导线覆冰标准厚度，mm；

　　　　δ_s——线路设计覆冰厚度，mm。

（1）3 级预警

通过监测装置监测或预测模型得到导线的 A、B、C 三相覆冰厚度，取其中最严重的值与设计覆冰厚度做比较。若 $\lambda<0.4$，则可认为线路运行处于安全状态；若 λ 在 0.4～0.5 范围内则认为线路运行启动 3 级预警机制，此时线路处于轻覆冰情况，提醒工作人员需要对该段线路进行实时监控。

（2）2 级预警

若 λ 在 0.5～0.6 范围内则认为线路运行启动 2 级预警机制，此时线路处于中度覆冰情况，提醒工作人员需要通过现场观察或巡检等措施详细掌握现场的情况，以免事故发生。

（3）1 级预警

若 $\lambda>0.6$ 则认为线路运行启动 1 级预警机制，此时线路处于重度覆冰情况，属于红色预警状态，需要及时采取应急措施，例如：申请线路直流融冰方式，以免造成断线或者倒塔等严重事故。

⏩ 4.4.5　配电网雷害预警方法

大气中的云团，在大气电场、温差起电效应和摩擦起电效应的共同作用下，底部带负电荷，并在地面感应出正电荷。当电荷累积到足够多时，云层与大地之间的"电容器"击穿，形成雷电。高达几万安的雷电流对电力设备的破坏力巨大；线路过电压会造成绝缘子闪络而线路跳闸；在线路中传播的瞬间，高电压会威胁变电站一次及二次设备的安全。雷击跳闸可能造成相继故障，引发大停电。

雷电过电压分为感应雷过电压及直击雷过电压两种。中国 6～35kV 配电网一般无避雷线，且自身绝缘水平低，其过电压故障 90%由感应雷造成。

配电网雷害预警主要是基于地理信息平台，通过关联雷电预报信息对配电网进行预警，主要分为气象预警和配电设备预警两类。

气象预警方面，通过预报得到雷电活动区域及其发展趋势，在配电网地理信息平台上查询该区域存在的设备，根据自然雷电预警等级对配电设备进行预警。可以雷电将要发生位置距被保护配电网区域或设备的距离 d 为参考，设定雷电的距离预警等级。如表 4-28 所示。

表 4-28 雷 电 距 离 预 警 等 级

预警等级	距离 d （km）
3	$30 \leq d < 40$
2	$20 \leq d < 30$
1	$d < 20$

配电设备预警方面，由于配电网雷击故障 90%以上都是感应雷引起的，故配电网雷击故障预警主要是基于感应雷耦合导线过程，根据雷电预报信息计算配电线路上的电压电流分布。常用的计算方法是将传输线理论、时域有限差分（FDTD）方法和 Agrawal 耦合模型结合起来，推导出输电线上任一点电压电流的表达式，计算得到线路上的感应雷过电压。最后，与导线的耐雷水平或绝缘子的绝缘强度进行比较，判断是否会发生雷击故障并给出预警。也可以建立雷击故障概率与感应雷过电压、导线耐雷水平或绝缘子的绝缘强度之间的关系，根据故障概率的大小划分配电网雷电预警等级。

🔘 4.4.6 配电网地质灾害预警方法

当前，电网公司的地质灾害重点预警对象仍是超特高压输变电工程。主要利用北斗卫星系统对灾害区、风险点、雨量站、需保护设施等进行定位，通过遥感影像判读识别相关对象，并利用专家模型和气象实时数据对滑坡、泥石流等地质灾害进行预报预警。

基于滑坡机理分析，杆塔滑坡灾害影响的主要因素有：①有效降雨量 R_e

的归一化值 R'_e（基准值根据每段线路实际环境选取）；②地形坡度系数 S_1，坡度在 20°～40° 时取为 1.0，坡度大于 40° 是调高系数取 1.0～1.5，坡度小于 20° 时取 0.5～1.0；③地质高度系数 S_2，高度为 50～100m 时取为 1.0，高度大于 100m 时取 1.0～1.3，高度小于 50m 时取 0.8～1.0；④地面形态系数 S_3，以直线型坡面为基准，凸形坡面时取 1.0～1.5，凹形坡面时取 0.5～1.0；⑤地质系数 α_g，以杆塔所处地带无断层和褶皱的岩层为基准，根据断层和岩层结构恶化情况取为 0.5～1.0；⑥水文条件系数 α_h，以地表基本无径流、地下水埋藏很深时为基准，根据地表径流和地下水埋藏深度条件的变化，取为 1.0～2.0；⑦疲劳系数 α_f，即线路投运时长与设计寿命周期的比值；⑧杆塔相对灾害体的位置系数 α_p，在灾害影响范围外为基准，否则取为 1.0～2.0；⑨杆塔岩基安全系数 α_b，以岩基完整且无风化为基准，其他情况取为 0.5～1.0。

将上述因素综合为两个系数，即滑坡强度系数 E_s 及杆塔易损系数 λ_t。

$$E_s = \frac{S_1 S_2 S_3 \alpha_h}{\alpha_g} R'_e \quad (4-18)$$

$$\lambda_t = \frac{\alpha_f \alpha_p}{\alpha_b} \quad (4-19)$$

根据其隶属度函数建立模糊规则，通过去模糊化可得到滑坡引发的线路故障率。

山洪灾害影响杆塔安全的主要因素有：①沟通分布系数 α_c；②沟道堵塞系数 α_k，以沟道通直为基准，按其弯曲程度和沟道流通情况取 1.0～2.0；③地形坡地系数 S'_1，以坡度在 25°～50° 为基准，坡度大于 50° 时取 1.0～1.5，坡度小于 25° 时取 0.7～1.0；④其他因素与滑坡因素中的有效降雨量、地形高度系数、水文条件系数、疲劳系数、杆塔相对灾害体的位置系数及杆塔基岩安全系数相同。

将上述因素综合为两个系数，即山洪强度系数 E_m 及杆塔易损系数 λ_t。

$$E_m = \alpha_c \alpha_k \alpha_h S'_1 S_2 R'_e \quad (4-20)$$

根据其隶属度函数建立模糊规则，通过去模糊化可得到山洪引发的线路故障率。

泥石流影响杆塔灾害的主要因素除了山洪的致灾因素外，还有松散固体物质的稳定系数 K_d。

将上述因素综合为两个系数，即泥石流强度系数 E_m 及杆塔易损系数 λ_t。

$$E_d = \frac{\alpha_c \alpha_k \alpha_h S'_1 S_2}{K_d} R'_e \quad (4-21)$$

根据其隶属度函数建立模糊规则，通过去模糊化可得到泥石流引发的线路故障率。

设线路 i 的档 j 的山洪、滑坡和泥石流灾害下的故障率分别为 $P_{ij.mf}$，$P_{ij.ls}$，$P_{ij.df}$。假设各档内及档间不同类型故障相互独立。第 j 档的故障率为

$$P_{R.ij} = 1 - (1 - P_{ij.mf})(1 - P_{ij.ls})(1 - P_{ij.df}) \tag{4-22}$$

线路 i 的故障率为

$$P_{R.i} = 1 - \prod_{j=1}^{z}(1 - P_{R.ij}) \tag{4-23}$$

依据地质灾害与降水关系的历史统计数据，可以确定地质灾害预警的发布标准，如表 4-29 所示。

表 4-29   地质灾害预警的发布标准

预警等级	发 布 标 准	依据	辅助信息
蓝色	在相似降水分布情况下，有 20%的地质灾害发生	$P > P20$	在隐患点附近可能发生
黄色	在相似降水分布情况下，有 30%的地质灾害发生	$P > P30$	可能发生小型地质灾害
橙色	在相似降水分布情况下，有 40%的地质灾害发生	$P > P40$	可能发生中型地质灾害
红色	在相似降水分布情况下，有 50%的地质灾害发生	$P > P50$	可能发生大型地质灾害

4.4.7 配电网复合灾害预警方法

4.4.7.1 复合自然灾害下的线路故障率

自然灾害群是指多种自然灾害在同一时段内的群发，其后果比单种灾害更严重。灾害性天气往往是在大范围环流场的背景下，加上局部的地形、地貌和小尺度天气系统相互结合而发展。多地区可能在同一时段出现多种天气现象，造成复合气象灾害。例如：台风加雷电、高温加干旱、持续低温加冰灾等，而地质灾害也有群发性。复合灾害使电网设备的故障率显著增加。

许多灾害之间有因果关系，一种灾害可能引发一系列次生灾害，形成灾害的时间序列，包括串发性灾害链和共发性灾害链。例如：台风在海洋形成巨浪和风暴潮，登陆后带来狂风和暴雨；暴雨继而造成洪水、滑坡或泥石流；地震可能导致海啸、泥石流和滑坡。

寒潮伴随着霜冻、低温和大风；大范围的低温空气南下，会带来雨雪，甚至冻雨，造成线路断线倒塔、导线舞动、绝缘子及线路闪络等故障；低温会影响一次能源供应和电力需求；沙尘暴引发线路空气间隙击穿，发生闪络。长期的水源短缺和干旱会同时造成负荷增加及发电量下降，危及电力充裕性，或引

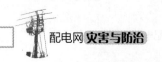

发山火及闪络，烧毁设备。太阳磁暴在地球上产生地磁暴、电离层暴、热层暴等，影响通信系统及变压器的正常工作。

自然灾害链与自然灾害群之间往往交叉耦合，推波助澜，形成小概率高风险的复合灾害。要精细分析电力设备故障率，就要计及不同类型灾害间的相互作用，以及不同故障类型间的关联性。虽然其关系非常复杂，但不同灾种都是通过改变自然环境（如气象及地质）的相关参数来影响电网设备的故障率。只要保证各种灾害下的设备故障率模型，都恰当地计入了这些环境参数的影响，并保证所采用的参数预报值具有足够的精度，那么不同灾种间的关联性就通过这些环境参数反映在模型中，且可以将各种类型的自然灾害分别处理，并按照独立事件原则加以整合。

针对单种灾害建立故障率评估模型后，需要整合为复合自然灾害下的总故障率。可采用灰色模糊理论来组合多气象因素下的输电线路风险，也可将总故障率取为各灾种下的故障率的加权和，其权值则从历史统计数据中求取。

如果在评估每种自然灾害下电网设备故障率时能恰当计及相关外部因素，以及线路间的物理连接关系，则在复合灾害作用下线路故障率的整合时可将各种灾害类型、故障线路段之间视为相互独立事件。故 m 种灾害共同作用下，线路 l 的故障概率 P_l 为

$$P_l = 1 - \prod_{i=1}^{m}(1 - P_{l,i}) \tag{4-24}$$

式中　$P_{l,i}$——自然灾害 i 下的线路故障率。

4.4.7.2　多气象因素影响的配电网故障风险灰色模糊综合评判模型

1. 建立综合评判模型的基本思路

在统计分析各个气象因素在不同气象等级下的故障率时，由于各个气象因素的信息充分度各不相同，使其具有很大程度的灰色性，如雷电数据可以直接测量获得，而覆冰只能通过其他气象信息推断获得。同样，依据天气预报得到的下一时段气象条件，由于气象条件的复杂多变性和多样性，使下一时段综合气象具有一定的模糊性。因此，采用灰色模糊综合评判可使评判结果更加客观可信。其基本思路如下步骤：①建立与配电网故障率有关的气象评判因素集；②根据下一时段的气象条件，获取各个气象因素的故障率；③通过经典的隶属度函数来表征因素集与评判集之间的模糊关系，通过建立灰色模糊评判矩阵 $\tilde{R}_{\otimes}$ 来衡量各因素所能收集的信息量的不同；④利用改进的层次分析法确定权重集 $\tilde{W}_{\otimes}$；⑤利用灰色模糊理论进行配电网风险等级综合评判；⑥处理评判结果。

2. 配电网风险等级评判因素的确定

导致配电网发生故障的气象因素很多，但根据电力部门多年的数据收集表明，引起配电网故障的气象因素一般是雷电 m_1、覆冰 m_2、降雨 m_3、风 m_4、气温 m_5、台风 m_6、冰雹 m_7、雪 m_8。因此，以这 8 种因素作为配电网风险等级评判因素集，用故障率作为每种气象因素在某种气象等级下的评判取值。故障率可用下面的公式来求出：

$$\lambda_{ixi} = \frac{N_{xi}}{N_{ixi}} \quad i = 1, 2, \ldots n \tag{4-25}$$

式中　λ_{ixi}——第 i 种气象因素在气象等级 x_i 下配电网的故障率，是气象参数等级 x_i 的函数；

N_{xi}——第 i 种气象因素在气象等级 x_i 下配电网发生故障的次数；

N_{ixi}——第 i 种气象因素下出现气象等级 x_i 的总次数。

依据某地区供电局提供的故障数据与气象部门的气候资料，结合式（4-25），得到各个气象因素在不同气象等级下的故障率，如表 4-30 所示。

表 4-30　　　　　各个气象因素在不同气象等级下的故障率

雷电	$x_1=$ $\lambda_1 x_1=$	1 级 0.0038	2 级 0.05	黄色 0.52	橙色 0.70	红色 0.84
覆冰	$x_2=$ $\lambda_2 x_2=$	1 级 0.0032	2 级 0.04	黄色 0.35	橙色 0.44	红色 0.62
降雨	$x_3=$ $\lambda_3 x_3=$ $x_3=$ $\lambda_3 x_3=$	小雨 0.001 橙色 0.21	中雨 0.0038 红色 0.42	大雨 0.03	暴雨 0.05	黄色 0.08
风	$x_4=$ $\lambda_4 x_4=$ $x_4=$ $\lambda_4 x_4=$	1 级 0.0014 6 级 0.08	2 级 0.0031 蓝色 0.12	3 级 0.0043 黄色 0.24	4 级 0.008 橙色 0.44	5 级 0.06 红色 0.64
气温	$x_5=$ $\lambda_5 x_5=$	低温 0.0013	高温 0.0045	黄色 0.0061	橙色 0.0082	红色 0.02
台风	$x_6=$ $\lambda_6 x_6=$ $x_6=$ $\lambda_6 x_6=$	1 级 0.002 6 级 0.09	2 级 0.0035 蓝色 0.13	3 级 0.005 黄色 0.35	4 级 0.01 橙色 0.53	5 级 0.07 红色 0.68
冰雹	$x_7=$ $\lambda_7 x_7=$	1 级 0.0028	2 级 0.0033	3 级 0.035	橙色 0.12	红色 0.34
雪	$x_8=$ $\lambda_8 x_8=$	1 级 0.003	2 级 0.008	3 级 0.045	橙色 0.35	红色 0.65

3. 表示评判结果等级的评判集的建立

评判集的等级划分视实际情况而定，等级太少会影响评判精度，太多则将

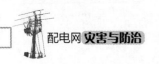

增加运算的复杂度。将输电线路的风险等级划分为 4 个等级，即 $V = \{V_1, V_2, V_3, V_4\}$ 集合中各元素依次对应高风险、较高风险、一般风险和低风险。

4. 灰色模糊评判矩阵的建立

（1）模糊部分的确定

在模糊理论中，隶属度函数是用来表征因素集与评判集之间的模糊关系，其中，对于定量描述因素采用连续性赋值，对于定性描述因素则采用离散化赋值。使用三角隶属函数来计算评判因素集中 8 个气象因素的隶属度，三角隶属度函数，表现形式简单，适宜工程计算，并且经验证发现，与其他的复杂形式隶属度函数得出的结果差别较小。如图 4-36 所示，纵坐标 $\mu(x)$ 为 x 相对应的隶属度，横坐标 x 表示评判因素集中各气象因素故障率的实际取值。图 4-36 中，$x_1 < x_2 < x_3 < x_4$，$x_3 \sim +\infty$，$x_4 \sim x_2$，$x_3 \sim x_1$，$x_2 \sim 0$ 分别对应评判集中的 $V_1 \sim V_4$ 4 个等级，而 x_4、x_3、x_2、x_1 分别表示 $V_1 \sim V_4$ 4 个等级的阈值，取值根据统计数据和电力部门的具体情况而定，由配电网运行情

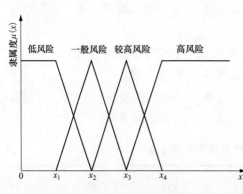

图 4-36　三角隶属度函数

况和可靠性数据库得到。根据图 4-36，各风险等级的相对于 4 个评判等级的隶属度为

$$\mu_1(x) = \begin{cases} 1 & x \geqslant x_4 \\ (x - x_3)/(x_3 - x_4), & x_3 \leqslant x < x_4 \\ 0 & x < x_3 \end{cases} \tag{4-26}$$

$$\mu_2(x) = \begin{cases} (x_4 - x)/(x_4 - x_3), & x_3 \leqslant x < x_4 \\ 0 & x \geqslant x_4, x \leqslant x_2 \\ (x - x_2)/(x_3 - x_2), & x_2 < x < x_3 \end{cases} \tag{4-27}$$

$$\mu_3(x) = \begin{cases} (x_3 - x)/(x_3 - x_2), & x_2 \leqslant x < x_3 \\ 0 & x \geqslant x_3, x \leqslant x_1 \\ (x - x_1)/(x_2 - x_1), & x_1 < x < x_2 \end{cases} \tag{4-28}$$

$$\mu_4(x) = \begin{cases} 0 & x \geqslant x_2 \\ (x_2 - x)/(x_2 - x_1), & x_1 \leqslant x < x_2 \\ 1 & x < x_1 \end{cases} \tag{4-29}$$

因此，根据图 4-55 及式（4-26）～式（4-29），结合下一时段各气象因素故障率

的实际取值，可确定灰色模糊评判矩阵 $\tilde{R}$ 中的模糊部分，而灰色部分由下节确定。

（2）灰色部分的确定

在确定模糊部分时，各评判因素所能收集到的信息量不同，会造成所确定的模糊关系也存在不可信度。考虑到这种不可信度对风险等级判断的影响，在模糊关系矩阵中引入灰色部分，并使用一些描述性的语言来对应一定的灰度范围，将信息分成很充分、比较充分、一般、比较贫乏、很贫乏 5 类，分别对应灰度值 $0\sim0.2$，$0.2\sim0.4$，$0.4\sim0.6$，$0.6\sim0.8$，$0.8\sim1.0$。

5. 权重集的确定

由于各因素对配电网故障的影响程度不尽相同，将各因素用权重的方式来定量反映在整体风险等级评判中所占的比重。采用改进的层次分析法来处理各气象因素权重的确定方法，即把要解决的问题分为 2 层，目标层为配电网风险等级，下一层为可能导致配电网故障的 8 个气象因素，权重集的确定简化为确定 8 个气象因素的权重。

表 4-31　　　　　　　　　　　　　1～9 标度表

重要尺度	含义	重要尺度	含义
1	同等重要	7	非常重要
3	稍重要	9	极端重要
5	相当重要	2，4，6，8	上述等级之间的情况

根据专家经验对 $m_1\sim m_8$ 相对于风险等级的相对重要性两两比较，按表 4-31 所示 1～9 标度表示。将两两比较的结果写成判断矩阵 A。其中元素 a_{ij}（i，j=1，2，…，n）表示评判因素 m_i 与 m_j 相比较的结果，且 a_{ii}=1。当 i≠j 时，a_{ij}=1/a_{ji}，即标度具有互反性。

例如气象条件为低温，雷电黄色预警，大雨，5 级大风，依据表 4-31 构造的判断矩阵为

$$A=\begin{bmatrix} 1 & 7 & 3 & 3 & 8 & 6 & 5 & 7 \\ 1/7 & 1 & 1/5 & 1/6 & 2 & 1/3 & 1/2 & 2 \\ 1/3 & 5 & 1 & 1/2 & 5 & 3 & 4 & 6 \\ 1/3 & 6 & 2 & 1 & 6 & 6 & 5 & 5 \\ 1/8 & 1/2 & 1/5 & 1/6 & 1 & 1/5 & 1/4 & 1 \\ 1/6 & 3 & 1/3 & 1/6 & 5 & 1 & 1/3 & 4 \\ 1/5 & 2 & 1/4 & 1/5 & 4 & 3 & 1 & 4 \\ 1/7 & 1/2 & 1/6 & 1/5 & 1 & 1/4 & 1/4 & 1 \end{bmatrix} \qquad (4\text{-}30)$$

确定判断矩阵后，推导得到拟优矩阵 A^*，利用方根法求得 A^* 的特征向量。取点灰度为 0.3，可得权重集

$$\tilde{W} = \begin{bmatrix} (0.3445, 0.3), (0.0384, 0.3), (0.1732, 0.3), (0.2456, 0.3) \\ (0.0242, 0.3), (0.0668, 0.3), (0.0823, 0.3), (0.0250, 0.3) \end{bmatrix} \quad (4\text{-}31)$$

式中　8 个元素分别对应气象因素 $m_1 \sim m_8$。以第 1 个元素为例，对应于"雷电"的权重为 0.3445，其相对应的点灰度为 0.3。

6. 灰色模糊综合评判

配电网的风险等级评判是对综合气象因素引起的风险变化趋势的分析，在模糊部分运算中采用（·，+）算子，而灰色部分运算中采用（⊙，+）算子，合成的综合评判结果为

$$\tilde{B}_{\otimes} = \tilde{W}_{\otimes} \cdot \tilde{R}_{\otimes} \left[\left(\sum_{i=1}^{n} w_i \cdot \mu_{it} \prod_{i=1}^{n} (1 \wedge (v_i + v_{it})) \right) \right] 1 \times 4 \quad (4\text{-}32)$$

式中　$\tilde{W}_{\otimes}$ ——权重集；

　　　$\tilde{R}_{\otimes}$ ——表示与之对应的灰色模糊评判矩阵；

w_i、v_i ——各指标的隶属度及对应点灰度，$t = 1$，2，3，4。

7. 评判结果的处理

对评判结果的处理一般采用 2 种方法：①采用区间数的形式，转化为排序可能性矩阵，最后确定出可能性最大的评判因素，但是此方式计算较复杂；②直接利用隶属度最大原则和点灰度最小原则进行判断，但此方法在隶属度最大目点灰度也较大时很难下结论。针对这些不足，采用内积法和最大隶属度相结合的方法进行处理。

假设 b_i 是 $\tilde{B}_{\otimes}$ 的第 i 个向量，若令 $d_i = 1 - v_i$，其中 v_i 表示灰度，则 d_i 表示 b_i 的可信度。若令 $b_i = (\mu_i, d_i)$，综合评判 $\tilde{B}_{\otimes}$ 是由 b_i 的大小来确定，并可以简化为求解范数来比较大小，有

$$\|b_i\| = \sqrt{[b_i, b_i]} \quad (4\text{-}33)$$

式中　$[b_i, b_i]$ ——向量 b_i 的内积。至此，可据 $\|b_i\|$ 和最大隶属度原则得出综合评判结论。

第5章 配电网灾害预防与治理

自然灾害严重影响了配电网的安全稳定运行，所以需要针对不同灾害类型，采取切实可行的预防和治理措施，从而降低配电网故障的发生几率，提高配电网的运行可靠性。

本章针对风害、水害、冰害、雷害、地质灾害分别提出了防治管理要求、防治技术措施，并结合具体实践介绍了各类灾害的防治典型案例。

5.1 配电网风害防治

5.1.1 配电网风害防治管理要求

5.1.1.1 规划设计阶段

（1）结合配电线路线段所处的地形地貌和典型灾损，依照"避开灾害、防御灾害、限制灾损"的次序，采取防灾差异化规划设计措施，加强防灾设计方案的技术经济比较，提高配电网防灾的安全可靠性和经济适用性。

（2）严格执行设计标准，严格按照国标、企标与行标中设计标准选择杆塔、导线和金具等设备。

（3）积累风速监测数据，根据风速数据和运行经验，动态更新《电网风区分布图》为线路防风设计提供基础数据支撑。

（4）实测风速超过设计标准的区域，如台区多发地区超过 30m/s。排查线路设计风速不满足规范要求的区段，对不满足要求的进行差异化设计。

（5）新建线路设计时，设计单位应加强风速等数据的收集，尤其附近区域曾因强风发生过倒断杆灾损时。

（6）工程可研、初设评审及技术审查工作应重点审核河岸、湖岸、山峰、开阔地以及山谷口等易产生强风的地带以及土质松软、水田、滩涂等软塑基础新建的架空线路。

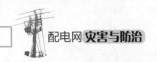
（7）设计架空线路的路径时，应尽量避开通过如林区、竹区、覆地膜式农田、彩板房等异物较多的区域。当无法避开时，应与政府相关部门协调联动，力争获得廊道清理的相关支持性文件，在无法进行廊道清理时应采取提高杆塔高度等措施。

（8）受风灾影响严重区域的配电网规划可考虑开展防风灾专题分析、规划，结合本地配电网设备特点针对性提出配网线路防风灾具体要求，并编制配套建设与改造方案。

5.1.1.2　施工建设阶段

（1）严格把关电杆、塔材等入网设备和材料的质量。

（2）严格把关工程验收，严格执行线路验收标准。

（3）加强架空线路施工前现场检查。

5.1.1.3　运行维护阶段

（1）强风等恶劣天气来临前，开展线路保护区及附近易被风卷起的广告幅、树木断枝、广告牌宣传纸、塑料大棚、彩钢瓦等易漂浮物隐患排查，督促户主或业主进行加固或拆除。

（2）对易遭受强风袭击线路，应结合季节特点及设备运行状况开展差异化巡视，灾前灾后增加巡视次数或重点特巡。

（3）应组织线路遭受强风袭击后的特殊巡视，开展隐患排查，重点排查可能导致人身伤亡、设备损坏的隐患。

（4）应开展电力设施保护宣传工作，做好线路保护及群众护线工作，健全防异物短路隐患排查工作机制。

（5）根据异物短路季节性、区域性特点，应适当适时缩短线路巡视周期，对线路通道、周边环境、沿线交跨、施工作业等情况进行检查，及时发现和掌握线路通道环境的动态变化情况。

5.1.1.4　抢修抢建阶段

（1）易遭受强风的地区运维单位每年至少组织一次防风专项演练或拉练，并组织评估。

（2）抢修应结合灾后隐患排查结果优先处理可能导致人身伤亡与设备损坏的事故，抢修时应严格遵守"风停、水退、人进、电通"的指导意见。

● 5.1.2　配电网风害防治技术措施

5.1.2.1　规划设计阶段

1. 路径选择

架空线路路径方案选择应认真进行调查研究，综合考虑运行、施工、交通条件和路径长度等因素，在保证安全的前提下，通过技术经济比较确定。路径选择应考虑：

（1）避开调查确定的历年强风破坏严重地段。

（2）谨慎选择山谷口、山丘等易产生强风的特殊地形，避开洼地、陡坡、悬崖峭壁、滑坡、崩塌区、冲刷地带、泥石流等影响线路安全运行的不良地质地区。

（3）避开相对高耸、突出地貌或山区风道、垭口、抬升气流的迎风坡等微地形区域。

（4）当无法避开以上（1）～（3）的地段时，应采取必要的加强措施。

（5）宜选择山坡的背风面，充分利用地形障碍物和防护林等的避风效应。

（6）电杆设置于容易打拉线的位置。

2. 基本风速

架空电力线路的基本风速应在区域大风调查的基础上，通过计算当地气象站统计风速及风压反算，参考附近已建工程的设计及运行情况，并在着重考虑沿线微地形、微气象区影响的基础上，综合分析确定。

（1）在区域大风调查的基础上，由气象台站最大风速系列，经代表性、可靠性和一致性审查、高度订定和次时换算，采用极值Ⅰ型或P-Ⅲ型等概率分布模型进行频率计算。

（2）当工程地点与参考气象站海拔高度和地形条件不一致时，必须根据地形条件进行订正。搜集调查微地形、微气象区影响，山顶、山麓风速变化特征及计算方法，在分析论证的基础上，按工程实际情况，移用附近气象站基本风速。

（3）沿海海面和海岛的基本风速，应采用实测资料分析计算，缺乏实测资料时可按陆地上的基本风速作适当修正。

（4）基本风速的确定，还应依据《电网风区分布图》和《建筑结构荷载规范》及气象部门颁布的区域性风压分布图。

3. 风速高度订正及时距换算

（1）风速沿高度的变化可采用指数律进行计算，地面粗糙度类别按实际调查情况确定。

（2）各种不同时距的风速换算，应尽量采用气象站观测实测资料统计分析。

4. 线路设计

（1）对风口、高差大的地段，应缩短耐张段长度，在最大设计风速大于35m/s区域，10kV架空电力线路连续直线杆应不超过10基。单回路每500m、双回路每400m宜设置1基自立式耐张铁塔，并在耐张段中部至少设置1基抗风能力较强的直线杆塔。

（2）配电线路连续直线杆超过10基时，宜装设防风拉线。在易产生强风的地形下，应适当加装防风拉线。

（3）遇有土质松软、水田、滩涂、地下水位高等特殊地形时，应采取加装底盘、卡盘、混凝土基础等加固措施。

（4）在异物短路频发的区域，对柱上断路器、避雷器等设备的裸露部分及线路的连接处，采取安装绝缘护套、绝缘包扎等措施，避免投运后异物短路跳闸事故发生。

（5）在受强风作用下易造成线路异物短路跳闸的区域，宜首先考虑采用绝缘导线。

（6）受强风影响，同时又处于盐雾腐蚀不利于架设窄基塔的区域，可少量使用电缆。

（7）跨越高铁、电气化铁路及高速公路应采用电缆下地；跨越通航河流、公路、铁路及其他重要跨越物时宜采用电缆敷设，当采用架空线路跨越时应采用独立耐张段，且绝缘子采用双固定方式。

（8）为重要用户供电的线路宜采用电缆线路，为同一重要用户供电的双回电力线路，其中一回应采用电缆线路。

（9）位于崖口、峡谷等微地形、微气象地区架空电力线路的悬垂串应适当提高金具和绝缘子机械强度的安全系数。

（10）10kV台架变压器的电杆应采取防风措施，电杆宜选用加强型电杆。

（11）位于水田、泥塘和堤坝等地质条件较差地区的混凝土电杆，可通过增加基础埋深、加设卡盘和地基处理等措施，提高基础的抗倾覆能力。

5.1.2.2　施工建设阶段

1. 强度校验

线路竣工验收时，应重点开展大跨越和大高差线段杆塔、导线的强度校核。

2. 重点检查

线路竣工验收时，应重点检查以下内容：

（1）杆塔选型和防风拉线是否与设计图一致。

（2）杆塔埋深是否符合要求、基础是否夯实。

（3）钢筋混凝土电杆壁厚是否均匀，有无裂痕、露筋、漏浆。

（4）导线对通道内树竹及其他交叉跨越物等安全距离是否符合设计及规程要求。

（5）线路改造可参考以下措施：

1）针对受强风影响的配电线路的耐张水泥杆、转角水泥杆可改造为窄基塔。

2）适当增设防风拉线，现场不具备增设拉线的电杆，可更换为窄基塔。

3）在保证对地安全距离的基础上可适当降低杆塔高度，增加埋深。

5.1.2.3　运行维护阶段

强风来临前应积极应用红外测温等手段，对架空线路开展线路隐患巡视排查，重点巡视以下内容：

（1）杆塔是否倾斜、位移、铁塔塔材有无缺少或变形。

（2）杆塔基础有无损坏、下沉、上拔，杆塔埋深是否符合要求。

（3）拉线有无损伤或松弛、拉线基础是否牢固。

（4）对线路通道开展隐患排查，重点巡查线路保护区及附近易被风卷起的广告幅、树木断枝、广告牌宣传纸、塑料大棚、彩钢瓦等，发现隐患后督促户主或业主进行加固或拆除。

（5）对易受强风影响的 E 类污区开展导线腐蚀检查。导线出现多处严重锈蚀、断股、表面严重氧化时应考虑换线。

▶ 5.1.3　配电网风害防治典型案例

5.1.3.1　配电网风害倒杆断线案例

1. 案例概述

2016 年 9 月 15 日凌晨 3 时前后，强台风"莫兰蒂"在沿海某省登陆，登陆时中心最低气压 940 hPa，中心附近最大风力有 16 级（风速 52m/s），局部实测最大阵风达 17 级以上（风速 66.1m/s），超强台风对该省配电网造成严重影响，配网线路跳闸停电 4246 条，倒、断杆 5640 基，其中 10kV 倒、断杆 4499 基，0.4kV 倒、断杆 1141 基，10kV 线路电杆倒、断杆率达到 6.04%，台风灾损现场如图 5-1 所示。台风导致公用配电变压器停运 46949 台，专用配电变压器停运 50281 台。经历过该台风后，电力公司采取了多种防台措施，有效降低台风带来的损害的同时，努力提升抢修能力，缩短抢修复电时间，提高供电可靠性。

（a）断杆现场　　　　　　　　　　　　（b）倒杆现场

（c）异物挂线现场　　　　　　　　　　（d）断线现场

图 5-1　台风灾损现场

2. 存在问题

（1）线路路径选择不合理。10kV 某某线，位于 35m/s 大风速区，距离海岸线不足 3km，在本次台风中出现大面积倒杆和斜杆，在不足 2km 的线路内发生倒/斜杆 16 基杆，现场如图 5-2 所示，杆身裂纹 2 基。发生倒杆、斜杆的线段位于某某镇的某村与某村西南方一处开阔的鱼塘上，从图 5-3 可以看到，该镇位于海湾的边沿，且某村的左侧山与某村的右侧山形成一个上大下小喇叭口型的风口，风口靠近出海口，线路位于相对开阔地带且横跨风口。从图 5-3 和图 5-4 可以看到，线路走向与本次台风袭击方向几乎成 90°夹角。线路选择在鱼塘中立杆且横穿风口是本次发生大面积倒杆和斜杆的主要原因。

（a）倒杆现场 　　　　　　　　　　　（b）斜杆现场

图 5-2　沿海 10kV 线路路径选择不合理导致倒杆和斜杆

（a）灾损区域卫星图　　　　　　　　　（b）灾损区域及线路走向图

图 5-3　灾损线路区域示意图

　　（2）未采取有效加固措施。10kV 某某线，位于 35m/s 大风速区，距离海岸线约 3km，线路穿过鱼塘滩涂软基地带，并且部分线路段经过风口地带。线路使用 JKLYJ-240 绝缘导线，采用 15m 电杆按单回路架设，线路最长耐张段长度约 2km，大大超出耐张段控制要求，且该耐张段内均未设置防风拉线。同时杆塔基础未经过抗倾覆能力设计和校验，未按要求加装底盘或卡盘，未进行拉线补强或加大埋深等有效加固措施，在本次台风中发生大面积倒断杆，如图 5-5 所示。

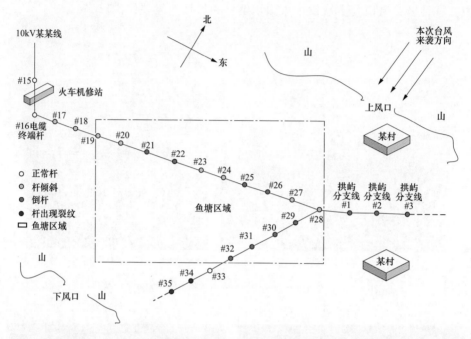

图 5-4 灾损线路走向示意图

（a）断杆现场　　　　　　　　　　　（b）倒杆现场

图 5-5 沿海 10kV 线路未采取有效防风加固措施导致倒断杆

（3）施工工艺不到位。10kV 某某线，直线杆型号为 $\phi 190 \times 12m$ 电杆，灾后对断杆进行实测，如图 5-6（a）所示，直线杆埋深仅为 1.4m 左右，不满足规范要求的 1.9m。埋深不足大大降低电杆组立后的稳定性，在电杆受到外力或台风的袭击时，容易造成倒断杆。同时在灾后调查中发现部分电杆基础回填土不够密实，基础中散落大量石块，如图 5-6（b）所示。

（a）电杆埋深不足　　　　　　　　　　　（b）电杆基础

图 5-6　10kV 线路施工工艺不规范

（4）巡视不到位消缺不及时。在本次台风中发现线路存在带缺陷运行的情况，如电杆防风拉线被拆除和锈蚀的现象，如图 5-7（a）和（b）所示。电杆和拉线位于农田耕作地，初步判断是人为拆除拉线，同时沿海地区空气以及土壤盐密值较高，拉线容易发生锈蚀，设备运维单位未能对缺失或损坏的拉线进行及时修复，造成部分已装设防风拉线的直线电杆在台风期间也发生了倒、断杆。在日常巡视中同时也发现在运线路导线断股、绝缘子破损、线路走廊两侧树竹距离导线过近等缺陷，以及电杆基础松动和电杆出现横线裂纹缺陷，如图 5-7（c）和（d）所示。

（5）电杆质量不符合要求。在本次台风中，暴露出了一些老旧电杆存在的质量问题，如图 5-8 所示，主要为漏浆、蜂窝、漏筋、混凝土塌落、表面裂纹、

（a）拉线被拆除　　　　　　　　　　　（b）拉线锈蚀

图 5-7　带缺陷运行的拉线和电杆（一）

（c）基础松动

（d）电杆裂纹

图 5-7 带缺陷运行的拉线和电杆（二）

（a）合缝漏浆

（b）保护层厚度不达标

（c）漏筋、蜂窝

（d）混凝土分布不均匀

图 5-8 电杆质量问题

钢板圈质量、粉化老化和保护层厚度不达标等，其中漏浆、漏筋占了较大的比例。

3. 治理措施

台风后，某某电力公司深刻吸取经验教训，全面加强了配电网防台风的差

异化改造工作，开展 10kV 架空线路防风能力校核工作，梳理现有 10kV 线路防风能力现状，并根据公司防风差异化设计手册要求，采取"点面结合"的方法，对重要 10kV 线路原则上采取整体改造，对于非重要 10kV 线路采取装设防风拉线、加固电杆基础等措施进行综合加固。部分无法打拉线的地方可采取另一方向的斜撑电杆方式，取得了不错成效。具体措施如下：

（1）增设防风拉线，如图 5-9 所示。公司重点通过"每两基直线杆加设一组防风拉线"，先后增补了上百组拉线，并加固了线路杆塔基础。

（2）线路缆化和电杆改造，如图 5-10 所示。针对某些处于微地形区域、历次台风中经常出现倒、断杆的线段进行缆化改造，针对大跨越、大档距和大高差的电杆改造为窄基铁塔，共完成 8.6km 线路的缆化和 65 基电杆的改造。

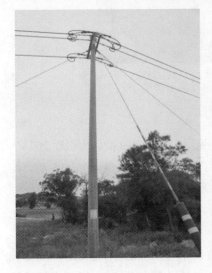

图 5-9 　加设防风拉　　　　　　　图 5-10 　更换窄基铁塔

（3）加强水泥杆入网质量检测。修建了混凝土电杆力学性能试验台，每月集中对到货水泥杆进行混凝土力学性能抽查试验，确保配电网水泥电杆的质量。

（4）试用新技术和新装备。开展弃线保杆技术的研究与应用，开展新型导线、复合材料电杆、收缩型拉线与非金属拉线等新装备的应用，复合材料电杆如图 5-11 所示。

（5）加强灾前巡视消缺和应急资源准备。在 2017 年某台风登陆前三天，该公司共出动 452 人次，对全区 83 条配电网线路开展特巡特护，巡视线路走廊150km，处理树线矛盾、树竹矛盾 30 处，改造线路防风拉线 26 处。成立"应急抢修指挥中心"，组建 11 支应急抢修队伍，共计 210 人，制定了防汛物资调度预案，在台风前完成了防汛物资的储备，确保紧急情况下抢修车辆、工器具和防汛物资供应充足。

图 5-11　风口处复合材料电杆应用情况

4. 治理效果

2017 年某台风登陆该区域时配电网线路跳闸率仅为 19.4%，同比 2014～2016 年期间相同等级台风登陆该区域时降低了 69.32%。倒、断杆仅 15 基，同比 2014～2016 年期间降低了 89.3%，成效显著。

5.1.3.2　配电网风害临时性跳闸案例

1. 案例概述

2017 年 9 月 11 日 17 时，10kV 某某线#114 杆 XB0003 开关跳闸，局部风力将近 10 级。随后，调控中心通知某供电所对 10kV 某某线#114 杆后进行故障巡线，18 时 05 分，发现 10kV 某某线坑口支线#068-#069 杆段有毛竹靠到导线上，某供电所运维人员现场对走廊毛竹进行清理，并检查导线无损伤，具备送电条件，18 时 05 分向调度申请送电，18 时 18 分线路恢复供电。该线路全长 43.35km，其中裸导线 35.63km，主干线全长 12.214km，线路既有穿越村庄，也有穿越林区，每年夏秋时节的大风天气，该线路频繁跳闸。

2. 存在问题

（1）线路路径选择不合理

该线路所处区域位于山谷位置，走向如图 5-12 所示，两侧地形较为开阔，一侧为入海口，属于局部微地形。每年受低层切变南压的影响时，气流由开阔地带流入山谷时，由于空气质量不能大量堆积，于是加速流过峡谷，风速增大，形成局部大风天气。

图 5-12　该线路走廊路径

（2）飘浮异物影响配电网安全运行

该线路#12 至#19 杆穿越了村庄外围的垃圾处理厂，周围存在较多的彩钢瓦、塑料大棚等临时性建筑物，设备主人未按要求进行加固。在大风作用下，由彩钢瓦、广告布、气球、飘带、锡箔纸、塑料薄膜、风筝及其他轻型包装材料缠绕至配电线路上，如图 5-13 所示，短接空气间隙后造成跳闸。

图 5-13　异物短路影响

（3）树线矛盾造成临时性跳闸

该线路#81 至#149 杆穿越竹林，如图 5-14 所示，竹木具有生长迅速快、在

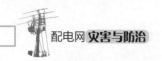

风力作用下易摆动的特点，对该线路的安全运行埋下隐患。同时也暴露了某供电所运行维护工作开展不到位，未按要求开展线路巡视工作，没有及时发现毛竹对线路距离不足的缺陷，树障清理不及时。强风造成树线矛盾跳闸，是该线路频繁停电的最主要原因。

（a）远景

（b）近景

图 5-14　树线矛盾影响

3. 治理措施

（1）加强线路走廊巡视。该公司在大风天气来临前加强线路防异物短路巡视工作，并针对不同异物类型分别采取以下措施：

1）针对防锡箔纸、塑料薄膜等易发生漂浮物短路的区段，夏、秋两季为巡视重点时段，通道巡视每周不少于 2 次，外聘巡线员每日巡视不少于 1 次，及时发现并制止通道的危险行为，对于直接威胁安全运行的危险物品要立即清理。

2）针对防风筝挂线方面，一般 3~5 月、9~10 月为巡视重点时段，重点区段通道巡视每周不少于 2 次，外聘巡线员每日巡视不少于 2 次，及时发现制止通道周边放风筝行为。

3）针对通道附近的彩钢瓦等临时性建筑物、垃圾场、废品回收场所的隐患巡事，重点区段通道巡视每周不少于 1 次，外聘巡线员每周巡视不少于 3 次。每月向隐患责任单位或个人发安全隐患通知书，要求进行拆除或加固，对未按要求进行处理的单位和个人，应及时报送安监部门协调处理。

（2）加强树竹清砍。

1）以馈线为单位，对架空线路开展运行环境排查，排查内容应包括：杆塔附近树种情况、与导线目前大致距离、周边环境等；每基杆塔要建立台账，对存在的树线隐患点进行拍照、记录，建立清单，将需要砍伐清单及时反馈给砍伐责任主体单位。

2）该公司根据配电网运维管理办法，对 10kV 架空线路清理宽度，裸导线按照边线加 5m，绝缘导线按照边线加 3m 要求进行清理，线路周边竹子较多的区域，应适当扩大清理宽度，为线路在大风天气时的正常稳定运行奠定了坚实基础，如图 5-15 和图 5-16 所示。

（a）远景 　　　　　　　　　　　　　（b）近景

图 5-15　通道清理前的典型状况

（a）远景 　　　　　　　　　　　　　（b）近景

图 5-16　通道清理后

（3）进行局部绝缘化处理

1）针对绝缘线路线夹、避雷器接头、导线等裸露点可采用"自固化硅橡胶绝缘防水包材"，进行包缠（裹）加强绝缘及防水、防腐性能，避免异物短路，包材过程如图 5-17 所示。

（a）线路裸露点　　　　　　（b）现场绝缘材料包扎　　　　　（c）现场安装效果

图 5-17　自固化硅橡胶绝缘防水包材

2）采用新技术，应用机器人进行线路绝缘塑封，减少人力、省时、提升绝缘工艺水平，机器人进行线路绝缘塑封过程如图 5-18 所示。

（a）线路绝缘塑封机器人　　　（b）现场机器人现场塑封　　　　（c）塑封过程

图 5-18　机器人进行线路绝缘塑封

4. 治理效果

经过整治，2017 年该线路因强风导致的线路跳闸次数同比 2014～2016 年三年平均值降低了 65%，成效显著。

5.2 配电网水害防治

5.2.1 配电网水害防治管理要求

5.2.1.1 规划设计阶段

（1）依照"避开灾害、防御灾害、限制灾损"的次序，采取防灾差异化规划设计措施。

（2）配电线路设计应包括在实际地形图上绘制的线路路径图。设计人员应加强易发生水灾害位置的辨识能力，并尽可能在设计图纸中标明低洼位置和易遭受泥石流影响的线段。

（3）设计线路的路径时，应尽量避开低洼地带和易遭受泥石流影响的区域。如无法避开时，可采取提高加大杆塔埋深、抬高开关柜、环网柜基础等预防措施。

（4）处于灾害区域各单位应开展洪涝区域配电装置站、所洪涝设防水位的规划，加强与相关部门联系，以取得准确的数据，核定站、所址的设防水位，作为新建、改造的站、所址标高。

（5）重要线路和向重要负荷供电的配电装置，其站、所址应按 50 年重现期的洪水位设防，一般站所应按 30 年重现期洪水位设防，在无法收集到水文资料时，或者造价相近和环境条件可能，宜按最高洪水位设防。

（6）在面积狭窄的山区乡村，应采用小容量单杆式配电变压器台区或紧凑型配电变压器，便于深入村庄选到安全的台址，并互备防灾。

（7）省市机关、防灾救灾、电力调度、交通指挥、电信枢纽、广播、电视、气象、金融、计算机信息、医疗等生命线用户和重要电力用户其配电站房应设置在地面一层及一层以上，且必须高于防涝用地高程。

5.2.1.2 施工建设阶段

（1）严格把关电杆、塔材、开关柜、环网柜等入网设备和材料的质量。

（2）严格把关工程验收，严格执行线路验收标准。

（3）加强架空线路和低洼地带配电设备施工前现场检查。

5.2.1.3 运行维护阶段

（1）设备运维单位应培训提高相关设计人员地质和洪涝水位调查能力，加强线路路径选择和杆塔定位的控制，提高选线和定位质量。

（2）加强杆塔抗倾覆能力设计和校验，在河漫滩、卵石地区、软弱土质地带、易受冲刷的河岸等灾害地点，电杆埋深应足够，并根据地形采取加设底盘、

卡盘基础，增加围墩、护墩等措施提高稳定性。

（3）对易遭受水灾的线路和线路段，应结合天气情况、季节特点及设备运行状况开展差异化巡视，灾前灾后增加巡视次数或重点特巡。

（4）可视情况装设在线监测装置，对可能影响电力设备安全运行或变化较大的监视结果应及时分析、上报，并采取措施。

5.2.1.4　抢修抢建阶段

（1）应结合本单位实际制定洪涝、泥石流等灾害事故预案，在材料、人员上予以落实；并应按照分级储备、集中使用的原则，储备一定数量的配电设备、杆塔及预制式基础。

（2）抢修应结合灾后隐患排查结果优先处理可能导致人身伤亡与设备损坏的事故，抢修时应严格遵守"风停、水退、人进、电通"的指导意见。

（3）对基础不稳固的杆塔抢修作业时，应确认工作杆塔对工作人员无安全威胁，必要时应采取增加专职监护人、增设临时拉线、释放导线应力等临时措施，确保工作人员安全。

5.2.2　配电网水害防治技术措施

5.2.2.1　规划设计阶段

1. 路径选择

线路路径方案选择应认真进行调查研究，综合考虑运行、施工、交通条件和路径长度等因素，在保证安全的前提下，通过技术经济比较确定。路径选择应考虑：

（1）避开陡坡、悬崖峭壁、滑坡和崩塌区、不稳定岩石堆、泥石流等不良地质地带。当线路与山脊交叉时，尽量从平缓处通过。

（2）避开山间干河沟（山区河流多为间歇性河流，流速大、冲刷力强），杆塔位置不宜设置在溪河谷和山洪冲沟地带，包括溪河谷、山洪冲沟及其岸边，河滩、河漫滩。

（3）线路路径位于溪河流域和山洪冲沟范围时，线路路径杆塔位置应设置在 30 年重现期的洪水位以上不受冲刷位置，在无法收集到水文资料时，宜按最高洪水位以上选择杆塔位置。无法满足要求时，应采取设防措施。

（4）杆塔位置不宜设置在土质深厚的陡坡（尤其是浅根系植被和汇水山垄的陡坡）的坡边、坡腰和坡脚，道路外侧不稳定土质陡坎；线路走廊应避开陡坡坡脚塌方倒树范围。

（5）杆塔位置不宜设置在不良土质区，避免受洪水冲击和涝区浸泡发生倾覆和串倒，包括软弱土质地带（如淤泥和淤泥质土）、饱和松散砂土、洼地。

2. 线路设计

对于架空线路处于以下易受水害各类灾害地形时，防灾差异化设计可参考相应的技术措施如下：

（1）杆塔位于深厚土质陡坡地带时。加强勘察、优选稳定位置；电杆有效埋深、杆塔基础应设置在稳定层下，如稳定土层、岩层；相应设计截水、排水、散水、植被恢复措施；在恶劣地形杆塔可以根据地质择优选用岩石锚桩或挖孔桩等类稳定基础。

（2）对于走廊位于陡坡坡脚，可能因塌方、倒树木撞击的线路。适当提高导线和拉线的机械抗拉力、合理控制档距和转角角度；选用抗冲击能力强的电杆；必要时重要线路的重要杆塔局部采用窄基角钢塔或者钢管杆；加强金具、导线、杆塔、基础的强度配合，采取保杆保线或者保杆弃线策略限制灾损。

（3）道路外侧易汇水坍塌边坡。加强勘察、避开汇水处、优选稳定位置；杆位附近应采取截水和植被恢复措施；必要时采用人工挖孔桩等稳定基础。

（4）河道、溪流、山洪冲沟的岸边等易冲刷坍塌的地带。优选杆塔定位；加强杆塔和拉线基础的防冲刷设计，电杆和拉线基础有效埋深应在水位冲刷线以下；必要时采用浆砌挡土墙等形式；加强杆塔和拉线的强度。

（5）河道、溪流、山洪冲沟以及可能变为河道的河漫滩和洼地。优选杆塔和拉线位置；杆塔和拉线设计应计入水流冲击和漂浮物撞击的影响，采用较高强度杆塔，加大拉线规格，必要时设置防撞墩；应加大电杆埋深、采用重力式基础、现浇砼基础等措施，提高杆塔和拉线基础的稳定性和抗冲刷能力。

（6）软弱土质地带（如淤泥和淤泥质土）、饱和松散砂土和粉土地带、易受涝的洼地。加强杆塔基础的稳定性计算和校验，采取增加拉线组数，加强杆塔基础和拉线基础，加深埋深、加装底盘或卡盘、采用现浇砼基础、加大拉盘尺寸、设置围桩或围台等措施提高杆塔稳定性。

（7）通信线路倒覆范围。协议搭挂的线路设计时应计入通信线路荷载；邻近架设时灾害区域应考虑通信线路的倒覆距离；对违章搭挂线路应及时给予清理。

（8）线路串倒地形——河谷、河道、冲沟等易发洪水、泥石流地带，河漫滩、洼地、水田、池塘等易涝、土质软弱地带。除对根据灾害地形设防以外，还应采取防串倒的差异化设计，包括控制耐张段的长度、增加耐张杆拉线组数、加强耐张杆塔和基础强度、设置加强型直线杆塔、加强分支杆的稳定性、加强土质软弱地带基础设计等措施。

（9）跨江河线路。10kV 跨江河线路设计时应搜集准确的水文资料，按规程设计跨越的垂直距离，并适当留有裕度，对跨江河杆塔和基础应加强设计和校验；配网规划应加强以江河供电分区、减少 10kV 跨江，需跨江河时应尽量沿桥架设电缆。

3. 站房设计

（1）开闭所和配电站。位于洪涝区域的配电站、开闭所应加强建筑的防水设计，减少洪涝水位以下的门窗、通气孔等可能进水面积，电缆孔洞封堵完好，必要时增加自动抽水装置。对洪涝灾害严重的现有开闭站、配电站，宜采取差异化设计进行防洪涝改。干式变压器等高度低的设备宜加装预制基础和减噪措施直接抬高；全封闭性开关柜可以在满足母线检修和散热条件下，宜合理利用柜顶和天花板距离抬高基础；使用年限已久的 GG1A、GGX，宜结合设备改造更换为中置柜、充气柜等高度低的开关柜，以抬高基础。新建和改造的站开闭站、配电站，应合理选用防水防潮配电设备。洪涝区域不宜选用干式变压器、间隔式开关柜（绝缘隔板受潮容易爬电），以免受淹或受潮绝缘恢复困难。

（2）环网站基础标高应在核定设防水位之上，现有标高不满足要求的站点、尤其是重要线路的环网站应抬高基础改造。洪涝区域宜选用共箱式、全绝缘、全封闭环网柜，在可能浸水的环网柜宜选用全绝缘防水电缆附件，站内带有的 TV 和 FTU 等器件和设备，应采用防水密封箱单独安装。洪涝区域环网站的壳体应采用如双金属夹板等隔热防水结构，不宜在壳体下侧设通风窗。

（3）洪涝区域宜选用美式箱变作为终端变电站，基础应高于设防水位，尽量提高低压室及器件安装高度，并加强低压室和高压电缆终端附件的防水性能。由于兼作为环网供电主环节点、扩充高低压开关间隔等需要而采用预装式组合变电站（欧式箱变）时，应提高箱体、环网柜、变压器和低压室等单元的防水和防潮性能，洪涝区域不宜采用干式变压器作为箱式变电站部件。

5.2.2.2 施工建设阶段

（1）架空线路竣工验收时，应重点检查易受水灾地带的杆塔埋深是否满足要求，杆塔基础和拉线施工质量是否达标。

（2）电缆线路竣工验收时，应重点检查电缆管沟封堵是否严密。

（3）开关柜、环网柜等配电设备工程竣工验收时，应重点检查电缆按照后封堵是否严密、基础是否与设计图纸一致、基础施工质量是否达标。

（4）积极采用固体绝缘环网柜、钻（冲）孔灌注桩基础等新技术新装备提高配电网防水灾能力，相关技术介绍、技术特点和技术应用详见"5.5.2.4 防地质灾害新技术介绍"。

5.2.2.3 运行维护阶段

（1）处于涝区和经常受涝的配电设备，必要时可以装设杆塔应力监测、站房水位监测、温湿度监测等装置，以提高预警和应急处置的速度和准确性。

（2）雨季前应积极应用红外测温、局部放电检测等手段，开展线路隐患和水位在线监测装置巡视排查。架空线路重点巡视内容参照"5.1.2 配电网风害防治技术措施"执行。电缆线路重点巡视以下内容：①电缆管沟内有无渗漏水和积水；②电缆沟盖板是否齐全、完整，电缆井盖有无破损和丢失；③电缆终端头、中间头温度是否正常。

5.2.3 配电网水害防治典型案例

5.2.3.1 配电网水害杆塔失效案例

1. 案例概述

2016 年 7 月 10 日，某地区遭受突发性特大暴雨袭击，最大过程降雨量294mm，造成路面积水约 2.5m。短时降水，造成境 6 条河流水位上升迅速，致使沿岸两岸的建筑物、电力设备、树木和农作物严重损坏，同时部分偏远山区区域爆发山洪，洪水冲刷电杆拉线扯到电杆、冲刷沿河道边的杆塔基础造成倒断杆情况。

2. 存在问题

（1）冲沟地带电杆防护较差

强降雨导致山洪暴发，洪水夹带树木、上游塌方的松散土体、岩石、在出山口位置开始堆积，流速快、冲击力大，冲毁无加固防护的配电线路，导致配电线路断杆，如图 5-19 所示。

该杆段为跨河杆段，受灾杆位于河堤边，有打拉线，在河水泛滥时，被洪水及夹杂的杂物冲刷，导致断杆

（a）第一处断杆 　　　　　　　　　　（b）第二处断杆

图 5-19 冲沟地带断杆情况

255

（2）河流冲刷导致电杆破坏

由于横向环流作用下，在河流凹岸表流下沉转为底流的部位，由于重力作力，水流流速递增，易将泥沙带走，受冲刷最严重，容易淘空土体，引起配电网架空线路杆塔的破坏，如图 5-20 所示。

（a）远景　　　　　　　　　　　　　　　　　　　　（b）近景

图 5-20　位于河岸冲刷地带的倒断

（3）干线电杆受杂物拉扯破坏

位于河道边的跨河转角耐张分接杆，由于洪水携带杂物拉扯拉线，致使该杆发生焊接部位断裂，其中一侧拉线已被冲刷损坏，该杆为转角、耐张和分支杆，位于河道边，且有跨河，杆的功能和受力复杂，属于干线关键节点电杆，长期存在河流冲刷风险，如图 5-21 所示。

3．治理措施

（1）重要地段差异化更改杆塔设计

在跨河、重要转角等地段，根据不同的需要对部分受灾线路采用窄基铁塔、钢管杆、大型铁塔等设计，保证配电线路远离洪水侵扰。对于一般档距的线路，对河谷地带的 10kV 某某线 12#杆、13#杆更换《配电网工程典型设计》推荐的窄基塔，档距控制为 120m 以内。对于档距较大的 10kV 某某线的 37#杆则按照《66kV 以下线路通用设计》更改为大型铁塔，如图 5-22 和图 5-23 所示。

拉线受冲刷，拦截杂物

（a）第一处断杆

跨河杆段

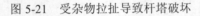

位于河道边的跨河转角耐张分接杆，由于洪水携带杂物
拉扯拉线，致使该杆发生焊接部位断裂，其中一侧拉线
已被冲刷损坏。

（b）第二处断杆

图 5-21　受杂物拉扯导致杆塔破坏

图 5-22　更换窄基铁塔

（2）临近河床电杆加强防护

为了提高基础防洪能力，对于河床沿线的钢管杆和水泥杆采取护墩加固措
施，防护墩对河流冲刷能起到消减能量的作用，从而保护电杆免受漂浮物拉扯、
免受大水冲击导致杆塔失效，如图 5-24 所示。

图 5-23　更换钢管杆

图 5-24　采用防护墩

（3）选用深埋式水泥杆

对于水田地、低洼地区采取高杆低用，增加埋设深度，提高水泥杆抗浸泡能力，利用钻孔灌注桩适应带法兰超高性能混凝土电杆，底部基础用混凝土加固，从而增大电杆在软土地上的承载能力，如图 5-25 所示。

（4）减少耐张段档距

为了提升线路强度，增加抗击大型洪涝灾害能力，对于 10kV 某某线采取减少耐张段档距或耐张段采用非预应力水泥杆，从而避免大面积倒杆。当耐张档距拉近后，耐张杆本身的机械强度加大，配合拉线的辅助作用，即便发生倒杆，倒杆的数量也会降到最低，如图 5-26 所示。

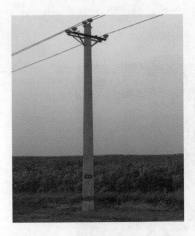

图 5-25　采用高性能混凝土电杆

图 5-26　减小耐张档距

4. 治理效果

为全面做好防洪防汛工作，某某公司根据《配电网线路防洪减灾差异化设计典型技术方案》，2015 年起 3 年内先后投资 6875 万元、配电网防汛工程 162 项，实行差异化设计，对不同地势、不同档距、不同路径，采取不同的防洪防护方式，实现对线路安全性、可靠性的提升，特别是在 2018 年 7 月 24 日～7 月 27 日，受某台风影响，该地区有较大降水，地域河流涨水明显，洪峰流量超过 1000m³/s，造成道路冲毁、房屋倒塌、农作物受灾严重，在此期间，某某公司提前部署、积极应对，全力以赴抗击特大暴风雨，全面做好防汛工作，在此期间未发生倒杆断线事件。

5.2.3.2　配网水害杆塔基础倾覆案例

1. 案例概述

某县位于某某山脉东北侧，地形呈西高东低喇叭口状，属于山地盆谷地形，当偏东气流遇到沿海山脉时，迅速抬升，容易造成水汽大量凝结，形成强降水。某年 7 月，受某台风影响，该县短时降雨达到 191mm，而汇水流域 3h 降雨量就达到了 212mm，形成约 7000 万 m³ 水量，短时间内快速汇集多个乡镇所在流域。该线两条河流暴涨，对沿岸地势低洼的村庄、镇区造成毁灭性冲击，同时造成主要位于河道（溪流）岸边、易受涝洼地（河道冲沟地区）等位置的配电网线路和设备发生灾损，形成大规模水害，某某线受灾区域示意图如图 5-27 所示。

2. 存在问题

（1）河流洪水位设计不够

该县 10kV 某某线跨河段杆塔弧垂较低，此次洪水来得快、猛，持续时间

长，水位比平时高出很多，造成导线对水面距离不足而停运，另外，流水冲力和漂浮物挂在导线上，拉扯电线致斜杆、倒杆，如图 5-28 所示。

图 5-27　××县受灾区域示意图

（a）漂浮物　　　　　　　　　　　（b）杆塔倾斜

图 5-28　河流水位上涨影响电网运行

（2）线路选址不当

10kV 某某线沿溪流河漫滩架设，在设计选址时未避开山洪冲沟及其岸边、河滩、河漫滩等易发生洪水冲刷地带，溪河水位在短时间内急剧增长，且水流湍急，产生巨大冲力冲刷杆塔基础，导致沿线杆塔被冲毁，如图 5-29 所示。

（3）软土地带杆塔倾覆

对于低洼地带，土质一般较软弱，这些地带往往是洪涝多发区，在洪水浸泡下，土质结构被破坏，土体软化，由于软土强度低，压缩性高，具有触变性和流变性，杆塔稳定性受到影响，其中耐张杆在水的浸泡软化作用下，发生倾覆，引起耐张段的其他水泥杆发生串倒，如图 5-30 所示。

（a）断杆

（b）基础掏空

图 5-29　线路沿河岸选址不当造成电杆和基础受损

（a）未加装拉线

（b）基础软化

图 5-30　软土地带杆塔倾覆

3. 治理措施

（1）明确水害防治基本思路

根据该县《配电网规划设计导则》等规范要求，按照全寿命周期费用最小

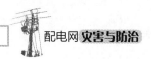

的原则，结合配电网设施所处的地形地貌和典型灾损，依照"避开灾害、防御灾害和限制灾害"的优先次序，采取防灾差异化规划设计措施，提高配电网防灾的安全可靠性和经济适用性。

（2）对线路开展灾后重建

此次受灾严重的某某线线路走廊在河道的右侧，地势比较低洼，灾后重建线路走廊移至地势相对较高的河道左侧，灾损位置的直线杆采用窄基铁塔架设，大高差、跨越公路至山头的对侧采用门型杆，转角耐张位置采用宽基铁塔，另外，杆塔所处位置基础均按照 50 年一遇的洪水位建设，如图 5-31 所示。

（a）线路原位置

（b）线路新位置

（c）更换为门型杆

（d）更换为铁塔

图 5-31　开展差异化设计

（3）对杆塔进行加固

进行杆塔抗倾覆能力设计和校验，在河漫滩、卵石地区、软弱土质地带、易受冲刷的河岸等灾害地点，根据地形采取加设底盘、卡盘基础，增加围墩、护墩等措施提高稳定性。具体做法是用钢筋"石笼"作为护基。该"石笼"内用大于 300mm 块石堆成防护墩。工程经验证明，这种防护墩对流动河水起到消减能量的作用，起到防冲刷及防漂浮物撞击的护基作用，如图 5-32 所示。

4．治理效果

该公司根据差异化设计要求，共对某某线沿河岸的 6 基杆进行路径迁移改造，同时对 18 基杆进行打拉线和防护墩加固处理，运行一年多来，未发生杆塔倾覆事件。

5.2.3.3　配电网水害设备水浸失效案例

1．案例概述

受厄尔尼诺现象影响，某年 6 月，某某

图 5-32　毛石基础水泥杆防护墩

地区发生超过 300mm 的特大暴雨，局部平均降雨量达到 390mm，在某某路等几条路段低洼地带积水严重，造成了附近站房、配电设备大范围受损。强降雨造成配电网受损或停运线路近百条，站房几十座，受淹停运配电变压器、环网柜等设备百余台。

2．存在问题

（1）低洼区应急准备不充分

某小区站房属于地势低洼区域，本次台风引起的暴雨致使小区地面积水达到了 40cm，配电站门位于地面上，但站房地基比室外水平地面低 150cm（类似负一层），该站房门口有做防水水泥挡板 50cm（站外水淹至 40cm），电缆沟封堵不到位及室内抽水设施不完善，积水从站房外电缆沟进水，致使室内被淹110cm，如图 5-33 所示。

（2）环网柜、箱式变压器等设备受淹故障严重

该县 10kV 某某线上的环网柜、箱式变压器建设时未考虑防涝的设防水位，同时也没有对基础进行抬高，导致洪涝时被水浸泡，由于其复合绝缘小母线位置低、跨度长，进水后发生内部电弧故障，导致设备损毁。此外，调查发现该县故障环网柜多是空气绝缘，防水等级为 IP33 的 XGN 型环网柜（适合于户内使用，不宜用于户外），箱式变压器选择的是带通风孔的预装式欧式箱式变压器（洪水可能通过通风孔浸入），说明涝区配电设备选型不当，如图 5-34 所示。

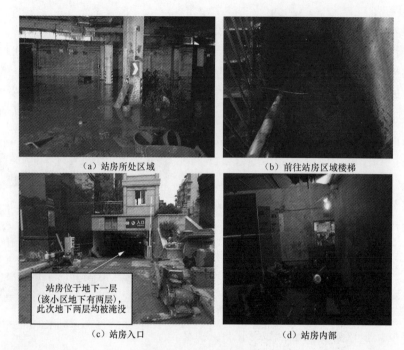

(a)站房所处区域   (b)前往站房区域楼梯

站房位于地下一层
(该小区地下有两层),
此次地下两层均被淹没

(c)站房入口   (d)站房内部

图 5-33　受涝地下站房

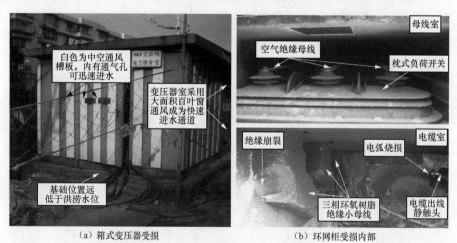

白色为中空通风
槽板,内有通气孔
可迅速进水

变压器室采用
大面积百叶窗
通风成为快速
进水通道

基础位置远
低于洪涝水位

母线室

空气绝缘母线

枕式负荷开关

绝缘崩裂

电弧烧损

电缆室

三相环氧树脂
绝缘小母线

电缆出线
静触头

(a)箱式变压器受损   (b)环网柜受损内部

图 5-34　配电设备防水措施不到位

3. 治理措施

（1）全面实施站房防洪防涝设施改造。对于没有进水但进站房道路被淹的情况，适当加高进站道路标高，并在站房入口布置活动式挡水设施；对于站内开关室、电缆层被淹的情况，加配大功率的抽水、排涝设备，配置挡水设备，确保洪涝来临时可以使用。

（2）合理选择环网柜或箱式变压器类型。选择密闭型双金属夹板结构，并对配电设备防水薄弱部位（电缆终端接头、TV、FTU 等），选用全绝缘全密封电缆附件，防水性能好的 TV 和 FTU，并抬高安装位置，如图 5-35 所示。

（a）采用双金属夹板　　　　　　　　　（b）采用防水性能好的附件

图 5-35　选择防水型配网设备

（3）模拟实战，开展防汛应急演习

该公司专门成立应急演习工作组、现场安全督查组、后勤保障组及新闻报道组，全方位展示应对汛期重大灾害的应急处置过程，针对变电站水淹抢险、输电线路基础冲刷需紧急触，配电线路倒杆、电排停电开展演习。演习内容为模拟 10kV 某某线跳闸，重合不成功，涉及融鼎、乾盛等小区 3000 余户居民和电力大厦、火车站等重要用户供电。经演习人员紧急巡视，10kV 某某线故障点为：10kV 某某线电排支线 15#杆因暴雨发生倒杆，于是一方面紧急增派发电车支援，另一方面组织抢修力量在完成倒杆抢修，3h 后，10kV 某某线全面恢复供电，如图 5-36 所示。

（a）现场指挥　　　　　　　　　　　（b）现场模拟抢修

图 5-36　应急演习

4. 治理效果

通过全面开展隐患排查与差异化改造，累计发现各类隐患 89 处，治理 65 处，

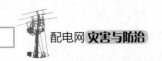

共修缮站房防渗漏、防洪、防溃等设施 50 多项，抬高配电设备基础 300 余处，完成电缆沟渗漏情况及其排水设施修理 10 余处，修理各类杆塔排、截水沟共计 12km，护坡 200 余方。通过防汛应急演习，有效检验了各部门对突发暴雨洪涝灾害的应急处置能力以及跨部门协同配合能力。这些措施全面提升了县公司应对汛期恶劣天气下的处置能力和实战能力，至今为止该地区未发生大范围的洪水灾害。

5.3 配电网冰害防治

5.3.1 配电网冰害防治管理要求

冰灾防治应遵循"避、抗、融、防、改"的技术原则。

5.3.1.1 避冰

合理进行路径选择是线路防灾技术中的重要技术内容，线路路径应避开严重冰区或者在覆冰区内"避重就轻"，避冰是冰灾防治技术体系中关键环节之一。

影响线路覆冰的因素中，所处地形地貌、海拔高度、覆冰季节、风速风向等因素都和线路路径有关。在前期路径方案规划阶段，应结合线路走向，有意识避开已知的重冰区，山区尽量降低沿线海拔高度，避让大面积水体。现场初勘应应用经验调查法收集详细资料，优化路径方案，为避冰创造条件。施工图现场详勘阶段，应加强现场勘查，尽量避开突出暴露的山顶、垭口、风道、山坡阴面等容易形成严重覆冰的微地形，重覆冰地段应避免大档距、大高差，尽量保证档距均匀，关键杆塔应适当加强。

5.3.1.2 抗冰

合理划分线路冰区，采用相应的设计条件，增强线路抗冰能力，减少冰害事故。

配电网的抗冰设计应参照 GB 50061《66kV 及以下架空电力线路设计规范》、DL/T 599《城市中低压配电网改造技术导则》、DL/T 5220《10kV 及以下架空配电线路设计技术规程》、DL/T 5440《重覆冰架空输电线路设计规程》和 Q/GDW 11004《冰区分级标准和冰区分布图绘制规则》，调整线路设计气象条件重现期，适度提高设防标准；细化冰区设防分级，对骨干线路、骨干网架、重要用户供电线路以及特殊局部区段采取加强措施。

5.3.1.3 融冰

线路融冰方法主要分为交流融冰和直流融冰，都是在线路上通过高于正常电流密度的传输电流以获得焦耳热进行融冰，配电网宜采用直流融冰。直流融冰可减少系统所需容量，避免交流融冰需要进行线路阻抗匹配和繁杂的倒闸操作。配电网线路直流融冰系统功率和容量的设计参照 Q/GDW 716—2012《输电线路电流融冰技术导则》的相关条款进行选型计算。

5.3.1.4　防冰

防冰技术主要包括阻雪环、化学涂料等手段，但目前应用很少，难以满足保证重覆冰线路安全稳定运行的要求，不推荐采用。

5.3.1.5　线路覆冰改造

通过抗冰改造提升已建成工程的抗冰能力。对于在冰灾中出现线路损坏停运的局部地段，根据最新的调查资料，确定设计覆冰厚度，进行重新设计。对于在冰灾中未出现损坏的线路，应重点针对重要交叉跨越、大档距线路、微地形和微气象区的杆塔采取线路补强措施。对易发生舞动的区段，应评估其舞动强度级别，采取相应防舞动措施。

▶ 5.3.2　配电网冰害防治技术措施

5.3.2.1　规划设计阶段应注意的问题

配电线路的抗覆冰至少应按 50 年一遇的强冰雪天气进行设计。对于覆冰情况不明确的地区，尽量采用保守设计。配电线路设计阶段应考虑微气象、微地形因素，尽量避开微地形、微气象区域。对于重冰区、特殊地形、极端恶劣气象环境条件下的新建配电线及线路通道宜采取差异化设计，提高线路抗冰能力。

合理规划线路通道，架空线路不宜通过林区，当确需经过林区时应结合林区道路和林区具体条件选择线路路径。对于可能覆冰的线路（段），通过林区应砍伐出通道，通道宽度不应小于线路两侧各向外侧水平延伸 5m，导线宜采用绝缘导线。

临近湖泊、江河、沿海等易覆冰区段的杆塔应采用加强设计，提高线路抗冰能力。位于中冰区和重冰区的架空线路，连续 3～5 基直线杆应设置一基耐张杆塔或加强型直线杆塔，或者增加四方拉线杆等。易覆冰区线路金具、绝缘子在设计时应考虑提高设计标准。

中、重冰区冰线路应适当缩短档距和耐张段长度，并使档距较为均匀。重冰区配电导线应采用水平排列，导线采用单回架设。提高电杆上横担的规格参数，增加横担的抗弯性能，必要时采取可采取下支撑或双横担设计。在松软地带的杆位，应采取杆塔套筒或台阶式基础，同时应确保埋设深度（10m 杆应达1.7m，12m 杆应达 1.9m，15m 杆应达 2.3m），必要时适当增加埋设深度，以加强水泥杆的稳定性。

适当增加导线技术指标，以提高导线抗拉强度。重冰区架空线路应选用钢芯不小于 20mm 的导线，若采用较小截面的导线，应在确保覆冰载荷能力的基础上，

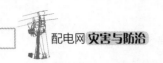

控制合理的档距。在覆冰严重的地段，10kV 直线杆也可考虑增设适当数量的纵向拉线，合理分配受力，以加强薄弱点处的稳定性，防止直线段发生倒杆现象。

对于悬垂绝缘子，可应用大盘径绝缘子、特制复合绝缘子和加大盘径复合绝缘子等悬垂绝缘子串组装型式，其阻断了绝缘子串裙边融冰水形成水帘，防止绝缘子串发生冰闪。

重冰区可配置配网线路覆冰监测装置、融冰装置，编制融冰方案。对于曾经发生覆冰倒塔（杆）或导线严重覆冰的线路段，在原设计冰厚基础上至少提高一个冰厚等级进行改造，对发生覆冰倒塔后抢修难度大的线路，可根据线路重要程度及现场实际情况适当提高覆冰设计标准进行改造。

5.3.2.2　运行阶段应注意的问题

应加强重冰区、特殊地形、极端恶劣气象区域的气象环境资料的调研收集，加强覆冰的观测，全面掌握特殊地形、特殊气候区域的资料，充分考虑特殊地形、气象条件的影响，为预防和治理线路冰害提供依据。

覆冰季节前，对中、重覆冰区开展线路特巡，落实除冰、融冰措施，对存在的隐患、缺陷及时处理。如及时清理线路附近树竹，防止雨雪冰冻灾害时树竹倾倒碰线。线路覆冰后，应根据覆冰厚度和天气情况，对配电线路采取交流短路融冰、直流融冰等措施以减少导线覆冰；在条件允许的情况下，开展人工除冰，防止覆冰过重出现的倒杆断线。

在重覆冰区可根据情况建立冰害监测站，通过对中短期气象的观测和分析，对可能发生的冰情及时预警和发布通告，便于采取应急措施。建立冰害防范的技术监督管理，定期做好电网冰害预警和防范工作评估。

5.3.2.3　防冰抗冰新技术介绍

1. 半导体防覆冰 RTV 涂料

（1）技术介绍

目前架空线路上所应用的绝缘子防污闪涂料主要是室温硫化硅（Room Temperature Vulcanized，RTV）橡胶涂料。绝缘子涂覆 RTV 涂料后，可提高绝缘子表面的憎水性，其表面积聚的污层也获得不同程度的憎水性，即涂料具有较好的憎水迁移性。憎水性良好的涂层表面积聚的水分较少，不会形成连续的水膜，然而当涂层被冰层覆盖后失去了憎水性，就与普通瓷绝缘子无异。因此，仅仅利用憎水性防冰很难奏效。现提出在具有一定防冰效果的憎水特性基础上，把硅橡胶涂料改成半导体涂料，将这种涂料涂覆在绝缘子表面，涂料固化后形成防绝缘子覆冰涂层。涂层具有优良的憎水特性及半导电特性，以提高绝缘子防覆冰的能力。

（2）技术特性

1）半导体 RTV 涂料防覆冰机理。

半导体 RTV 涂料防覆冰机理如图 5-37 所示。半导体硅橡胶具有较强的憎水性，憎水性越强，涂层表面与冰雪之间的黏附力就越小，绝缘子上的覆冰容易脱落。水在憎水性表面存在的形态不是连续的水膜，而是独立的小水珠，而且大部分降落在涂层表面的水珠会自行滑落，大大减少了覆冰量。残留在表面的水珠在 0℃以下将会冻结成一个个小冰块，冰块的不断堆积形成冰层。但这些小冰块间存在大量的空气间隙，因此，所形成冰层的密度远远比水膜所形成冰层的密度要小，冰层密度的减小降低了涂层表面的覆冰量。

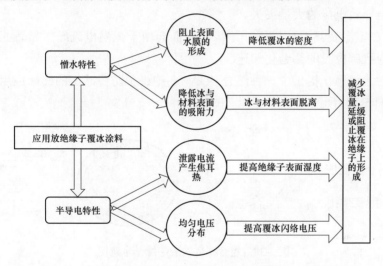

图 5-37　半导体 RTV 涂料防覆冰机理

半导体硅橡胶所形成的涂层具有一定的导电性能，但不会破坏绝缘子的绝缘性，半导电特性使得涂层的防冰效果显著提高。提高其表面泄漏电流，利用电流所产生的焦耳热增加表面发热量，提高表面的温度。表面温度的提高延缓了表面覆冰的形成，如果表面温度能稳定在 0℃以上，将能完全阻止覆冰的形成。半导电涂层同时也使绝缘子串上的电压分布更加均匀，减少闪络发生的概率。

2）半导体 RTV 涂料的优缺点。

半导体硅橡胶的防覆冰作用主要体现在电热效应方面。通过调节导电填料在半导体硅橡胶内的比例及分布，能够对半导体硅橡胶的体积电阻率进行调节，使得绝缘子表面在涂覆半导体硅橡胶并完全固化后，绝缘子表面的泄漏电流被控制在一定范围内变化，从而产生较好的电热效应。如果泄漏电流较小，会因其带来的热效应较弱而不能起到相应的防覆冰效果，但是在泄漏电流较大的情况下，会给电力系统带来严重的电能损耗。所以，需要通过调节半导体硅橡胶的体积电阻率改变流过绝缘子表面的泄漏电流大小，找到临界泄漏电流值，使其既能满足防覆冰方面的需要，还能将电能损耗控制在较低的水平。

（3）技术应用

通过对半导体硅橡胶的防覆冰机理的分析，并结合实验，证明了当绝缘子表面涂覆低体积电阻率的半导体硅橡胶后，如果绝缘子表面的泄漏电流能够保持在 5mA 以上，则能够显著地起到防覆冰的效果。但是如果广泛应用半导体硅橡胶在电力系统中，就会带来以下一些严重的问题：

1）在非覆冰期中，绝缘子表面也会一直保持流过较大的泄漏电流，大泄漏电流会导致电能的大量损失。

2）在室温及高温环境下，绝缘子表面会由于泄漏电流产生显著的电热效应，而导致硅橡胶的热老化加速。

针对此问题，提出了一种组合 RTV 在绝缘子防覆冰上的实际应用，如图 5-38 和图 5-39 所示。

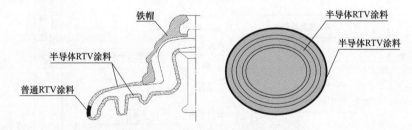

图 5-38　组合式硅橡胶绝缘子示意图

图 5-39　组合式硅橡胶绝缘子实物图

在绝缘子伞裙的上表面和下表面均涂覆低体积电阻率的半导体 RTV 涂料，在绝缘子伞裙的最外侧的棱边上，涂覆一层同样厚度的普通 RTV 涂料。

将组合式硅橡胶方式应用到绝缘子表面后，与其表面仅涂覆半导体硅橡胶的情况对比，表面的电阻值得到了很大的增加，流经绝缘子表面的泄漏电流因此被大幅度降低。

在干燥的天气中，由于普通 RTV 的存在未形成导电通道，则能够使得绝缘子一直运行在泄漏电流比较小的情况下，减少电能损耗，并且不会产生明显的热效应而加速硅橡胶的热老化。

在湿润的天气下，由于半导体硅橡胶及普通 RTV 均有良好的憎水性，而普通 RTV 涂覆的区域位于伞裙的最边缘，不容易使绝缘子上下表面的半导体硅橡胶涂层因为水膜的桥接而增大泄漏电流，绝缘子表面的泄漏电流会略比干燥天气下的状况大一些，但还是能够有效地降低电能损耗。

在低温覆冰的气候中，绝缘子表面由于泄漏电流比较低，电热效应并不明显，在覆冰开始的初期容易覆冰，当涂覆了普通 RTV 的地方被具有一定电导率的过冷却水形成的冰层连接起来时，伞裙上下表面的半导体硅橡胶会被连通而产生很多导电通道，导致绝缘子表面的泄漏电流迅速增大，产生良好的电热效应，从而起到防覆冰的效果。

绝缘子覆冰闪络主要有两个方面的原因。在覆冰期，连续的过冷却水滴对绝缘子表面的撞击导致绝缘子伞裙边缘形成很多垂直的冰柱，当覆冰时间较长的时候，冰柱会桥接相邻的两片绝缘子，由于冰柱内一般混有大量的污秽，冰柱的桥接会大幅度削弱绝缘子的绝缘性能，从而引发覆冰闪络在融冰期中，绝缘子表面的冰层会首先开始融化并形成连续的水膜，水膜会沿着冰柱表面流动直到整串绝缘子被连续水膜串接，由于水膜一般都具有较高的电导率，故绝缘子表面形成了导电通道而导致闪络的发生。绝缘子覆冰闪络的两个主要过程均与冰柱的形成有重要的联系，如果能够抑制冰柱的发展，则应该能够显著提高冰闪电压。冰柱的生成和发展均是从绝缘子伞裙最外侧的棱处开始的，将组合硅橡胶方式应用到绝缘子伞裙上面后，冰柱的产生和发展的区域则为伞裙最外侧棱边缘涂覆的普通 RTV，即"人造干区"处。在覆冰期中，"人造干区"会因为其分担的电压增加而产生大量的热量，从而延长过冷却水接触该区域后的释放潜热的时间，同时结合的憎水性，使得过冷却水在这个过程中从该区域脱落，即使是在严峻的覆冰环境下，也会形成一个底部有显著"干区"热源的冰柱，容易因为根部不牢且附着力较低而受风力作用脱落。

从前面的分析中得知组合式硅橡胶在绝缘子上的应用能够显著降低非覆冰期内绝缘子运行中的泄漏电流和相应的电热效应，能够减缓硅橡胶的热老化。缺点是在半导体硅橡胶与普通相结合的地方，会产生电场的畸变，从而降低整体电场的均匀性，可能导致伞裙边缘发生电晕放电，对闪络电压也有影响。

（4）技术优势分析

在高覆冰区，在绝缘子表面涂抹组合式硅橡胶，在控制较低损耗的同时，利用电热效应，提高绝缘子表面的温度，从而降低绝缘子表面覆冰的能力，阻断冰凌桥的形成，从而降低绝缘子串发生冰闪的概率，提高配电网架空线路防冰闪能力。

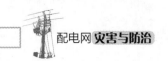

2. 新型复合电杆

（1）技术介绍

新型复合电杆，是一种玻璃纤维与聚氨酯复合的新型电杆，包括中空杆体，杆体是浸渍聚氨酯的玻璃纤维股绕轴的缠绕体，所述浸渍聚氨酯的玻璃纤维股由内到外依次是内层玻璃纤维层、中层芳香族聚氨酯层、外层脂肪族聚氨酯层构成，聚氨酯固化后三层结为一整体。

（2）技术特点

目前国内配电网线路主要采用传统的水泥杆为主。传统水泥杆重量较重，运输成本较高，对于山区、丘陵等较复杂区域，运输较困难。对于大风和污染较严重区域，腐蚀较为严重。复合材料电杆的研发和应用，因其材料的特性，可有效解决以上问题。现将复合材料电杆的特点介绍如下。

1）重量轻，运输和安装便捷。相同承载力条件下，复合材料电杆重量约为水泥杆的 1/6，便于运输和施工；同时可提升受灾的配电线路快速抢修复电能力。与传统水泥杆重量对比如图 5-40 所示。

（a）传统水泥杆　　　　　　　　　　　　（b）复合电杆

图 5-40　传统水泥杆与复合电杆重量对比

2）强度高、韧性好。复合材料强度在 180～500MPa，复合材料电杆产品具有较大的力学承载能力。使用高性能复合材料制备的电杆其承载力检验弯矩可超过 280kN·m，大幅超过 M 级水泥杆的承载力弯矩，而其重量仅为后者的1/6。

与此同时，复合材料电杆具有较好的韧性，在大变形下不发生破坏，且可自行恢复（弹性形变）。因此，复合材料电杆可有效短时高覆冰情况而不发生倒杆和断杆事故。

3）耐腐蚀性好。在酸、碱、盐及常用溶剂介质中长时间保持高强度，无需防腐蚀维护工作，使用寿命可达 20 年以上。

4）电气绝缘性能好。复合材料电杆电气绝缘性能优良，可减少铁塔易出现的雷击事故的发生，还可以减少导线与杆身的间隙，使配电网线路结构更紧凑，减少路径走廊宽度。

（3）技术应用

复合材料电杆因其优越的机械特性、耐腐蚀性、良好的电气绝缘性能，能很好地替代目前常用的水泥电杆，运输和安装的方便性在抢建和抢修阶段其优势能得到更好的发挥，实际应用如图 5-41 所示。

（4）技术优势分析

与传统水泥电杆相比，复合电杆强度更高、韧性更好且具有可设计性，能根据不同地区的覆冰情况，设定不同的复合电杆强度，在满足差异化设计的同时，能很好的

图 5-41　复合电杆现场实际
应用情况示意图

提高电杆的强度，抵御极端寒冷天气而造成短时高覆冰对配电网线路的危害。

3. 绝缘子串防冰闪措施

（1）技术介绍

由于绝缘子串结构、形状复杂，在自然环境条件下的风向、风速及湿沉降等的作用下，绝缘子的覆冰形状千姿百态，因此要防止已投运线路的绝缘子串覆冰有较大的难度。避免线路在运行中的覆冰绝缘子串发生闪络，阻断绝缘子串裙边融冰水形成水帘是防止绝缘子串发生冰闪的一种有效方法。现提出大盘径绝缘子、特制复合绝缘子、复合绝缘子加大盘径绝缘子三种悬垂绝缘子串组装型式，以提高配电网线路采用悬垂绝缘子串时的防冰闪的能力。

（2）技术应用

1）大盘径绝缘子。10kV 线路悬垂绝缘子串绝缘子片数一般为 2～3 片。在覆冰时，为了防止冰凌桥的形成，可将悬式绝缘子串的第一片绝缘子更换一片动力型大盘径绝缘子，阻断了整串绝缘子冰凌的桥接通路。其型式如图 5-42 所示。

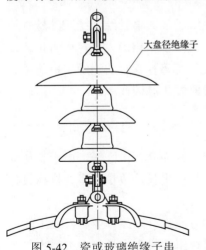

大盘径绝缘子

图 5-42　瓷或玻璃绝缘子串
插花设计示意图

2）特制复合绝缘子。向复合绝缘子生产厂家定做上、中、下各有一片特大伞裙的合成绝缘子，如图 5-43 所示。绝缘子长度和爬电比距可根据使用地区的污秽条件进行确定。

3）复合绝缘子加大盘径绝缘子。在合成绝缘子上方加一片大盘径绝缘子，如图 5-44 所示。

图 5-43　大小伞裙绝缘子
结构示意图

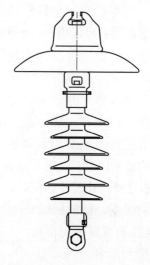

图 5-44　复合绝缘子和大盘径
绝缘子组装示意图

（3）技术优势分析

大盘径绝缘子、特制复合绝缘子、复合绝缘子加大盘径绝缘子三种悬垂绝缘子串组装型式主要是通过错开上下片（层）绝缘子伞裙的大小，以阻止冰凌桥形成。根据实际经验，该型式的绝缘子串较传统等径盘径的绝缘子串能更有效阻断冰凌桥的形成，从而降低配电网架空线路发生冰闪几率。

4. 直流融冰装置

（1）技术介绍

配电网线路通常处于自然环境复杂的农村，例如高寒山区等。由于农村地域广阔，与城市配电网相比，农村配电网线路长度更长，数量更多，抗冰设计强度相对较弱，更易遭受到冰冻灾害对线路的侵害。

配电网线路在覆冰后主要依靠人工除冰的方法进行除冰作业。但人工除冰工作量巨大，且除冰效率低下、危险性高，需要组织投入大量的人力物力，难以满足安全快速进行融冰的要求。随着 220kV 输电线路直流融冰技术的研制成功和发展，配电网融冰方法的缺失突显出来。在配电网线路发生严重覆冰时，如何通过经济、实用的融冰方法实现农村配电网线路的融冰工作是亟待研究解决的问题。针对上述问题，迫切需要研究农村配电网融冰技术及装置，以适应目前农村配电网线路融冰需要，为克服农村配电网冰冻灾害提供一种有效的解决办法。

（2）技术特点

配电网线路结构复杂主要表现在长度跨度大、使用线型种类多。长度可分为 3 个区间，即 400m 及以下的站外 T 接支线、0～5km 短线路、5～25km 长线路。根据配电网线路特性，配网直流融冰装置可分为长线路、短线路和超短线路系列，分别解决 5～25km、0～5km 和 400m 及以下农村配电网线路融冰难题。

1）配电网长线路直流融冰装置。

农村配电网长线路直流融冰装置主要解决 5～25km 农村配电网长线路的融冰难题，由于线路长，所需的融冰容量如果采用发电机组提供则发电机体积、耗油量均十分巨大，因此无法通过发电机等便捷途径获得合适的融冰电源。拟采用变电站内 10kV 融冰开关柜提供融冰电源，经过 12 脉波整流变压器调整电压后，由 12 脉波整流器整流获得直流融冰电源。其原理及实际应用分别如图 5-45 和图 5-46 所示。

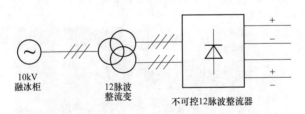

10kV
融冰柜

12脉波
整流变

不可控12脉波整流器

图 5-45　配电网长线路直流融冰装置原理图

2）配电网短线路直流融冰装置。

配电网短线路直流融冰装置主要解决 5km 以下农村配电网短线路的融冰难题，由于线路长度相对较短，所需的融冰容量可以通过发电机组提供，同时容量较小可以采用调压器灵活地调节输出电压大小，满足不同长度配电网线路的融冰需求。常用方案采用 1 台发电机提供融冰电源，经过调压器调压和不可控 6 脉波整流器整流获得直流融冰电源。其原理及实际应用如图 5-47 和图 5-48 所示。

图 5-46　配电网长线路直流融冰装置

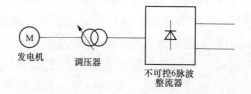

图 5-47　配电网短线路直流融冰装置原理图

图 5-48　配电网短线路直流融冰装置

该装置提出"调压器调压+二极管整流"的配电网线路融冰方法，由柴油发电机组供电，体积小，移动方便，可对 2.5km 及以下（两边融冰可实现 5km 及以下线路全覆盖）线路进行融冰。由于短距离融冰装置便于移动，可以有效解决对山区或跨江配电网线路的融冰难题；同时为了可以对不同长度、不同型号的线路进行直流融冰，采用"调压器+二极管整流器"的方案，可以大大提高配电网短线路融冰装置的应用范围和运行可靠性。

3）配电网便携式超短线路直流融冰装置。

农村配电网便携式超短线路直流融冰装置主要解决 400m 左右农村配电网超短线路融冰难题，由于线路长度很短，所需融冰容量微小，该装置可以设计为便携式一体机，可以由 2 个人力搬运到指定位置进行 10kV 支线融冰作业。该装置直流电流输出有 3 个端子（2 个正极端子和 1 个负极端子，如图 5-49 和图 5-50 所示），通过电缆直接与待融冰架空线路相连接，其中 2 个正极输出为并联关系，针对不同长度和线径可进行"两相并联和另一相串联"或"两相串联"的融冰操作。

为方便现场接线，设计了专用的三相快速接线线夹和三相快速短路线夹，采用该线夹后，接入融冰电源和对侧短接时，可直接挂接。减少了停电接线时间，免去了复杂的现场接线操作，改接线简便、快捷，提高了融冰工作效率，保证了接线过程中人身和设备的安全，避免了可能出现的人员触电风险。

该装置采用中频发电机（提高发电频率），发电机的体积将下降，这是因为：发电机的频率提高以后，根据电磁学原理，单位时间内的线圈中的磁通量（磁感应强度 B 与面积 S 的乘积）的变化率将提高，磁通量的变化率越大，感应电势也越大（即电压越高），发电机可提供的功率将增大。即在相同的功率下，线圈面积可减小，发电机的体积将下降。由此该装置具备体积小、重量轻的特点。

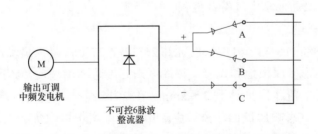

图 5-49 便携式超短线路直流融冰装置原理图

图 5-50　便携式超短线路直流融冰装置

该装置内置发电、调压、整流等多个模块，通过有机集成组合为农村配电网便携式超短线路直流融冰装置。

（3）技术优势分析

配电网线路的防冰工作长期以来主要采取人工除冰的方式，除冰工作效率低、人员劳动强度大，使得配电网线路抵御雨雪冰冻灾害的能力较弱，难以保证用户供电的可靠性。以上介绍的配电网直流融冰装置的应用，节省了农村配电网线路提高抗冰设计强度建设和改造的投资，并大大提高农村配电网线路应对冰雪灾害的处置能力，确保覆冰状况下配电网的安全运行，有效地防止配电网线路覆冰倒塔断线等事故，具有重要的意义和较高的工程应用价值。

5.3.3　配电网冰害防治典型案例

5.3.3.1　配电网冰害过荷载案例

1. 案例概述

某县处东经 116°53′至 117°24′，北纬 26°34′至 27°08′，县内最高海拔达 1732m 为××乡，地形多属山地和丘陵。该地区未开展防冰治理前，该区域配电线路覆冰较为严重，覆冰厚度达到 1～2mm，在 2015 至今该供电区域曾出现部分断线现象，严重影响居民的生产、生活用电。本案例以冰灾较为严重的 10kV ××线为代表进行简述。针对该类冰灾严重区域，进行了重点整治，采取了一系列防冰减灾技术措施，有效防止了线路倒杆、断线事故的发生，结束了该地区"逢冻必跳"的历史，治理后该区域成功经受住了 20××年 1、2 月两轮强烈冰冻的侵袭，至今冰冻期间未再发生倒杆断线事故，防治成效显著。

2. 存在问题

（1）线路通道问题

因部分线路架设在丘陵地区，最高海拔点为 1732m，山上用户稀少，个别路段杆塔档距达到近 357.53m，不便维护。区域内主要经济作物为毛竹、松树，竹树覆冰后，极易出现"垂倒"现象，对沿线线路安全运行构成了极大影响，如图 5-51 所示。

（2）线路覆冰严重

××线从 43 号杆起，大部分线路运行在海拔 1000m 以上的地段中，受地形因素

图 5-51　线路通道周边树枝状况

影响，该区域冻雨时间较多，雾气严重，冰块性质为混合凇，极易超过线路荷载发生倒杆断线事故，如图 5-52 所示。

图 5-52　线路覆冰情况

（3）线路建设标准不高

由于该区域在 2008 年遭受过严重冰冻灾害，冰灾后为尽快恢复供电，抢修过程中，工艺标准要求较低，安装架设标准也不高，部分路段档距远，线径细，电杆存在老化露筋现象，存在安全隐患，无法满足安全、稳定供电要求，如图 5-53 所示。

图 5-53 覆冰线路损坏情况

3. 治理措施

（1）针对树竹的问题，积极与当地政府进行沟通汇报，争取地方部门支持，利用乡、村级广播对广大用户做好解释宣传工作，加大对线路通道的治理，并对线路两边倒杆距离内的树竹进行全面清理。

（2）对电杆、横担进行加固。覆冰严重地区电杆更换为梢径 190mm 的 12m 电杆，电杆横担更换为规格为 L75*8mm，材质为 Q235；转角杆转角为 10°以下时，采用双横担；角度为 10°~45°时，采用双横担、构架横担；角度为 45°~90°时，采用十字双横担、构架横担，电杆横担保持平直，其水平倾斜不超过横担长度的 2%。

（3）采用拉线补强措施。根据历年覆冰、杆塔距离、地形地貌等情况，隔基安装拉线，覆冰严重地段的线路每基杆塔均进行拉线补强；线路水平档距大于 100m，垂直档距大于 150m 的电杆设置四方拉线，四方拉线由两个对线拉和两个防风拉组成。对迎风坡（风口）的电杆，覆冰严重区域杆塔，不论档距大小，均设置四方拉线，拉线技术要求见图 5-54。历年覆冰严重区域的耐张转角电杆应设置三方拉线，三方拉线由两个对线拉和一个转角外侧的拉线组成，三方拉线布置形式见图 5-55。

线路导线为 LGJ-50 型及以下的耐张段电杆加强采用 GJ-50 型拉线，线路导线为 LGJ-70 型及以上的耐张段电杆加强采用 GJ-70 型拉线。拉线对地夹角布置在 45°~50°之间，拉线设置于横担下方 100mm 处。在风速较大区域电杆设置垂直线路方向的防风拉线。长度超过 500m 或电杆超过 8 基的耐张段在中间电杆设置防风拉线。

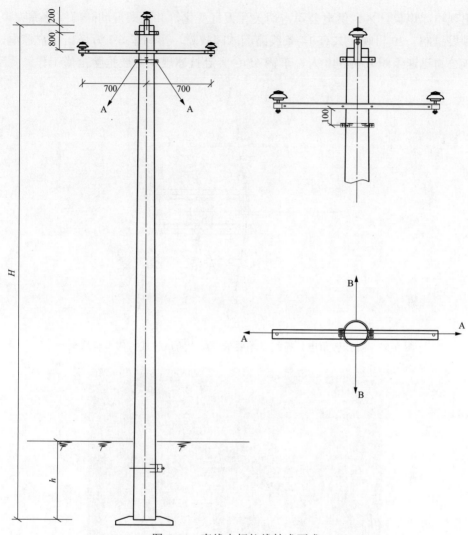

图 5-54　直线电杆拉线技术要求

4．治理效果

10kV ××线改造完后，极大地提高了线路抗覆冰、大风和雨雪等自然灾害的能力，至 2016 年，××线无一例倒杆断线事故的发生，确保了安全可靠运行，如图 5-56 所示。

5.3.3.2　配电网冰害闪络故障案例

1．案例概述

××地区污秽等级为 C 级，每年冬季在冷空气和污秽的共同作用下，易发生冰闪跳闸情况。20××年 1 月 28 日起，××地区气温明显下降，部分地区还

出现结冰现象。××供电公司密切关注天气变化,并立即启动防雨雪冰冻灾害预警机制。29 日晚,共有 14 条线路因冰闪故障,影响了 6.7 万低压用户停电,该公司迅速组织人员 340 人、车辆 65 台奔赴抗冰现场开展抢险抢修工作。

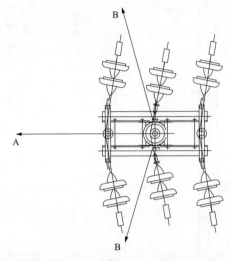

图 5-55 耐张转角电杆拉线技术要求(A 为防风拉线,B 为对线拉)

图 5-56 ××线改造效果

2. 存在问题

××地区的污秽等级较高,且常年干旱,绝缘子未经雨水冲刷,导致积污严重,表面存在较多污秽物质,当出现雨凇和大雾天气时,大气中悬浮的细小尘埃随凝结的水滴沉降在绝缘子表面,当绝缘子星恒冰桥时,如图 5-57 所示,引起绝缘子串和绝缘子表面电压分布的畸变,绝缘性能下降,发生闪络。当天气回暖,气温回升,冰雪开始融化时,绝缘子串上的脏污水沿着绝缘子的钢帽、伞裙和冰凌下流,导致绝缘子闪络。

3．治理措施

××公司认真开展防冰闪调查分析工作，明确了冰闪跳闸故障处置流程，具体如下：

图 5-57　线路绝缘子覆冰情况

（1）故障信息收集，查阅图纸档案或 PMS 系统，收集线路故障区段信息。此外，通过气象监测部门、在线监测装置及群众护线网络等了解现场天气情况、沿线施工或作业情况等，对跳闸点及跳闸性质进行初步了解。

（2）故障查找前进行技术准备。一是调取故障报文及调度记录信息分析，初步判断故障的性质；二是向所有参加故障查找的人员交代故障数据、初步分析结果、巡视重点及安全注意事项；三是准备好必要工具，例如静电服、安全带、测距仪、冰情观测装备等。

（3）开展故障查找。冰闪跳闸发生后，即组织专业巡视人员，对故障区段的逐基杆塔进行地面巡视和登杆检查，查找绝缘子、金具等闪络痕迹，并从现场收集脱落的冰样，判断导线覆冰厚度，如图 5-58 所示，并从现场收集脱落的冰样，判断导线覆冰厚度，如图 5-59 所示。

图5-58　查找绝缘子闪络痕迹图

图5-59　收集脱落的冰样

（4）综合开展故障原因分析。排除线路通道内可能出现的外力破坏、树竹放电、异物短路等其他原因引起的故障后，综合录波、报文等信息还原故障跳闸发生的机理及过程，深入分析导致故障发生的原因，并根据分析结论提出针对性治理改造建议。

（5）根据分析结果综合采用增加绝缘子片数、提高绝缘子爬电比距等方式增加绝缘子覆冰闪络电压。

4. 治理效果

从 20××年开始，××公司对下辖的 20 多条高海拔、高污秽区线路进行防冰闪整治，运行至今情况良好，未发生冰闪跳闸现象。

5.3.3.3 配电网冰害脱冰跳跃案例

1. 案例概述

20××年 12 月 27 日起，受西北强冷空气南下影响、××地区出现大面积降雨降温天气，在恶劣天气影响下，10kV ××Ⅰ线、××Ⅱ线等导线轻危覆冰，1 月 7 日天气转暖，覆冰导线在温度变化、自然风力、机械外力等作用下，#72 至#76 杆段之间出现不均匀脱冰引起××Ⅰ线的高幅振荡，造成短路跳闸，其中#75 杆甚至发生倒杆。

2. 存在问题

经调查，由于地形限制，#72 至#76 杆在设计上存在大档距、大小档、大高差情况，这种情况下发生脱冰跳跃时最容易产生不平衡张力而引起倒杆断线，如图 5-60 所示。根据运行经验和模拟计算，对于 10kV 配电线路相邻杆塔地面高差应超过 25m，档距大于 150m，导线脱冰跳跃后的电气间隙无法满足要求，因此导致跳闸故障。

图 5-60　导线脱冰前情况

3. 治理措施

为了预防后期出现不均匀脱冰导致线路故障，也为了快速恢复对覆冰区域的供电，××公司主要采用了移动式直流融冰装置，具体做法是：

（1）开展对重点覆冰区域防冻融冰各项措施落实情况的检查，确保融冰电源点和融冰回路设备、设施的检查、试验到位，融冰方案、融冰典型操作票以及应急处置预案的修编到位，各级调度、运行、检修人员的培训到位，防冻融冰相关物资、装备准备到位。

（2）开展防冻融冰组织工作，成立组织机构，明确各方职责，按照电流融冰技术导则的要求，修编相应的线路融冰方案。

（3）完成直流融冰装置以及融冰间隔设施、设备的检修、试验，确保相关设备通流能力满足融冰方案要求；确保作为融冰电源点的设备选型、发电机励磁系统满足要求，作为融冰短路点的短路容量满足要求，如图 5-61 所示。

图 5-61　移动式融冰装置

4．治理效果

××线自 20××年底，开始使用融冰技术作为快速除冰的技术措施，经历几个冬季覆冰期，至今运行情况良好，未发生过脱冰跳跃现象，表明直流融冰措施是行之有效的。

5.4　配电网雷害防治

雷害是造成配电网故障的主要原因，为了有效开展配电网雷害防治，应坚持管理措施与技术措施并重，管理上深入开展雷击故障的分析与处置，落实物资供应、施工工艺、运行维护等要求；技术上综合考虑雷害程度和配电网运行水平，根据差异化设计要求，采取合理的绝缘配置和有效的雷害防护用具，尽可能有效降低雷击跳闸率和事故率。

➡ 5.4.1　配电网雷害防治管理要求

5.4.1.1　雷击故障的分析与处置

配电网发生雷击故障后，工作人员要根据故障信息并结合故障发生时的天

气状况，初步判断故障类型及故障发生点，然后到现场巡视，进一步确定故障类型和故障地点，随后对故障进行分析，进一步根据故障原因，提出相应的整改措施。

1. 查询故障概况

描述故障发生简况，包括时间、线路名称、交流线路故障相别（直流线路故障极性）、故障时运行电压和负荷、重合闸（再启动装置）动作情况等。如同一时间段内发生多次故障，应按时间顺序对故障情况进行逐一描述，如表 5-1 所示。

表 5-1   雷击跳闸基本情况统计表

序号	管辖单位	线路名称	故障位置	安装避雷器数量（组）	避雷器型号	设备投运年限	是否绝缘导线	重合闸是否投入	重合闸情况	保护动作情况
1										
2										
3										

2. 初步判断是否为雷击故障

通过雷电监测系统查看故障杆塔范围及其周围 5km 内落雷情况，查看是否有落雷记录；雷击为金属性或接近金属性接地（即电弧短路），90%以上为单相接地故障，故障波形在故障录波图上表现为正弦波，故障持续时间短（约几十毫秒）；此外，绝大部分雷击故障时重合闸能动作成功。若符合以上条件，则可以初步认定为雷击故障。

3. 故障巡视

在对线路故障性质进行初步分析后，就需要合理组织故障巡线人员，安排车辆，以求快速查找到故障点。针对雷击跳闸故障，需要对绝缘子及金具等处的闪络痕迹进行确认，针对配电变压器台区、电缆、柱上开关等设备，还需要查看避雷器是否击穿。

4. 原因分析

现场巡视工作完成后，需要对雷击跳闸故障做深层次的剖析，以便下一步有针对性的提出整改措施和建议。雷击故障的分析方法有基本分析方法和深层复现分析方法。基本分析方法只针对雷击特征，参考雷击特征的辨识经验，直接对雷击进行定性分析；深层复现分析方法除了参考相关实际经验外，还要采用相关理论，对整个雷击过程进行分析，并校核线路的耐雷性能。对于一般线路，可以采用基本分析方法（根据故障痕迹、故障相别、故障塔数、杆塔地形地貌、接地电阻、防护措施等资料，结合雷电活动特征参数，判断雷击故障性质），对于重要线路，必要时应采用深层复现分析方法（针对某次已经发生的雷击事故，通过现场调研、雷电监测系统监测信息、故障杆塔与线路参数信息等资料，运用防雷计算分析方法尽可能的复现故障当时的情况）。

5.4.1.2 防治管理要求

（1）根据建立强雷区雷电易击线路台账，并对已安装的防雷装置和接地装置开展综合检修工作。梳理强雷区雷电易击线路（按照近 3 年年均发生 1 起雷击故障的原则），明确雷电易击段，摸清现有防雷措施的安装情况，并对已安装的防雷装置和接地装置开展综合检修工作。

（2）开展差异防雷设计。结合杆塔所处地区雷电活动参数、杆塔结构、绝缘配置、地形地貌特征、历史雷击数据等给出耐雷性能弱的杆塔以及各种防雷措施的特点，确定针对性的防雷措施。

（3）开展治理方案的落地。在防雷治理方案确定的基础上，制定方案落地的工程实施节点进度，落实所需的防雷装置和接地装置的物料保障，按期完成治理方案落地。

（4）加大入网避雷器的质量抽检力度。针对防雷整治期间，大量避雷器入网的情况，应加大避雷器的质量抽检力度，特别要做好到货避雷器质量检验工作，避免存在质量隐患的避雷器入网。

（5）防雷防护装置应在每年雷雨季节前开展定期巡检工作，具体巡检项目要求见表 5-2。

表 5-2　　　　　　　　　　**雷害防护装置巡检项目**

巡检项目	要　　求
防护装置巡检	串联间隙避雷器本体未出现绝缘外套烧蚀变形、开裂
	组成部件无松动、移位、缺失
	串联间隙避雷器电极未出现电弧蚀损痕迹
	串联间隙避雷器本体未出现绝缘外套明显烧蚀变形、开裂
	电极、安装支架、紧固件等金属部件未出现明显锈蚀
导线巡检	对于线路防雷用的高压（穿刺）电极安装部位的导线芯线未出现烧伤、断股、磨痕等物理损伤，未产生严重腐蚀、锈蚀

（6）定期开展防雷装置接地装置巡视维护，确保接地装置及接地引下线完好、正常。接地装置接地电阻测试周期可参考表 5-3 执行（避雷器接地电阻测试周期与被保护设备的不一致时，按两者中最短的要求），测试工作宜安排在非

雷雨季节，对阻值过高的采取降阻措施，见表 5-3。

表 5-3 配电设备接地装置接地电阻例行试验周期和要求

配电设备名称	接地电阻例行试验周期	接地电阻要求
架空线路	4 年	接地电阻符合规定，按 DL/T 5220 执行
柱上真空开关、柱上 SF₆ 开关、柱上隔离开关、电容器	2 年	不大于 10Ω
配电变压器	2 年	容量小于 100kVA 时，不大于 10Ω 容量不小于 100kVA 时，不大于 4Ω
金属氧化物避雷器、高压计量箱、电缆线路、电缆分支箱	4 年	不大于 10Ω
开关柜	4 年	不大于 4Ω
构筑物及外壳	按主设备接地电阻测试周期要求执行	不大于 4Ω

（7）积累运行经验。为了摸清雷电活动的规律，各单位应做好配电线路故障跳闸或断线故障的统计、分析，以便在设计或运行中更好地采取针对性的防护措施。

（8）开展防雷治理效果评估工作。每年雷雨季节后应对防雷治理改造项目的实际效果进行评估，分析防雷改造效果，评价改造方案的有效性，并指导后续防雷工作。

5.4.2 配电网雷害防治技术措施

配电线路防雷保护应遵循简单可靠、技术经济的原则，尽量减少雷击断线、绝缘子损坏、多相短路接地或同杆多回同时跳闸故障，通过采取合理的绝缘配置和适当的防雷保护措施，最大限度降低配电线路的雷击跳闸率。

5.4.2.1 加强绝缘配置

加强绝缘配置（主要是增加悬式绝缘子片数或柱式绝缘子干弧长度）能直接提高配电线路的耐雷水平，使线路耐雷水平得到提高，降低线路总体雷击跳闸率。研究表明，当线路绝缘子的耐雷水平达到 300kV 以上时，将有效地限制感应雷电闪络跳闸，而现阶段使用的柱式绝缘子的耐雷水平最大为 170kV，如图 5-62 所示。加强线路绝缘只需一次性投资，无需维护，目前加强绝缘的做法，主要有更换大爬距绝缘子、采用高强度瓷（复合）电杆或绝缘横担等。

1. 绝缘子

配电线路绝缘子按材质分有瓷、玻璃及复合绝缘子；按型式分有针式绝缘子、柱式绝缘子、悬式绝缘子、棒式绝缘子等类型。配电网典型瓷绝缘子性能比较见表 5-4，可以看出，为提高线路防雷性能，一般采用柱式绝缘子，对于新建线路以及塔头间隙允许的运行线路，可通过增加绝缘子片数加强绝缘。

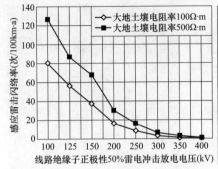

线路绝缘子 U_{50}（kV）	感应雷击闪络率 次/（100km·a）		降低百分比（%）	
	大地土壤电阻率 100Ω·m	大地土壤电阻率 500Ω·m	大地土壤电阻率 100Ω·m	大地土壤电阻率 500Ω·m
125	56.2	86.2	0	0
150	36.7	67.1	35	22
200	15.4	29.4	73	66
250	7.9	15.4	86	82
300	2.8	5.6	95	94
350	1.2	2.3	98	97
400	0.3	0.6	99	99

图 5-62　10kV 线路绝缘与感应雷击闪络率对应关系（雷暴日 40 天）

表 5-4　　　　　　　　　　　　　绝 缘 子 性 能 表

绝缘子性能比较	绝缘子类型	
	针式绝缘子	柱式绝缘子
耐击穿性能	一般	较好
耐电弧性能	一般	一般
耐老化性能	一般	较好
耐污性能	较好	一般

2. 绝缘横担与复合电杆

目前，供电公司开始尝试在配电线路中使用绝缘横担（包括瓷横担与复合横担），与绝缘电杆（如图 5-63 所示）以增强绝缘。瓷横担的绝缘距离及爬电距离较大，耐雷水平较高，自洁性好且不会击穿。采用转动结构，安装方便，可避免断线事故扩大。但瓷横担抗弯强度低，不适合导线截面和档距较大的线路，而复合横担具有瓷横担绝缘子的优点，同时体积小、重量轻、机械拉伸及抗弯强度高，适用于污秽地区及大跨距、紧凑型线路；传统的木质杆、金属杆和钢筋混凝土杆存在质量大、易腐蚀、易开裂等缺陷，而复合材料绝缘杆塔具有重量轻、强度大、绝缘性能好、耐腐蚀、耐疲劳以及环境适应性好的优点，目前采用玻璃纤维增强塑料制造的绝缘杆塔性能较好。

以图 5-64 所示的单回电杆为例，若雷击闪络路径沿 A、B 相间空气发生，其击穿电压 U_b=750kV/m×1.012m=759kV（空气的击穿场强为 750kV/m），若雷击闪络路径沿 A、B 相间横担发生，则其击穿电压 U_b=300kV+300kV+407kV/m× 0.55=824kV（300kV 为 A、B 绝缘子的击穿电压，407kV/m 为绝缘横担的击穿场强），则以复合绝缘材料作为横担的杆塔最低雷击闪络放电电压为 759kV。

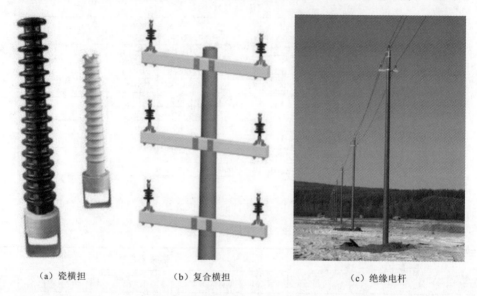

（a）瓷横担　　　　　　（b）复合横担　　　　　　（c）绝缘电杆

图 5-63　绝缘横担与绝缘电杆

因此，绝缘塔头和绝缘横担的组合方式可以使雷击闪络放电电压增大 3～4 倍，将绝缘水平提高到 110kV 线路水平，这样在感应过电压下一般不会闪络跳闸。

5.4.2.2　设置架空地线

架空地线对感应过电压有限制作用，并可减少雷击导线的概率。配电线路绝缘水平较低，雷击架空地线往往引起反击，一般不沿全线架设架空地线。在土壤电阻率很高、杆塔接地电阻难降、杆塔机械强度

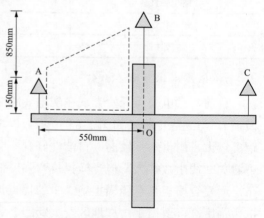

图 5-64　单回电杆闪络放电路径示意

允许的情况下，可考虑增设耦合地线，其主要作用为：①对各相导线间的屏蔽耦合作用增大，使绝缘子串电压降低，等值波阻抗减少，线路提高耐雷水平；②对雷击杆塔雷电流的分流作用增加，使塔顶电位降低；③能提高杆塔处的"地"

电位面，使杆塔有效高度相应减小（因导线所处大气电场等电位面相应降低），从而在雷击塔顶时导线上感应电压分量减小，相当于杆塔本身电感量减少，利于降低塔顶电位；④地形不利时能增大防绕击的作用。

在实际应用中，加装避雷线的线段首末端应加装接地，其他部分可隔 5 基（宜控制在 200m 左右）装设一组接地。避雷线接地处的杆塔应逐相加装避雷器，且配置接地。此外，对于加装避雷线的线段内本身有接地的杆塔应逐相加装避雷器，其余杆塔可根据实际运行经验选择是否加装避雷器。典型接地线典型设计如图 5-65 所示。

图 5-65　架空地线典型安装方案

使用配电线路架空地线保护应满足以下要求：

（1）35kV 线路在发电厂、变电站进线段宜架设地线，架设地线长度一般宜为 1.0～1.5km。

（2）6～20kV 线路在多雷区、强雷区可架设地线。

（3）地线对边导线保护角宜采用 20°～30°，单根地线保护角不宜大于 25°。

（4）重冰区地线保护角可适当加大。

（5）多雷区和强雷区地线保护角可采用负保护角。

（6）同塔多回线路、大跨越段线路，宜减小地线保护角。

（7）双地线线路，杆塔处两根地线间的距离不应超过导线与地线间垂直距离的 5 倍。

（8）安装地线时，配电线路或安装区段的绝缘子 50%雷电放电电压宜大于 200kV，若低于 200kV，则杆塔接地电阻不宜超过 10Ω。

5.4.2.3　安装防弧间隙

防弧间隙是基于疏导式防雷，即能够改变雷击闪络路径，并对后续工频电弧进行疏导，防止工频电弧烧损绝缘子及烧断导线的防雷措施。安装并联间隙不能降低雷击跳闸率，但可以降低雷击事故率，相应的防护装置主要包括安装

防弧金具、放电钳位绝缘子等。由其原理可知，并联间隙一般绝缘子雷击损坏率较高、雷击断线较多的易击段，但是向重要用户供电线路，雷击跳闸特别频繁线路，不宜采取并联间隙保护。

1. 剥线型防弧金具

剥线型防弧金具的结构见图 5-66，将线路绝缘子高压端部导线绝缘层向两侧各剥离长度 300～500mm，在绝缘层与裸露芯线交界部位分别加装圆柱体防弧金具，裸露芯线与绝缘子钢脚构成放电间隙。放电间隙在雷电过电压下击穿后，相对地工频续流沿放电间隙通道起弧燃烧，高压端弧根受电磁推力作用沿芯线迅速移动至绝缘子负荷侧的防弧金具上，低压端弧根被箝制在绝缘子钢脚上。对于多相对地闪络的情况，在电磁力作用下，相对地电弧弧腹向空间发展，会形成相间电弧，弧根固定在防弧金具上燃烧。从而避免电弧烧灼导线，实现保护导线的目的。图中防弧金具在绝缘子两侧对称安装以适应线路潮流双向变化，对于潮流方向单一的线路，可只剥离绝缘子负荷侧导线的绝缘层单侧安装防弧金具。

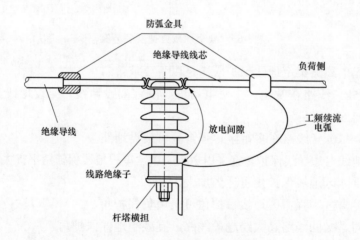

图 5-66　剥线型防弧金具结构

2. 穿刺型防弧金具

穿刺型防弧金具由高压穿刺电极和低压电极两部分构成，典型结构见图 5-67。高压穿刺电极设置穿刺齿穿透导线绝缘层后挤压接触芯线引出高电位，与低压电极构成雷电冲击放电间隙（G1）和工频电弧燃弧间隙（G2），G1 的距离小于线路绝缘子的干弧放电距离，显然长度上又有 G1＜G2。雷电过电压下，线路对地放电始终发生在 G1 上，雷电冲击过后，相对地工频续流电弧高压端弧根在电磁力的作用下由 G1 迅速向 G2 移动，最终稳定在 G2 上。对于多相对地闪络的情况，在电磁力作用下，相对地电弧弧腹向空间发展，会形成相间电弧，弧根固定在高压穿刺电极导弧棒上燃烧。设计成 G1、G2 两个间隙的目的是使工频续流电弧不会对 G1 造成烧伤变形，保证雷电冲击放电电压的稳定性。为遮护裸露的高压穿刺电极，在电极外表面安装绝缘罩，该绝缘罩应为工频续流电弧弧根的运动留有通道，可采用硅橡胶材料，通过模压成型工艺制作。

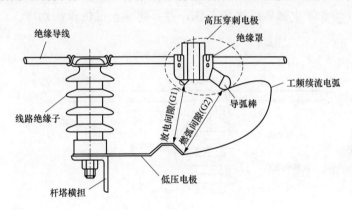

图 5-67　穿刺型防弧金具结构

3. 剥线型放电箝位绝缘子

剥线型放电箝位绝缘子结构如图 5-68 所示，主体包括高压电极、支柱绝缘子和低压电极三部分，支柱绝缘子根据材质不同分为支柱瓷绝缘子和支柱复合绝缘子两种。剥离绝缘导线局部绝缘层后，将露出的芯线包上铝包带与支柱绝缘子高压电极用螺栓紧固，芯线电位被箝制在高压电极上。低压电极为一块平板形金属电极，依据线路潮流方向为单向或者双向，安装在支柱绝缘子负荷侧或者两侧，低压电极朝向一般与导线延伸方向平行。高压电极与支柱绝缘子钢脚构成的环状间隙承担着定位雷电冲击放电路径的作用，在雷电过电压下雷击闪络可随机发生在环状间隙的任意位置，相对地工频续流电弧在电磁力的作用下向支柱绝缘子的负荷侧空间发展，弧根被箝制在高压电极和低压电极上。对于多相对地闪络的情况，相对地电弧弧腹在空间交汇，会形成相间电弧，弧根固定在高压电极上燃烧。为解决高压电极裸露的问题，在高压电极外表面安装绝缘罩。

4. 穿刺型放电箝位绝缘子

穿刺型放电箝位绝缘子典型结构如图 5-69 所示，主体包括高压穿刺电极、高压电极、支柱绝缘子和低压电极四部分。绝缘导线直接紧固在支柱绝缘子端部的高压电极上，在高压电极附近的绝缘导线上安装高压穿刺电极引出导线芯

线电位,利用绝缘引线将该电位引至高压电极。与剥线型放电箝位绝缘子相同,雷电冲击放电发生在高压电极与支柱绝缘子钢脚之间,相对地工频续流电弧在高压电极与低压电极之间燃烧,相间电弧被箝制在高压电极之间。高压电极外表面安装绝缘罩。为避免高压穿刺电极导致导线局部绝缘薄弱,通常将高压穿刺电极金属部件包覆在复合材料的绝缘保护套内部,并设计成两半扣合结构,安装好后保护套与导线绝缘层压合在一起,可对外密封。高压穿刺电极安装位置可在支柱绝缘子电源侧或者负荷侧,并不影响产品的保护功能。

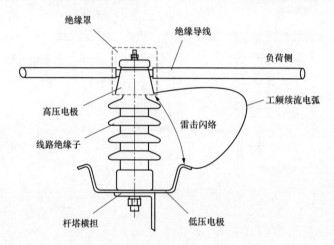

图 5-68 剥线型放电箝位绝缘子结构

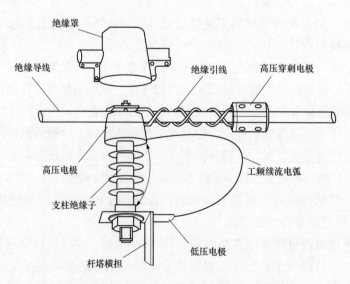

图 5-69 穿刺型放电箝位绝缘子结构

5.4.2.4　安装线路避雷器

线路避雷器是基于堵塞式防雷，是一种能够限制配电线路雷电过电压，降低雷击闪络概率，或者阻止雷击闪络后工频续流建弧的防雷措施。安装线路避雷器是配电网防雷最主要的手段，线路避雷器的结构型式有很多种，但主要由非线性电阻片和放电间隙串联组成，按照串联间隙位置的不同，线路避雷器可分为内串联间隙避雷器和外串联间隙避雷器，两种结构原理上是一致的，在雷电过电压作用下，空气间隙击穿放电，避雷器本体呈现低阻，将雷电流释放入地。雷电冲击过后，避雷器本体的电阻瞬间变大，通过的电弧电流被抑制在较低数值，空气间隙的绝缘迅速恢复，电弧在极短时间内自然熄灭，工频续流被完全遮断，能够限制直击雷过电压和感应雷过电压，能有效提高配电线路防雷性能，不会造成线路保护动作跳闸。

1. 环形电极外串联间隙避雷器

环形电极外串联间隙避雷器在早期配电线路防雷中应用十分广泛，图 5-70为环形电极外串联间隙避雷器的结构，在避雷器本体高压端设置一个环形金属电极，套在绝缘子伞裙的外围，绝缘导线电位不引出，与环形电极构成串联空气间隙。图 5-71 为环形外间隙避雷器的现场安装情况。

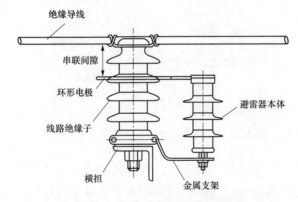

图 5-70　环形外串联间隙避雷器结构

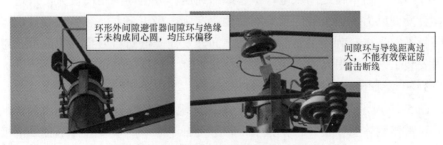

图 5-71　环形外间隙避雷器现场安装情况

环形电极带外间隙避雷器安装时和运行过程中都必须要保证绝缘子与间隙环在同心圆状态。否则，当感应雷电压作用时，导线与间隙环之间放电。但是，间隙环与绝缘子距离太近，发生穿环而过现象，雷电流仍然会闪络绝缘子，并且过电压保护器的间隙环与导线的距离也有一定的距离要求。由于在运行过程中，很容易出现间隙环偏移甚至直接搭在绝缘子上的现象，因此目前已不推荐使用。

2. 穿刺电极外串联间隙避雷器

图 5-72 为穿刺电极外串联间隙避雷器的结构，用穿刺电极穿透导线绝缘层接触芯线，将导线电位引出，避雷器本体高压端设置一个半球电极，穿刺电极与半球电极构成串联空气间隙，穿刺电极外串联间隙避雷器应安装在线路主要潮流方式下绝缘子的负荷侧。

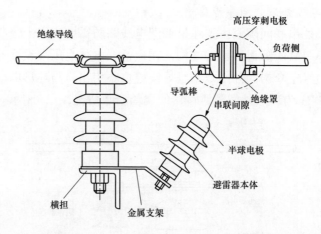

图 5-72　穿刺电极外串联间隙避雷器的结构

实际应用中，穿刺电极带外间隙避雷器的安装需要注意保证穿刺电极与避雷器本体的间隙距离在 85±5mm，间隙距离过小可能引起线路工频电流通过穿刺电极与避雷器本体之间放电，引起线路失压。放电间隙距离过大，或避雷器本体会受到风力、自重等因素影响而偏离穿刺电极正下方，容易造成雷电流放电路径不发生在穿刺避雷器放电间隙之间，从而降低防雷效果。因此穿刺避雷器对安装工艺提出很高的要求，这在一定程度上会增加施工难度。

3. 带支撑件外间隙避雷器

图 5-73 所示为带支撑绝缘子的外串联间隙避雷器，支撑件宜选用复合绝缘子。避雷器整体悬挂安装在横担上，棒形复合绝缘子两端设置棒形金属电极，二者构成串联间隙，并且间隙距离固定，适合在耐张杆塔安装。该结构的特点

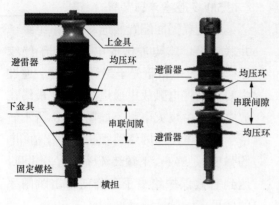

图 5-73　带支撑件外间隙避雷器结构

是支柱绝缘子和避雷器合体，外间隙固定设置在均压环和下部金具之间，安装不改变绝缘子跟导线现有连接方式（不用穿刺或剥皮）。

配电线路使用的带绝缘子支撑件外间隙避雷器，是一种固定间隙的防雷产品，主要优点是既能够起到绝缘子的作用，又具有避雷器雷电防护功能，在耐张和直线杆上都能适用，由于防电间隙距离在出厂时就已经确定，安装时无需调节，对工人安装水平要求低；且安装时不需要使用特殊的安装工具，降低了安装难度；当线路出现估值后，故障点具有可视性，既均压环会被烧灼，形成明显的烧灼痕迹，方便巡线员及时发现。但是这种结构的产品造价相对较高，属于近几年新出现的产品，其防雷性能仍需时间考验，目前南方的福建、江西等部分供电公司已开始试用该产品，如图 5-74 所示。

图 5-74　带支撑件外间隙避雷器结构

4. 固定外串联间隙避雷器

图 5-75 为固定外串联间隙避雷器的典型结构，主要由支柱绝缘子和避雷器本体组成，间隙在两者之间形成固定间隙（纯空气间隙），与带支撑件的结构一样，其空气间隙出厂时即已确定，安装无需人工调节，避免了因间隙距离不准确而影响防雷效果。绝缘子跟导线连接也可采用现有方式，可不用穿刺或剥皮。

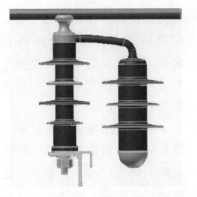

图 5-75　固定外串联间隙避雷器典型结构

5. 多腔室淬弧装置

该装置无需配置接地，与线路绝缘子并联安装，雷电冲击放电电压低于绝缘子，雷电过电压下先于绝缘子放电，通过中间电极将电弧放电通道拉长，并最终在放电通道中熄灭电弧，如图 5-76 所示。由于工作电压与闪络路径长度的比值（电场强度）足够小，工频续流无法有效建弧，达到有效保护绝缘子和降低雷击跳闸率的效果。

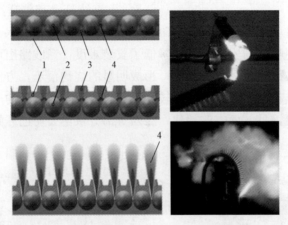

图 5-76　多腔室结构及吹弧过程

1—硅橡胶棒；2—中间电极；3—电弧淬灭室；4—放电通道

采用长闪络路径熄弧装置或多腔串联熄弧装置时，可在相邻 3 基杆塔的三相上分别安装，每基杆塔安装一相，因而具备一定的技术经济性，如图 5-77 所示。

图 5-77　多腔室淬弧装置安装方法

6. 内串联间隙避雷器（内置避雷单元绝缘子）

图 5-78 为内串联间隙避雷器，将火花间隙放在避雷器外套内部，与避雷器电阻片串联叠装，高压电极引出导线电位，通过连接线与内置间隙高压端电气连通。其优点为串联间隙放电分散性小，但结构较复杂，安装时要求产品密封性能良好，否则在长期运行中的日晒雨淋易造成设备表面裂纹及内部受潮，一般不宜在线路上使用。

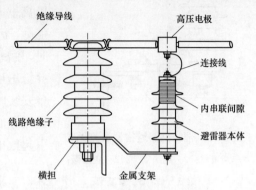

图 5-78　内间隙避雷器结构

7. 无间隙避雷器

配电线路无间隙避雷器较多安装于线路终端杆塔（配电变压器台区、电缆、变电站等），用于配电设备侵入波保护，同时兼顾线路绝缘子保护，可配置脱离器。与常规配电型避雷器比较，一般需要更强的雷电冲击电流耐受能力、更高的标称放电电流等级（如 10kA）、更强的动作负载能力（宜按强雷动作负载选择）和更低的保护水平。

图 5-79 为典型的配电线路无间隙避雷器在绝缘导线上的结构示意图，其一端直接与导线连接，另一端连接到电杆横担上，即与绝缘子并联安装。避雷器与导线芯线的电气连接可采用剥离绝缘层方式，也可采用穿刺齿穿透绝缘层方式，后者的优点在于不破坏绝缘导线的密封性能。

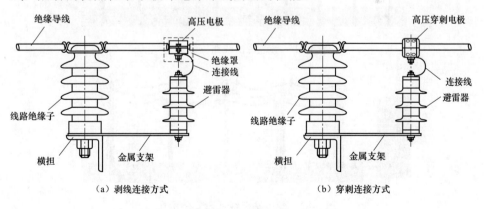

（a）剥线连接方式　　　　　（b）穿刺连接方式

图 5-79　无间隙避雷器结构

8. 带脱离器避雷器

配电网带脱离器避雷器一般安装在配电线路终端杆塔，户外电缆终端用于

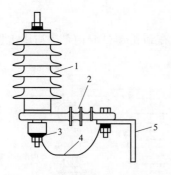

图 5-80 带脱离器避雷器典型结构

1—避雷器；2—绝缘支架；3—脱离器；

4—柔软导线；5—安装架

进线段保护，可避免避雷器故障造成系统持续故障，如图 5-80 所示。避雷器正常运行时，脱离器与配套避雷器有相同的冲击电流耐受能力，因而不会动作；当避雷器过负荷或故障时，脱离器将及时动作，将避雷器和系统分离，并给出可见标识，以便尽快更换故障避雷器。单安装时应注意，避雷器接地端与地之间应保证足够的绝缘距离，否则在脱离器动作后可能引起放电。

在实际应用中，雷电易击线路（段）应逐基逐相安装避雷器，装设避雷器的线段首末端应装设接地装置，其余电杆上的避雷器宜隔 5 基设置一组接地，如图 5-81 所示。而对于变电站出线架空线路前 2 基的避雷器应加装接地，其他杆塔条件允许情况下宜装设接地，必要时宜同时架设避雷线保护，如图 5-82 所示。

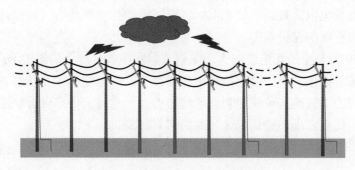

图 5-81 易遭雷击线路安装示意

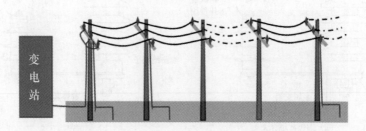

图 5-82 变电站出线杆段安装示意

5.4.2.5 降低接地电阻

杆塔接地电阻体现的是雷电流迅速导入大地的能力，是线路反击耐雷能力的关键技术参数，对线路防雷水平至关重要。根据 DL/T 5220《10kV 及以下架空配电线路设计技术规程》要求，如果土壤电阻率超过 2000Ω·m，接地电阻很难降到 30Ω 时，可采用 6～8 根总长不超过 500m 的放射形接地体或连续伸长接地体，其接地电阻不受限制。实际上考虑到福建多山地、多岩石地貌，地质条件不佳的问题，福建省电网在设计阶段，当接地电阻设计值达到 30Ω 时，均按照最大接地规模布置。但是对于人员密集区的电杆宜接地，应尽量降低接地电阻，且不宜超过 30Ω。

从多年的运行经验看，通过接地改造达到理想的降阻效果是不现实的。目前福建省电网接地工作主要以确保现有的接地设计效果为主，接地改造的目的是防止接地网腐蚀和断裂，确保杆塔耐雷水平不下降。同时针对当前存在的接地引下线问题较多的情况，福建省电网接地引下线进行规定：水泥杆的接地引下线应用直径不小于 8mm 的圆钢，铁塔和钢管杆的接地引下线应采用截面不小于 48mm^2、厚度不小于 4mm 的扁钢。

配电网几种主要防雷措施技术经济性及选择见表 5-5。在实际应用中，因不同线路的设计、运行条件不同，宜根据实际情况和防雷经验，采取疏堵结合、差异化的防雷措施，提高防雷针对性。

表 5-5 配电网防雷措施技术经济性和适用性比较

防雷措施	设置架空地线	降低接地电阻	安装避雷器		安装防弧间隙		加强绝缘
			无间隙避雷器	带间隙避雷器	剥线型	穿刺型	
保护原理	通过耦合降低感应过电压水平	降低反击闪络和多相闪络概率	抑制绝缘子两端雷电过电压，避免雷击闪络和绝缘导线断线，安装相对接地电阻无要求		疏导雷击闪络后的工频续流电弧离开绝缘导线和绝缘子		提高线路耐雷水平，降低雷击闪络概率
技术特点	对直击雷过电压抑制措施有限，宜配合降阻和加强绝缘措施	宜充分利用杆塔自然接地作用，必要时敷设人工接地装置	电阻片长期承受运行电压易老化，需定期检测	电阻片承受电压很低，基本免维护，避雷器损坏后不影响线路运行	安装时需要剥离导线绝缘层，存在局部裸露和密封问题	安装不破坏导线密封，基本不存在导线绝缘局部薄弱问题	提高绝缘子、导线、横担等组合绝缘强度，维护少
综合效果	一定程度上降低雷击闪络和断线的概率	一定程度上改善线路的雷电防护性能	安装相可避免线路雷击闪络和断线，但可能增大未安装相及相邻未安装塔的雷击闪络率，配合降阻可减少影响		有效保护绝缘子雷击受损，保护绝缘导线免于雷击断线，提高重合成功率，但会导致雷击跳闸率增加		一定程度上降低线路雷击闪络和断线概率
安装要求	高，需校核杆塔强度和塔头距离	较高，高土壤电阻率区降阻困难	较低，安装较简单	较高，对非固定间隙的产品需控制好外串联间隙的距离	较低，应尽量控制对绝缘导线整体密封破坏	较高，应防止高压穿刺电极损伤导线的线芯	较低，新建线路不增加工作量，但运行改造稍难

续表

防雷措施	设置架空地线	降低接地电阻	安装避雷器		安装防弧间隙		加强绝缘
			无间隙避雷器	带间隙避雷器	剥线型	穿刺型	
经济成本	高，需配合采取降低接地电阻措施	较高，需要较大人力和材料成本	一般	较高	一般	较高	较高
适用范围	较小	大	较大	较大	较大	较大	一般

5.4.3 配电网雷害防治典型案例

5.4.3.1 配电网雷击跳闸案例

1. 案例概述

10kV ××线的主干线 2008 年投运，线路全长 30km，下辖 3 条支线（2000年建设）；导线型号为 LGJ-150/95/50/35、JKLGYJ-10kV-50 五种规格，29 台公用变压器；线路装设 1 个分段开关，绝缘子主要是 P-15T、P-10T 等；没有装设线路防雷保护装置；故障指示器 7 套。线路走廊建设在高山茶园山顶或山坡上，如图 5-83 所示。

图 5-83 ××线走廊路径

10kV ××线 2017 年停电 15 次，涉及 324 台次配电变压器停电，其中线路11 次停电是 10kV ××线#1 杆柱上开关因雷击跳闸引起；1 次为 10kV ××线#35-1 杆 U0111 配电变压器雷击击穿；1 次为 10kV ××线××支线#13-7 杆U0123 配电变压器 C 相避雷器击穿引起；1 次为 10kV ××线××分支线#12 杆U0124 配电变压器台区内大树因风力较大导致树枝折断，压到低压线路，导致断杆；1 次为××变 10kV ××线#42 杆针式瓶击穿和绝缘导线断线，如图 5-84 所示，共计有 14 起由于雷击原因造成线路运行故障，雷害严重。

（a）绝缘导线断线　　　　　　　　　　　（b）针式瓶击穿

图 5-84　××线雷击故障现场

2．存在问题

（1）10kV ××线路 T 接有小水电站，无线路 TV，馈线开关重合闸装置未投入，造成雷击瞬时性故障不能重合，停电时间延长。

（2）运维管理不到位。该线路 2015 年雷击故障 5 次，2016 年雷击故障 7 次，运维部门未按照《配网运行规程》及时开展线路特巡及监察巡视，未在 2017 年雷季之前采取有效的防雷措施。

（3）该线路在 2008 年进行#1-#22 杆线路改造时未同步将已淘汰的 P-15T、P-10T 型绝缘子进行更换，且至今也未对该型号绝缘子进行更换，该线路绝缘等级较低，如图 5-85 所示。

（4）早期线路设计未同步考虑装设防雷设施（只在公用变压器和分段开关处装有氧化锌避雷器），大部分雷电易击段未装设雷害防护装置，如图 5-86 所示，线路整体防雷水平低。

图 5-85　线路大量使用针式绝缘子　　　　图 5-86　强雷区未装设避雷器

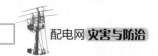
（5）10kV ××线虽使用外串联间隙避雷器，但巡视中多次发现间隙发生偏离，雷雨季到来时该线路的防雷效果有限，如图 5-87 所示，无法避免线路跳闸或断线。

（a）间隙过小　　　　　　　　　　　（b）间隙过大

图 5-87　穿刺电极避雷器安装应用情况

3. 治理措施

该公司对 10kV ××线等高故障线路整治的专题分析，多次实地穿透核实线路设备运行状况，按照配电线路综合检修策略，制定了详细的整改方案，实施以下几种措施全面提高线路供电可靠性。

（1）梳理完善继电保护装置。完成各变电站重合闸保护装置的梳理，10kV ××线重合闸装置退出改为投入，结合停电将#1 杆柱上开关保护退出，开展其他加装分段开关的定值梳理，实现重合闸以及各级分段开关延时保护的配合，如图 5-88 所示，从而解决线路越级跳闸，瞬时性故障不能重合的问题。

（2）开展防雷专项整治。基于雷电活动参数统计、现场线路历史运行数据、线路走廊雷电活动数据统计，建立××线雷电易击线路台账，开展该线路差异化雷害风险评估，得出：

1）10kV ××线地理位置符合易雷区地形地貌特征，如图 5-89 所示，××

图 5-88　投入重合闸

线及各支线线路走廊途经深山茶园，海拔高，供电半径大，树木生长茂盛，绝缘化程度低（目前为 LGJ 型号导线），线路清障难度大，遇暴雨和雷电天气，常出现山体滑坡及雷击等灾害容易遭受雷击。

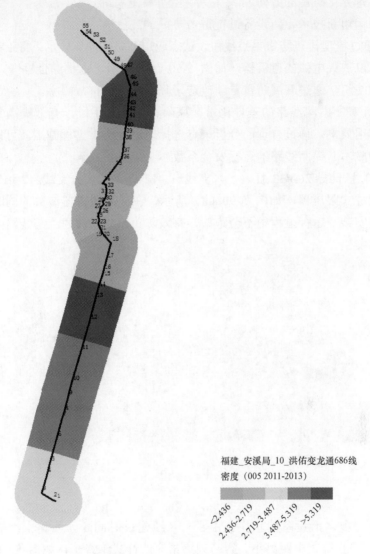

福建_安溪局_10_洪佑变龙通686线

密度（005 2011-2013）

<2.436　2.436-2.719　2.719-3.487　3.487-5.319　>5.319

图 5-89　××线走廊雷电密度分布

2）10kV ××线线路防雷措施薄弱，其绝缘配合随着线路的老化难以达到安全要求，且没有备用手段，因而导致现有线路的绝缘配合不完善，即表现为台变前的避雷器常常被雷击侵入波击毁的事故发生。

3）对该馈线开展防雷评估，通过线路历史运行记录可以直观地反映出线路的绝缘水平、易遭雷击区段以及区间的历史雷电活动强度。对曾经发生过雷击故障点的杆塔重点防护。同时结合周边地理环境总结其地形地貌的特征，更好地指导差异化防雷的方向。

（3）运用新技术、新设备进行雷击防护。

1）通过梳理排查防雷重点线段，试点应用"简易淬弧技术"将工频续流电弧拉长，以熄灭电弧的避雷器，如图 5-90（a）所示，本次综合检修共分 6 段安装了 102 组，通过开展防雷专项改造，降低线路雷害故障率。

2）针对配电网线路的差异化雷害风险评估技术手段，有效提高雷击防护装置的使用效果，通过合理的分析来有选择地进行防雷工程施工，可以降低线路防雷的成本，提高线路的运行安全系数。

3）在主干线#26-#33 杆、××支线#1-#12 杆、××分支线#12-#17 杆试点应用内置柱式限压器，如图 5-90（a）所示，在提高避雷器参数的同时确保防雷间隙在安装及运行过程中不会跑偏，有效防止工频续流建立与线路跳闸、断线事故的发生。

（a）简易淬弧装置　　　　　　　　　　（b）内置柱式限压器

图 5-90　新技术防雷

（4）开展老旧设备的轮换。由于××线建设时间长，线路上绝缘子多是P-10T、P-15T 等爬电距离小、容易闪络击穿的针式绝缘子，如图 5-91 所示。本次综合检修除了完成 2 个支线绝缘子改造外，还结合避雷器加装完成了 102只老旧绝缘子和避雷器的更换，提高线路绝缘水平。

4. 治理效果

通过线路综合检修，尤其是重点开展防雷差异化整治，××线 2017 年故障率同比 2016 年下降 67%，且在 2017 年雷雨季节中，未发生由于雷击引起的线路故障，综合整治取得明显的效果。

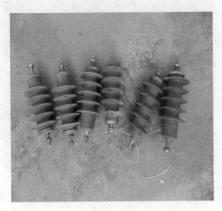
（a）更换避雷器

（b）更换绝缘子

图 5-91　更换老旧设备

5.4.3.2　配电网雷击设备损坏案例

1. 案例概述

10kV ××线始建于 1979 年，至今运行 39 年，全线 45.14km，杆塔 638 基，2011 年农网项目中改造首段 1～121 号为 JKLYJ-120，其余线路均为老旧线路，导线型号为 LGJ-50，铝导线锈蚀严重，部分老旧架空线路避雷器、防雷金具老化严重，防雷效果差，造成绝缘导线断线事故频发。此外，因山区地质原因，部分避雷器防雷装置接地电阻不合格，电杆、避雷器等配电设备爆裂的情况较为普遍。

2. 存在问题

（1）绝缘导线断线。10kV ××线在 46 号至 70 号杆采用绝缘导线，但由于资金限制，这些杆段未装设雷害保护装置，架空绝缘导线因无法得到保护而断线，断口处没有明显的塑性变形，两个断口能够吻合得很好，并且断口颜色光亮，呈结晶状，符合金属脆性断裂的特征，如图 5-92 所示。

（2）柱上开关击穿。10kV ××线的 001 开关防雷保护措施不足，现场运行的柱上开关仅在一侧装避雷器保护，当一侧线路遭受雷击时，雷电波沿线路传播，使开关内部或外部绝缘发生击穿或闪络，可能造成开关损坏，如图 5-93 所示，因此开关两侧都必须安装避雷器。如果运行中开关断开，雷电从一侧侵入到达开关断口处不但会造成对地击穿短路，严重时还会引起开关断口击穿，引起严重的相间短路。

图5-92 58号杆段绝缘导线断线

图5-93 10kV ××线#001开关雷击击穿

图 5-94 混凝土杆雷击破损

（3）直击雷造成杆塔受损。10kV ××线的 89 号杆塔位于山顶地势较高处，处于雷电易击杆段，强对流天气下雷电直接击中杆塔，雷电直击产生的巨大能量造成水泥的缺损和剥离，如图 5-94 所示。

（4）接地电阻过高烧毁变压器。10kV ××线的 9 号台区的接地存在问题，一些地区的接地使用单根或两根垂直接地极作为接地装置，在山区高土壤电阻率地区单根或两根垂直接地极组成的接地装置接地电阻可能高达数百欧姆。当避雷器工作，雷电流通过接地装置时，会造成施加在变压器绕组上的过电压过高而烧坏变压器，如图 5-95 所示。

（a）整体图

（b）局部图

图 5-95 配电变压器雷击过电压烧毁

3. 治理措施

（1）标准化加工车间。工程建设采用模块化施工，打造工厂化装配车间，如图 5-96 所示。提前对带外间隙避雷器、防雷绝缘子、避雷线支架等材料进行组装加工，缩短现场停电施工时间，提高工作效率。

图 5-96　××公司工厂化装配车间

（2）架设避雷线。因地制宜，在雷击频发地段，架设避雷线采用 XGU 型系列悬垂线夹（船型线夹），支撑架高 1.4m，与导线形成 25°避雷保护角，满足相关标准，尽可能降低线路雷击闪络概率，避免雷击闪络后工频续流烧伤绝缘导线。每基杆塔进行接地引线，实现全线路接地防护，如图 5-97 所示。

（a）悬垂线夹　　　　　　　　　　　　（b）接地引线

图 5-97　架设避雷线

（3）降低接地电阻。针对防雷治理线路接地电阻全面开展普测，发现不合格的接地电阻，采用 HYJ-08B 型石墨材料挖沟深 0.8m，直线埋设用细土分层

夯实，提升治理效果。累计投入石墨材料 3000m，整改接地电阻 320 处，如图5-98 所示。

（4）精益化开展避雷器轮换。对避雷器全寿命周期管理，建立避雷器运行台账，根据运行年限编制周期轮换计划表。采用"带电轮换"与"综合检修"两种方式相结合进行开展。首先，坚持"能带不停"原则，由带电作业中心，统一安排进行带电作业轮换。建设以来已安排带电作业轮换避雷器、带外间隙避雷器和防雷绝缘子累计 3200 组，如图 5-99 所示。对带电作业车不能到达的地点，将轮换工作列入线路综合检修任务，作为必检修项，进行周期轮换。

图 5-98　石墨接地治理

图 5-99　开展避雷器轮换

4. 治理效果

通过对 10kV ××线防雷治理，线路雷击故障明显减少，线路抗雷击能力显著提升。该线路雷击跳闸次数由 20×× 年 8 次、20×× 年 12 次下降到 20×× 年的 1 次，每年减少电量损失 6.8 万 kWh，按照防雷设备 20 年寿命测算，累计挽回电量损失 136 万 kWh。因雷击故障造成的抢修工单下降 84%；未发生雷击断线，大幅降低了人身触电事故风险。

5.5　配电网地质灾害防治

5.5.1　配电网地质灾害防治管理要求

5.5.1.1　规划设计阶段

设计人员应加强地质灾害位置的辨识能力，根据地表变形特征和分布、地表移动盆地的特征（包括杆塔附近抽水和排水情况），辨识出采空区、泥石流、滑坡和崩塌等地质灾害地段，并在设计图纸中标明地质灾害地段。

设计应充分考虑特殊的工程地质、气象条件的影响，设计上应尽量避开地面变形区、泥石流、滑坡和崩塌等地质灾害地段。不能避让的线路，应进行稳定性评估，并根据评估结果采取地基处理（如灌浆）、合理的杆塔和基础型式等预防措施。

运行部门要提前介入，参与线路的设计、评审、路径选择等工作，运行单位要提供邻近地区或本地区地质灾害区域运行经验，为配电网工程设计提供参考。

对于无法避开的滑坡和崩塌灾害杆段，杆塔和线路应与危险体边缘安全距离至少大于 5m，受现场条件限制距离无法满足时，应采用跨越或电缆敷设的方式。

对于无法避开的地面变形区域的杆位，基础不应采用原状土掏挖直埋式的基础，应视情况采用套筒式或台阶式基础，杆位选址时应尽可能保证杆位的天然地基的稳定可靠性。

对于大面积的地面变形地带，应尽量减少耐张转角杆的使用数量，避免采用转角度数大于 60°的耐张转角杆，并尽量缩小水平档距和耐张段长度。

对于泥石流地质灾害地段，选择性采用电缆或者架空线路。当选用架空线路时，呼称高应留有一定裕度，应视情况采用套筒式或台阶式基础，且加装 1.2m 的围墩（护墩）。水泥杆应尽量避免使用拉线，对于耐张和转角杆应视现场情况采用钢管杆、窄基塔。

经过地质灾害地区架空线路原则上应采用单回路架设，且给同一用户供电的双电源线路不能经过同一地质灾害地带。

地质灾害区域的水泥杆埋深应参照表 5-6 的规定。

表 5-6　　　　　　　　　　水　泥　杆　埋　深

杆长（m）	12	15	18
埋深（m）	1.9	2.5	2.8
根部弯矩计算点距离（距水泥杆底部）(m)	1.9	2.5	2.8

5.5.1.2 运行阶段

在现有配电线路台账的基础上，对地质灾害区域的线路进行标明，包括线路名称、杆塔编号、特殊地质类型、特殊地质范围、地质变化情况等详细信息。

运行维护单位应结合本单位实际制定地质灾害地段防止倒杆断线事故预案,在材料、人员上予以落实;并应按照分级储备、集中使用的原则,储备一定数量的配电设备、杆塔及预制式基础。

在灾害频发的月份,对地质灾害区域线路按照每月不少于 1 次的巡视周期开展。在春季气温回升、特大暴雨后,应开展地质灾害区域线路的特殊巡视,及时掌握杆塔的倾斜、基础沉降、导线弧垂变化等情况,发现杆塔基础周围有地表裂缝、地面变形和危险体边缘裂缝时,应与设计单位进行现场勘查,确定方案并及时处理。

对于易发生崩塌、滑坡、泥石流等地段的杆塔,应采取加固基础、修筑挡土墙(桩)、截(排)水沟、改造上下边坡等措施,必要时改迁路径。

应在地质灾害区域的杆塔附近的公路、铁路、水利、市政施工现场及民房等可能由于开挖取土引起杆基失稳的杆段设立"禁止开挖保护电力设施"的警示牌或采取其他有效措施,防止杆基破坏。

地质灾害地段可视情况装设配电设备和杆塔在线监测装置,并采取监测或定期检测手段,密切监视特殊地质区域的杆塔周围是否发生滑坡、裂缝、沉降等特殊地质行为及大风、暴雨等可能引起特殊地质行为的特殊气候,对可能影响电力设备安全运行或变化较大的监视结果应及时分析、上报,并采取措施。

对基础不稳固的杆塔抢修作业时,应确认工作杆塔对工作人员无安全威胁,必要时应采取增加专职监护人、增设临时拉线、释放导线应力等临时措施,确保工作人员安全。

▶▶ 5.5.2 配电网地质灾害防治技术措施

架空配电线路灾损具有局部性、分散性和微地形的特征,为兼顾安全可靠性和经济适用性,应结合地形地貌和水文条件,按照"避开灾害、防御灾害和限制灾害"的防灾优先策略,明确配电架空线路、配电装置和网络结构,在网络规划、工程选址、设计施工、设备选型全寿命周期流程的防灾技术措施,提出适应洪涝地质灾害地形条件的差异化设计技术措施。

5.5.2.1 架空线路防灾技术措施

1. 加大线路路径的设计深度,采取差异化设计避开灾害地带

一是要求配电线路设计应在实际地形图上绘制线路路径图。受灾郊区和乡镇供电所线路设计多无线路路径图和地理接线图,路径选择难以控制。二是细化走廊和杆塔位置的选择条件,现有规范对线路路径和杆位仅有定性和宽泛规定,因此应补充走廊和杆塔位置的地形限制条件,用图册指导一线人员直观识

别灾害地形,培训设计人员的地质和洪涝水位调查能力;三是采用差异化设计避开灾害地点。应采取线路档距调整、杆位调整、增加直线转角杆塔、采用加高杆塔和大档距跨越等措施,避开灾害地形。例如城市郊区局部地质灾害地形,可以采用沿道路靠山侧路肩的路径方案,采用高杆型大档距跨越、避开易塌方的高边坡,减少高造价缆化,此措施应用在南平 10kV 电视线和环城线的示范设计取得较好效果。

2. 根据地形地貌差异化设防,提高防御灾害能力

与送电线路不同,配电线路走廊必须靠近负荷点、杆位较密,另外由于造价限制不宜大量采用高杆塔、大档距,因此当线路走廊或者杆塔位置选择余地小,当只能位于灾害区域时,应根据灾害地形地貌、典型灾损、线路和杆塔重要性,重点加强杆塔和基础抗倾覆和抗上拔的稳定性、防连排串倒、防杆塔和拉线基础受冲刷和塌方、防塌方倒树外物冲击的断线、断杆等技术措施。在设计深度上应加强导线、杆塔强度和基础设计的安全系数的校验和配合,加强对杆塔和基础的稳定性计算和校验。根据所处的灾害地形和典型灾损,可以采取表 5-7 差异化设计措施进行设防。

表 5-7   灾害地形架空线路防御灾害的差异化设计技术措施汇总表

序号	灾害地形	典型灾损	防御灾害的差异化设计技术措施
1	杆塔位于不良土质陡坡	陡坡不稳定层滑坡、塌方,引起杆塔、拉线基础塌方、滑坡、下陷,杆塔倾斜、倾覆	设计截水、排水、散水、弃土、植被恢复措施;在恶劣地形杆塔可以根据地质择优选用岩石锚桩或挖孔桩等类稳定基础
2	走廊位于陡坡坡脚	塌方岩石和倒树直接撞击导线和电杆,导致断线、斜杆和倒断杆	合理控制档距和角度;选用非预应力普通钢筋混凝土等抗冲击能力强的电杆;局部采用窄基塔或者钢管杆的措施
3	道路外侧易坍塌边坡	地表水沿水泥路面汇集下渗、冲刷边坡,造成滑坡、塌方,电杆基础随之塌方、倾覆	杆位附近应采取截水、弃土和植被恢复措施;电杆有效埋深和基础应穿透滑动体、深入稳定层;必要时采用人工挖孔桩等稳定基础
4	冲沟的岸边等易冲刷坍塌的地带	水流暴涨、冲刷造成杆塔、拉线基础塌方、拉线上拔、杆塔倾覆	杆塔位应选择在基础稳定、不易被洪水淹没地段;电杆和拉线基础有效埋深应在水位冲刷线以下;设计防冲刷的护墩
5	冲沟以及可能变为河道的河漫滩和洼地	洪水冲走表土、浸泡基础,夹杂石块、树木冲击电杆,拔起拉线,电杆倾覆,容易引起串倒	加大电杆埋深、采用重力式基础深入河床提高稳定性;设置楔形护墩减少水流冲力和防撞;采用较高强度水泥杆或窄基塔
6	易受涝的洼地、水田、一、二类土等土质不良地带	土质软弱、基础受洪涝浸泡后,由于水的软化和浮托力作用,造成电杆倾斜、倒覆	加装底盘、围桩、围台等措施;必要时采用换土垫层、重力式基础提高杆塔稳定性;采取增加拉线设置、加强拉盘稳定性等措施

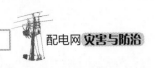

续表

序号	灾害地形	典型灾损	防御灾害的差异化设计技术措施
7	通信线路倒覆范围	通信线埋深浅,易倾覆,钢绞线不轻易断线,成排压覆或者扯倒电杆	协议搭挂的线路设计时应计入通信线路荷载;邻近架设时灾害区域应考虑通信线路的倒覆距离;对违章搭挂线路应及时给予清理
8	线路串倒地形	山洪、泥石流冲击成排串倒;易涝、土质松软地带,杆基受浸泡和水流压力,出现串倒	控制耐张段长度,增加耐张杆拉线组数,加强耐张杆塔和基础强度;在连续直线杆塔间合理设置加强型直线杆塔;加强大高差、大档距线段的杆塔稳定性设计
9	跨江河线路	水位暴涨导致漂浮物直接拉扯导线致斜杆、倒杆,跨江杆塔立于陡坡,基础塌裂	设计时应搜集水文资料,并考虑对水面距离一定裕度,对跨江河杆塔和基础应加强设计;规划中应以江河供电分区,需跨江河时应尽量沿桥架设电缆

3. 采取限制灾损措施,减少线路受灾停电

在灾害难以避免时,采取差异化规划设计措施,限制架空线路灾损和停电范围。

一是重点加强耐张杆塔的稳定性设计。合理控制架空线路耐张段长度,适当提高灾害区域耐张杆的设计标准,包括增加拉线数量,选用较高强度的水泥杆,必要时灾害地点、重要线路的耐张杆可以采用窄基角钢塔和钢管杆,并加强耐张杆的基础设计,提高重要线路的防灾能力。二是提高重要线路走廊的互为灾备能力,对重要线路的多联络电源的线路走廊进行梳理,开辟新的走廊通道,避免多联络电源集中于同一灾害区域,同时受损停电。三是针对灾害中较多直线杆倒断杆扯倒相邻杆塔,采用脱离式线夹代替铝扎线,当直线杆倒杆时自动脱离,避免牵倒其他线路。

5.5.2.2　配电装置防灾技术措施

1. 配电变压器台区架防灾措施

一是优化配电变压器台区选址。台址应避开地质灾害和洪涝位置,选址同时应考虑拉线的安全位置。二是加强配电变压器台区稳定性设计。应结合地形地貌,采取增加横向拉线,加大电杆埋深、加设底盘、卡盘基础、围墩等措施提高抗倾覆能力;优化耐张段设置,避免线路断线扯倒配电变压器台区。三是在洪涝区变压器应选用全密封免维护的型号,防止水从呼吸器等位置进入。四是增加小容量紧凑型配电变压器台区的设计和应用,既便于选到安全的台址,又可以互备防灾。

2. 开关站/配电室防灾措施

一是核定各新建和改造配电装置防洪防涝的设防水位,洪涝区域开关站/

314

配电室必须在地面一层及以上，并高于洪涝水位。二是加强站/所建筑的防水设计。处在洪涝区域的站所建筑设计应尽量减少可能进水的面积，以增加断电处置时间裕度。三是合理选用防水防潮配电设备。对洪涝区域站所不宜选用干式变压器、间隔式开关柜（绝缘隔板受潮容易爬电）、下隔室采用环氧树脂浇注等复合绝缘结构母线的开关柜，以免受淹或受潮绝缘恢复困难。四是因地制宜采取差异化防洪涝改造措施。对干式变等高度低的设备可以加装预制式钢结构基础和减噪措施直接抬高安装基础；对全封闭性开关柜可以在解决母线检修和散热条件下，合理利用柜顶和天花板距离抬高基础；对使用年限已久的 GG1A/GGX，可以结合设备改造更换为 KYN/HXGN 等高度低的开关柜，基础至少可以抬高 1m。五是积极争取政府支持，利用市政防洪改造，将处于地下建筑、洼地、涝区站所和配电装置搬迁到高处，尤其是保证政府、医院、防汛、供水等重要单位供电的站所要尽快改造到位。

3. 环网柜防灾措施

一是应尽量采取措施将设备基础标高抬高到洪涝水位之上，可以采用预制型钢等基础迅速抬高，减少停电。二是设计订货应要求生产厂家改进柜体（壳体）的防水设计。三是应正确选择适合洪涝区域的环网柜和附件安装。洪涝区域宜选用共箱式、全绝缘、全封闭环网柜，在可能浸水的环网柜宜选用全绝缘全密封电缆附件和防水性能好的 TV 并抬高安装位置，并对 TV 和 FTU 采用防水密封箱安装。

4. 箱式变电站防灾措施

除了提高箱式变电站基础的设防水位外，还宜采取以下防灾措施：

一是除了要利用预装式箱式变电站兼作为环网供电的主节点外，一般在涝区宜选用美式箱式变电站作为终端变，采用美式箱式变电站时，应加强低压配电箱和高压电缆终端头的防水功能。二是必须在洪涝区域采用预装式变电站时，应在箱式变箱体型式、环网柜、变压器和低压柜四个部分选择防水和防潮性能较强的型式，涝区不宜采用干式变压器作为箱式变电站部件。

5.5.2.3 网络结构防灾优化措施

受灾区域一般负荷水平低，存在电压层级复杂、县城重复变压、乡镇高压布点不足、中压配电网供电半径长等连锁问题，配电网可靠性较低，在洪涝地质灾害中停电时间较长。目前县级配电网较多具有此类共性，由于经济水平不高，网络结构优化不能一味考虑"高大上"方案，而应根据受灾区域配电网的现有网络结构，采取经济实用的方案。

1. 适度超前发展 110kV 配电网、简化 35kV 配电网，盘活 35kV 设备

应加快县城 35kV 配电网升压为 110kV，在负荷增长较快、条件较成熟的乡镇宜优先发展 110kV 网络，避免 35kV 网络的重复建设改造，在升压改造中推进退出的 35kV 配电设备在全省范围内调剂，以较少费用增加偏远乡镇 35kV 布点，解决部分乡镇 10kV 配电网薄弱，防灾能力低的问题。

2. 加强经济适用型 35kV 配电装置的应用

山区乡镇 35kV 变电站可以直接按终端变电站简化设计，在接线模式上采用线路-变压器组接线，简化开关和保护，在站房结构上可以采用预装式变电站（组合箱式变电站），以降低防灾措施的成本。

3. 以经济实用的技术措施优化乡镇配电网结构

（1）在单辐射树形供电长线路的中心建 10kV 的简易柱上开关站，从附近 35kV 变压器新出 10kV 的线路，可以考虑按 35kV 架设 10kV 运行，将来负荷增长可以直接插入 35kV 预装式变电站。

（2）合理使用柱上断路器和负荷开关进行分段，应加大负荷开关使用比例（不论是柱上还是户内），减少断路器应用（比价 1:3），主干线路宜采用负荷矩（kM×kVA）相当的原则优化分段，并宜采用负荷开关，而不应采用断路器分段。

（3）在分支线上选用新型的限流型跌落式熔断器（石英砂熔管，额定电流达 100A，开断能力达 31.5kA），替代柱上断路器和普通熔断器，作为分支线的自动分段器，自动切除故障。既可以省去断路器的高昂投资，又可以克服普通喷射式跌落式熔断器在山区容易引发火灾的缺点。

4. 加强村庄小容量、紧凑型配电装置的设计

解决现有小容量三相变压器的台架尺寸过大，很难深入村中布点的问题，应推进紧凑型单杆式单、三相配电变压器台区的设计，推进避雷器和熔断器内置式单、三相小容量柱上变压器的研发，逐步形成紧贴村周边或者深入村庄的小容量、密布点的供电模式。

5. 加强重要线路的防灾规划设计

应采用重要性系数适当提高配网馈线、干线、向重要负荷供电的配电线路的设计标准，通过提高导线、杆塔、基础强度，加强重要线路走廊的规划设计，避免多电源处于受灾相同走廊。

6. 加强配电装置站址防洪涝水位的规划

灾后应尽快开展配电装置防洪涝灾害设防水位的系统规划，逐个核定站所的设防水位，作为新建/改造的所址和设备基础的基准标高。

5.5.2.4 防地质灾害新技术介绍

1. 固体绝缘环网柜的应用

（1）技术介绍

环网柜一般分为空气绝缘和 SF_6 气体绝缘两种，目前以 SF_6 气体绝缘环网单元为主。两种类型的环网柜存在以下缺点：空气绝缘环网柜的占地面积和空间尺寸大；易受环境（潮湿、污秽）的影响；SF_6 绝缘环网柜内的 SF_6 是温室气体，污染环境；在严寒地区，SF_6 气体有液化隐患；在高原地区，SF_6 气体有泄露隐患。固体绝缘环网柜具有结构简单、体积小、无毒、无污染及绿色环保等优点，符合绿色产品的发展理念。

（2）技术特点

固体绝缘环网柜集绝缘母线、组合单元小型化、外固封三种技术一体，开关及高压带电部件采用环氧树脂等固体绝缘材料进行整体密闭包封，以固体绝缘材料作为带电体对地及相间主绝缘，并将其外表面的导电或半导电屏蔽层可靠接地的一种新型配电设备。

固体绝缘环网柜的所有一次带电体不外露，不产生任何可吸入颗粒物和有毒气体及温室气体，无漏气、爆炸和内部燃弧的隐患，具有绝缘性能高、环境耐受能力强、体积小、容量大、整体强度高、组合灵活、免维护、可短时浸水等特点。固体绝缘环网柜根据不同配置，可开断额定负荷电流、额定短路电流，具备双电源进线手动/自动方式切换、电流速断保护、小电流接地系统单相接地保护和通信等功能。主要技术参数包括额定电压、额定电流、额定频率、额定短时耐受电流、额定短时峰值耐受电流、额定短路关合电流（峰值）、异相接地故障开断能力、1min 工频耐压、雷电冲击及局部放电等。

固体绝缘环网柜可避免采用六氟化硫气体灭弧或绝缘所引起的有害气体产生及排放，提高设备对恶劣环境的适应性，解决因自然环境导致的设备不能整体运输和现场组装的问题，有效降低运输和施工难度。固体绝缘环网柜相比于传统的环网柜，有以下几个方面的特点：

1）外壳结构简单，取消了压力气箱部件，避免了 SF_6 污染环境；

2）适应智能电网建设需要，具有智能化的特点；

3）模块化设计，固体绝缘环网柜采用拼装组合结构，灵活性非常强，运行中，任意环网柜单元发生问题，都可以实时更换，为用户的使用提供了极大方便，降低设备的运营和维护成本。

4）适应于多种恶劣环境，如污染严重地区、洪涝区、高海拔地区、人口密集区等。

5）隔离断口可视化：通过可视观察窗，便于观察内部三工位隔离开关的触头状态，实现现场断口可见，更确保操作人员的安全。

虽然固体绝缘环网柜初期投入比 SF_6 环网柜略高，但在整个寿命期的总投入远小于 SF_6 环网柜。用户对安全风险、电网质量、成本控制和可持续性等问题的考虑日益全面，而不仅是初期购买价格，还关心总投入成本。SF_6 环网柜在寿命期内的维护、加气、处理泄露和最终回收等所需的成本接近于购买成本，而固体绝缘环网柜一次投入无任何后续成本。所以长期来看，采用固体绝缘环网柜的经济效益要远优于 SF_6 环网柜。

（3）技术应用

固体绝缘环网柜在进行设备选型时，除遵循相关规范要求外，还应满足以下选型要求：

1）设备安装时应充分了解当地气象条件和污秽情况；

2）对电力负荷情况（正常载流和过流情况）进行全面分析、调查；

3）设备使用寿命期内系统短路电流水平；

4）结构设计应考虑便于安装配电自动化终端及终端电源；

5）环网柜设计应能满足电气设备"五防"要求。

固体绝缘环网柜适用于城区配电网及用户供电系统。可在对环保要求高、−25℃及以下严寒地区、3000m 及以上高海拔、高温高湿环境、沿海和污秽严重等恶劣环境地区优先使用。

固体绝缘环网柜具有绝缘性能高、环境耐受能力强、体积小等特点，对放置的位置条件要求更低，设置更高的防水位置相对其他环网柜更加容易，而其具有短时浸水的能力，可用于洪涝区、易积水的地带等易遭受涝害的地区，能显著提高电缆线路和环网柜的防洪抗灾能力。

（4）技术优势分析

固体绝缘环网柜具有绝缘性能高、环境耐受能力强、体积小等特点，对放置的位置条件要求更低，设置更高的防水位置相对其他环网柜更加容易，而其具有短时浸水的能力，可用于洪涝地质灾害区，可显著提高电缆线路和环网柜的抗灾能力。

2. 钻（冲）孔灌注桩基础

（1）技术介绍

在福建沿海地区和山区河岸等地段，多以淤泥和软土地质为主。在淤泥和软土地基中，由于承载力不足，仅通过采用普通的板式基础经常无法满足要求。常用的办法有进行地基处理以增强地基的承载力，另外一种方式则是采用灌注桩基础，利用桩身把荷载力传送到更深的能满足承载要求的地层中去。钻孔灌注桩基础适用于在地质条件复杂、持力层埋藏深、地下水位高等不利于人工挖孔及别的工艺成孔的情况下采用。

（2）技术特点

采用灌注桩基础可节约场地，不需大面积开挖。由于钻（冲）孔灌注桩基础施工场地、机械设备进出场运行条件等要求较高，施工工艺较为复杂，施工难度也较大，设计前须进行地质钻探以获得准确的土层分布及地质参数，同时为保证桩身质量，施工完毕后须进行桩基检测，故材料造价、施工费用等较普通基础均有较大增加。

（3）技术应用

灌注桩基础的施工过程中的工艺要求有以下几点：

1）灌注桩纵筋保护层厚度为 50mm，当不能满足实际工程的耐久性要求时，应根据实际情况进行调整。

2）加劲箍筋焊接成封闭式圆圈后与桩主筋逐点点焊。定位钢片间隔均匀地焊在桩主筋上，同一平面布置不少于 3 个。

3）成孔工艺应根据设计要求、地质情况及施工单位机械设备和技术条件等优化选择。

4）成孔至设计深度后，应按规范进行检测，确认符合要求后方可进行下道工序施工。

5）清孔方法应根据成孔工艺、桩孔规格、设计要求、地质条件等因素合理选择。

6）孔底沉渣或虚土厚度应符合规范规定，验收合格后方可进行下道工序施工。

7）钢筋笼制作安装：钢筋笼在起吊、运输中应采取措施防止变形，校正就位后应立即固定。

8）灌注混凝土：水下灌注混凝土必须具备良好的和易性，配合比应通过试验确定。必须连续灌注，对灌注过程中的故障应记录备案。

9）桩的质量须采用低应变法进行逐根无损伤检测，保证桩身无断层、夹层、缩颈、质量优良。

10）桩基础的施工容许偏差应满足 JGJ 94《建筑桩基础技术规范》中的要求。

钻（冲）孔灌注桩基础其基础埋深较深，在软土地质上基础承载力较普通基础要大，在淤积平原地带发生洪水时，其抗洪水冲击能力强，耐冲刷，能很

好地保护杆塔，不发生倾斜或倒杆。适用于无法避让的软土地质地段。

（4）技术优势分析

钻（冲）孔灌注桩基础其基础埋深较深，在软土地质上基础承载力较普通基础要大，在淤积平原地带发生洪涝等极端天气时，其抗洪水冲击能力强，能很好地保护杆塔，不发生倾斜或倒杆。适用于无法避让的软土地质地段。

3. 岩石锚杆基础的应用

（1）技术介绍

在福建省，各地区地质条件呈多样化，配电网水泥杆的拉线基础形式仅仅采用拉盘已无法满足现实工程的需求，特别是在岩性较硬、完整性较好、施工难度较大的山区，采用岩石锚杆基础代替普通拉盘基础优越性非常突出，不但可以缩短建设周期，而且还可以节约成本、保护环境。

（2）技术应用

采用锚杆基础，考虑一定的覆土厚度，在设计深度上锚筋基础和拉盘基础相接近，但采用锚杆基础可减小施工难度，减小石方开挖量，岩石锚杆基础施工过程中的工艺要求有以下几点：

1）锚杆进场后，由技术人员对锚杆的外观、直径、长度等进行严格校核和检查。锚杆质量必须达到国家有关标准、规范和设计要求。锚杆安装前有施工负责人对锚杆进行校核和检查。

2）一个钻孔完成后，移开钻孔设备。清理基面四周的粉砂、碎石，使用专用封孔器材将锚孔封堵，防止钻头及杂物掉入孔内。

3）锚固范围内的孔壁上如有沉渣或粘土附着，会使锚杆的锚固力下降，因此要求用清水充分清洗孔壁。

4）成孔检查主要项目为：锚孔成孔准确、孔深达到设计要求、垂直度达到要求、锚孔清理干净。

5）为了减少锚孔岩石风化的影响，成孔后尽快组织混凝土浇筑，混凝土浇筑要采用 C30 细石混凝土灌注，灌注混凝土前，锚孔必须保持湿润。

6）锚孔内混凝土养护为自然养护。浇筑完毕后，12h 内浇水养护，当天气炎热、干燥有风时，在 3h 内基础表面加覆盖物浇水养护，浇水次数应能保护基础表面湿润。

（3）技术优势分析

在岩性较硬、完整性较好的地区，采用岩石锚杆基础能保证拉线有足够稳定的拉力，加强水泥杆的稳定性，在遇到洪涝等自然灾害时不易发生倾斜或倾覆。

5.5.3 配电网地质灾害防治典型案例

5.5.3.1 配电网架空线路地质灾害防治

1. 案例概述

20××年6月，某地区受持续多轮强降雨袭击，该地多个山区乡镇发生严重地质灾害，道路大面积塌方，交通大面积中断。受灾点多面广、灾情险情发展迅速，现场环境恶劣，抢修难度大，引起部分城市郊区、乡镇较大面积和较长时间停电，灾损情况如表5-8所示。

表5-8　　　　　　　　　某地区灾损技术统计表

灾损类别　　数据分析	数量	占比	情 况 说 明
10kV 受灾线路	873 条	100%	灾损数量较大且时间集中，严重时一天停运的 10kV 线路超过 150 条
停电超过 48 小时线路	227 条	26%	较长时间停电线路较多，灾损较严重，网络较为薄弱、转移供电困难，现场抢修难度大
所有线路倒断杆数	8720 基	100%	平均每条线路倒断杆 10 基，比例较高；其中停电 48h 以内的平均倒杆 5.6 基
停电超过 48h 线路倒断杆	5084 基	58%	平均每条线路倒断杆 22.4 基，成为停电时间长的重要原因，倒断杆数的线路和地形集中度较高
山体塌方和河水冲刷的倒断杆	4911 基	96%	线路走廊和杆位的地质灾害是倒断杆的主要原因
断杆和裂杆	2167 基	43%	断裂杆比例较高，外力冲击较大，预应力杆数量较多，老旧电杆有一定比例，防灾电杆强度应提高
发生拉线损毁线路	171 条	75%	拉线损毁和线路灾损相关度高，拉线基础上拔和塌方占 91.2%，拉线基础选位、埋深控制和拉线基础设计应加强
发生导线受损线路	185 条	82%	导线断线脱股的占 88.1%，滑脱的占 11.9%，灾损导线截面偏小、老旧腐蚀较多、导线不带钢芯，应加强导线强度

经调查，该地区以软质岩为主，山体坡度较陡，其上部覆盖土层及风化产物分布较厚，且结构松散，土颗粒之间的粘结力差，抗剪强度及抗风化能力较低，坡度一般大于 25°，属地质灾害易发生区。且当地普遍存在利用山坡大面积种植毛竹、杉木行为，由毛竹、杉木单纯林代替原有的阔叶林或竹阔混交林，降低了植被的水源涵养力；毛竹、杉木种植过程中的垦复行为破坏了土壤原有结构，导致土壤抗蚀性减弱，一旦下雨，易诱发水土流失，进而出现滑坡、崩

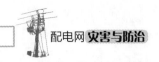

塌，甚至泥石流等地质灾害。

2. 存在问题

（1）灾损与杆塔位置和线路走廊密切相关

例如 10kV ×× Ⅰ 回#5 杆至#10 杆立于不良土质陡坡的坡边、坡腰或坡脚，道路外侧陡坎，线路走廊处于陡坡坡脚塌方倒树范围，如图 5-100 所示。该线路走廊的陡坡由小山丘形成，其外周多为道路或村庄，土质多为软土，部分地区由于人工开挖，致使坡度会越来越大，且山丘面积逐步变小。此外，该线路由于大跨越的原因，选择在坡顶或者边坡上立杆，虽然减少了线树矛盾和走廊问题，但无法抵御暴雨引起的地址灾害。

位于陡坡坡顶和边坡上的杆塔，
由于滑坡引起杆基冲毁。

图 5-100　危险走廊地形导致灾损

（2）灾损与杆塔基础损坏密切相关

10kV ×× 线#32 杆建在有重大建构物荷载的坡顶，大量荷载作用在边坡坡顶，开挖的弃土堆弃不当，破坏原来植被，在雨水冲刷、下渗、软化土体作用下，山体平衡破坏造成塌方，致使倒杆，如图 5-101 所示。

（3）灾损与电杆强度和抗冲击能力有关

在倒断杆总数中断杆和裂杆占比较高，一方面由于塌方、倒树、洪水中的滚石和树木、相邻倒杆等造成电杆受瞬间冲击几率较高、冲击力较大，另一方面灾损线路几乎是采用预应力杆（含旧杆、小径杆），脆性高，受瞬间冲击力一有裂纹，很容易断杆、报废，如图 5-102 所示。

图 5-101　杆塔基础损坏导致灾损

（4）灾损与导线强度和档距控制有关

直线杆前后水平或者垂直档距差过大、耐张段过长、导线截面偏小或不带钢芯的线段容易发生倒杆，主要是经过持续强降雨和洪涝浸泡，电杆基础已泡软倾斜，小导线受到冲击力或不平衡张力，容易断线，引起连锁倒杆，如图 5-103 所示。

图 5-102　电抗承受能力差导致断杆

图 5-103　大档距电杆连锁倒断

3.　治理措施

为了减轻地质灾害的影响，该地区供电公司于 20××年底按照"避开灾害、

防御灾害和限制灾害"的防灾策略开展了一系列措施,以提高灾害区域配电网的安全可靠性和经济适用性。

(1)避开灾害。由公司领导组织,规划、设计、工程、运维协同共对××线、××线等部分杆段进行路径转移,并落实各方责任,有效避开灾害地形。对××I回等架设于城市郊区局部地质地形的线路,采用高杆型大档距跨越、避开易塌方的高边坡,将线路路径走廊改至沿道路靠山侧路肩,一方面减少高造价缆化,另一方面避免了地质灾害。

(2)防御灾害。对 10kV ××线和××线采取线路档距调整、杆位调整、增加直线转角杆塔、采用加高杆塔和大档距跨越等示范设计。同时采取设计截水、排水、散水、弃土、植被恢复等措施,选用岩石锚桩或挖孔桩等类稳定基础使恶劣地形的杆塔能稳固基础。

(3)限制灾害。此次出现串倒的 10kV ××线采用脱离式线夹代替铝扎线,当直线杆倒杆时自动脱离,避免牵倒其他线路;2017 年,利用储备项目在远离灾害地点的乡镇新建 110kV 变电站,调整线路单联络和多联络的比例,并将线路分段控制在 3 段左右,从而提高故障切除、故障隔离和负荷转移的速度。

4.治理效果

20××年以来,该地区供电公司因地制宜,差异化开展防灾设计,先后实施地质灾害工程治理 233 处,实施地质灾害避险架空线路迁移,共计完成投资 1.2 亿元。经过这两年强对流天气的考验,已竣工的治理工程发挥了良好的防灾功效,切实保护了受威胁线路的安全,提高了供电可靠性。

5.5.3.2　配电网设备地质灾害防治

1.案例概述

××县地处××省北部,境内山峰耸峙,低山广布,河谷与山间小盆地错落其间,形成以丘陵、山地为主的地貌特征,有××、××、××、××四大山脉,其中××镇、××镇位于三面环山,一面出口为半圆形的地段,周围山坡陡峻、坡体破碎、无植被覆盖,每当大范围降雨后,大量水流和固体物质汇集,为崩塌、滑坡、泥石流发育创造了有利条件。20××年 6 月,该县特大暴雨并发地质灾害,对配电设备特别是配电变压器台区造成了巨大损害,共有 168 个台区受影响倾覆。

2.存在问题

(1)变台位于道路外侧陡坡。10kV ××线的×× 7 号台区变台选址位于道路外侧不良地质陡坡或回填土层,杆周围为粉质粘土,基础在雨水冲刷和路面汇水下滑坡，对路面距离已不足，植被为浅根系植物，在雨水冲刷下，陡坡塌方，压损变台，如图 5-104 所示。

（a）灾害前　　　　　　　　　　　　　　　（b）灾害后

图 5-104　位于道路外侧陡坡的台区

（2）变台埋深不足。在灾害地形，10kV ××线的 3 号台区与 9 号台区因杆埋深与拉线不够，且没有围墩、深桩基础，受崩塌影响，基础塌方、上拔造成杆塔被冲毁，如图 5-105 所示。

（a）情况一　　　　　　　　　　　　　　　（b）情况二

图 5-105　杆埋深不足造成台区倾覆

（3）变台拉线稳定性较差。10kV ××线的×× 8 号台区变台位于平地，方向设置为横线路方向，并作为耐张，在前后挡断线时、档距较大时，变台稳定性很低，当变台横向拉线设置不当、电杆位于松软土质时，很容易倾覆，如图 5-106 所示，因此需控制变台前后档距加强拉线、埋深、基础。

图 5-106　横向拉线设置不当导致台区倾覆

3. 治理措施

（1）变台选址优化。10kV ×× 线的×× 3 号台区、10kV ×× 线的×× 7 号台区更改立杆位置，避开不稳定陡坡，距离陡坡坡脚也保持了足够距离。10kV ×× 线的×× 9 号台区避开山谷洼地、不良土质区，并寻找较高位置。选址时一并考虑拉线的安全位置，变台选址对比如图 5-107 所示。

（a）村中未受淹高坎地

（b）三面环山山谷地形

图 5-107　台区选址于安全地带

（2）加强变台稳定性设计。优化 10kV ×× 线的×× 8 号台区的耐张段设置，同步采取增加横向拉线、增加电杆埋深、加设卡盘等加固措施。对于在河漫滩等不良地质区的10kV ×× 线的×× 5 号台区对基础进行重新差异化设计，如图 5-108 所示，以提高地质灾害时的抗倾覆能力。

拉线盘随滑坡
下移但仍拉紧

（a）情况一

平推8m

拉线盘埋
于石砌护坡内

护坡下滑
平推8m

（b）情况二

图 5-108　合理设置拉线

（3）增加小容量紧凑型变台的设计和应用。××地区乡村地形狭小、变压器小容量，但变台器件复杂、尺寸偏大、选址困难，经常被推到易灾地点，××公司在规划中增加了紧凑型变台或者单杆变压器设计，根据地形选用沿村周线分散密布点，或者单三相混合供电等方式，实现了密布点、短半径和互备防灾的要求。

4. 治理效果

此次地质灾害后，××公司实地踏勘 62 个灾损现场，全程勘查 6 个示范设计项目，依照"避开灾害、防御灾害和限制灾害"的优先次序，采取优化选址、基础补强、增加拉线等防灾差异化规划设计措施，经过三年的努力，地质灾害对配电设备的损坏得到了有效控制。

第6章　配电网灾害应急管理

　　城市供电应急管理对于确保城市电网安全稳定运行，促进社会稳定和经济发展具有重要的现实意义，应急管理是一门应用科学，电力作为城市的"神经枢纽"，也是保障城市正常运转的"大动脉"，应该具备一定抵御自然和人为灾害的应急能力。本章重点介绍了配电网的应急管理，明确了配电网在抵御自然灾害下的应急管理体系，同时提出现有可行的应急复电策略，并介绍了一套配电网应急管理系统。

6.1　配电网应急管理体系

6.1.1　应急管理目标与原则

　　应急管理是一门应用科学，时刻关注现实生活中的突发公共事件的问题才是应急管理研究的根本所在。由于突发公共事件的综合性，其预防、处置、后处理等工作都需要不同学科领域、不同组织的通力合作才能完成。如何将突发公共事件消灭在萌芽中，使人们的人身、财产损失降到最低，在最短的时间恢复社会秩序，将已有的分散在各领域的应急力量综合到统一的应急管理体系中来都是应急管理需要研究的内容。从宏观上讲，要研究突发公共事件的发生、发展、消亡的演变规律，要研究如何建立统一的应急管理体系；从微观上讲，要研究资源管理问题、预案管理、教育培训问题、人员撤离问题以及在线决策辅助的定量方法与定量模型等。

　　公共事业（供水、供电、供气、交通、通信系统等）是城市的生命线。社会经济越发达，城市越脆弱，城市生命线的地位越重要。不同公共事业领域的应急管理研究重点又各不相同，而城市的应急管理已经逐渐成为不同公共事业同心协力才能做好的一项系统工程。

　　城市供电应急管理是城市公共事业应急管理中的重要组成部分。城市供电应急的主要任务是在城市发生大面积停电事故时确保重要用户（党政军主要部门，要害部门和公共基础事业部门等）的持续供电，减少停电损失。

供电企业应急管理的宗旨是：贯彻落实国家安全生产法律法规和工作部署，坚持"安全第一、预防为主、综合治理"方针，把防治电网大面积停电事故作为首要任务，把保护人民生命、规范人员行为、提高员工素质作为根本目的，全面推进安全风险管理，深入开展隐患排查治理，加强应急体系建设，提升应急保障能力，完善应急处置机制，有效防止各类事故发生，及时处置各类突发事件，确保安全局面持续稳定，保障企业和电网安全发展。

供电企业应急管理的目标是：不发生对社会造成重大影响的大面积停电事件；不发生重大及以上人身伤亡事故；不发生重大及以上人员责任事故。

⬤➠ 6.1.2　应急指挥中心建设

应急指挥中心指对有重大影响的电力突发事件进行综合应急处置的指挥场所以及为应急指挥提供信息化手段的应用系统。本书以国家电网有限公司为例。国家电网公司高度重视应急指挥中心建设工作，2008 年起先后发布了一系列文件和政策，指导和规范应急管理工作，建立健全国家电网应急指挥体系。同时为加快应急指挥中心建设工作，相继下发《国家电网应急指挥中心建设规范》和《关于各区域电网公司、省（自治区、直辖市）电力公司应急指挥中心建设工作安排的通知》（国家电网安监〔2008〕1054 号）等文件，制订了地市电视信息接入、变电站视频监控接入、调度实时信息接入、应急管理应用系统实施方法建议 4 个专项方案。

应急指挥中心建设应考虑与国家电网公司和地方政府应急办实现联网，并具备应急指挥功能、信息汇集功能、辅助决策功能、实时视频会商功能和日常应用功能。

6.1.2.1　建设总体思路与目标

总体思路：结合实际，充分整合，利用现有资源，建成符合国家电网公司要求，经济实用、功能完善、安全可靠、平战结合的应急指挥中心。

建设目标：具备连接国家电网公司、地方政府应急办应急指挥中心，实现"应急状态明晰、收集信息完整、快速决策简捷、发布执行迅速"，满足安全生产、防灾减灾和社会稳定应急需求，并具备应急指挥功能、信息汇集功能、辅助决策功能、实时视频会商功能、日常应用功能。

6.1.2.2　功能

一是可组织召开事务会议的功能，能够实现领导在应急指挥中心内部的

会商。

二是国家电网公司、地区政府应急指挥中心音、视频信号接入，能够实现与国家电网公司、地方政府应急指挥中心进行视频和音频对话协商。

三是应急指挥中心能够实现与下一级供电公司通过行政电视会议系统进行视频和音频对话协商、指挥。

四是应急指挥中心能够掌握了解电网实时运行情况，能够实现实时查看、查询各类电网调度信息。

五是电网安全生产管理系统接入，能够实现实时查看、查询电网设备信息。

六是电力营销管理系统接入，能够实现实时查看、查询电力重要用户及相关资料。

七是互联网、气象、广播等外部信息能够接入，可实现各类应急指挥所需要的各类信息迅速查看、查询及收听观看。

八是地方电视信号接入，能够实现迅速了解本地社会新闻，同时可以上送国家电网公司应急指挥中心。

九是建立预案通信系统，能够实现启动预案后自动通知相关人员。

6.1.2.3 总体功能组成

应急指挥中心由场所、基础支撑系统和业务应用系统三部分构成。

场所：应相对独立，满足应急指挥、应急值班、视频会商、应急培训和演练等对场地和空间的要求。

基础支撑系统：包括综合布线系统、拾音及扩声系统、视频采集及显示系统、会议电视和电话会议系统、通信与信息网络系统、日常办公设备等，可以实现应急管理和应急处置相关信息的汇集和展示、视频会商、召开电视会议、应急通信、信息发布等功能。

业务应用系统：应满足日常应急管理需要，具备应急处置信息上传、下达、查询和统计分析，应急资源调配与监控，应急值班、辅助应急指挥、预测预警等功能。

6.1.2.4 信息接入要求

调度实时信息接入：在应急指挥中心展示调度实时信息推荐采用生产控制大区的 EMS 图形终端方式和管理信息大区的 EMS/Web 方式。调度信息接入要严格遵守电力二次系统安全防护总体要求，在相关应急指挥中心应以终端方式查询展示调度实时信息。

变电站视频监控及其他视频信息接入：应急指挥中心接入管理范围内的

变电站、输电线路视频监控信息，整合后传送至国家电网公司总部应急指挥中心。

地方电视接入：应急指挥中心应接入本地公共电视，整合后传送至国家电网公司总部应急指挥中心。需部署地市电视接入服务器，完成电视信号的采集、编码与传输；部署流媒体服务器，向国家电网公司总部应急指挥中心转发电视信息流媒体。

SG186 信息和相关信息接入：应急指挥中心应接入 SG186 工程的安全生产管理、营销管理、物资管理等信息，接入输配电线覆冰大跨越。微气象区气象等监测信息，水电厂水文水情信息、雷电定位信息等，整合后传送至国家电网公司总部应急指挥中心。地区应急指挥中心应接入本地区供电范围内的气象灾害、火灾、风灾、洪灾、新闻等外部信息以及地震、地质灾害、交通、遥感图像、社会危险源等公共信息。

➡ 6.1.3 应急预案与演练

6.1.3.1 应急预案

各供电公司为有效防范气象灾害，指导和组织系统各单位开展气象灾害预警、防范、抢修、抢险和电力供应恢复等工作，最大限度地减少事故损失的程度和范围，维护国家经济安全、社会稳定和人民生命财产安全，保障电网安全可靠运行，需开展各类自然灾害处置应急预案编制。

1. 概述

应急预案又称"应急计划"或"应急救援预案"，是针对可能发生的事故，为迅速、有序地开展应急行动、降低人员伤亡和经济损失而预先制定的有关计划或方案。内容一般包括目标、依据、适用范围、组织与工作原则、适用条件、运行与监督机制等部分。作为管理性文件，应急预案主要功能是规范建立统一、有序、协调、高效的应急机制，其解决的主要问题是在应急状态下"谁负责做什么"，与具体解决如何操作的各类规程、反措和其他技术性文件有着本质的区别。

2. 主要目的和作用

应急预案主要目的：一是采取预防措施使事故控制在局部，消除蔓延条件，防止突发性重大或连锁事故发生；二是在事故发生后迅速控制和处理事故，尽可能减轻事故对人员及财产的影响，保障人员生命和财产安全。

应急预案主要作用：一是确定了应急救援的范围和体系，使应急管理不再无据可依，无章可循；二是有利于促进和对可能发生的突发事件进行掌握和熟

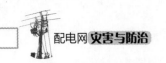

悉，有利于做出及时的应急响应，降低事故后果；三是应急预案是各类突发事故的应急基础，通过编制应急预案，可保证应急预案足够的灵活性；四是应急预案建立了与上级单位和部门应急救援体系的衔接，通过编制应急预案可确保当发生超过本级应急能力的重大事故时与有关应急机构的联系和协调；五是应急预案有利于提高风险防范意识。

3. 主要内容及编制

应急预案主要内容包括危险性分析，组织指挥体系及职责、预警和预防机制、应急响应、后期处置、信息报告与披露、保障措施等内容。

编制气象灾害应急预案应遵循的基本原则：

（1）以人为本，减少危险。把保障企业员工和人民群众的生命财产安全作为首要任务，最大程度减少设备事故造成的人员伤亡和各类危害。

（2）考虑全局、突出重点。采取必要手段保证大电网安全，通过灵活方式重点保障高危客户、重要客户应急供电及人民群众基本生活用电。

（3）快速反应，协同应对。充分发挥省级电力公司整体优势，建立健全"上下联动、区域协作"快速响应机制。加强与政府的沟通协作，整合内外部应急资源，协同开展突发事件处置工作。

本书以台风灾害及其次生灾害洪涝为例，介绍灾害预警及应急处置流程。图 6-1 所示为台风、洪涝灾害预警流程图。图 6-2 所示为较大及以上台风、洪涝灾害事件应急处置流程图。

6.1.3.2 应急演练

应急预案的演练是应急准备的一个重要环节，也是提高供电企业应急管理能力行之有效的措施。通过演练，可以检验应急预案的可行性和应急反应的准备情况；可以发现应急预案存在的问题，完善应急工作机制，提高应急反应能力；可以锻炼队伍，提高应急队伍的作战力，熟练操作技能；可以教育广大干部和员工，增强危机意识，提高安全生产工作的自觉性。为此，预案管理和相关规程中都有对应急预案开展相关演练的要求。

1. 演练的基本要求

遵守相关法律、法规、标准和应急预案规定；全面计划，突出重点；周密组织，统一指挥；由浅入深，分步实施；讲究实效，注重质量；原则上应最大限度地避免惊动观众。通过应急预案的模拟演练，在突发事件中更能做到有的放矢，尽最大可能减少物资财产损失，保障公众的生命安全。

2. 分类

一是按演练的规模分类。可采用不同规模的应急演练方法对应急预案的完整性和周密性进行评估，如桌面演练、功能演练和全面演练。

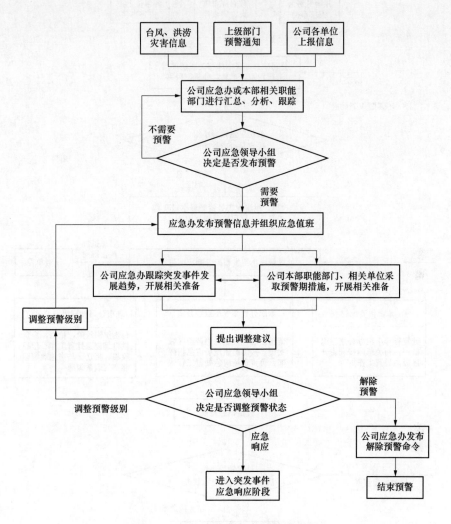

图 6-1　台风、洪涝灾害预警流程图

　　二是按演练的基本内容分类。根据演练基本内容的不同可分为基础训练、专业训练、战术训练和自选科目训练。

　　为了做好配电网在自然灾害等突发性事故下的防范与处置，相关应急演练方应重点模拟配电线路倒（断）塔（杆）、站房内涝及重要用户地下小区配电站房进水导致设备受损后，检验防汛应急队伍开展突发事件应急响应时的协同配合能力和防汛应急装备的使用情况。

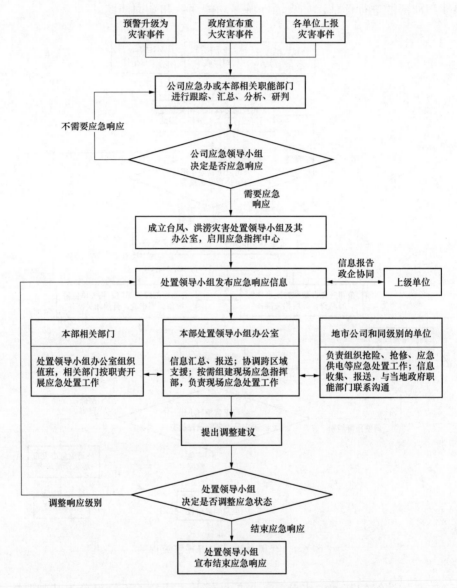

图 6-2　较大及以上台风、洪涝灾害事件应急处置流程图

具体项目可开展：灾后配电线路无人机现场勘察，采用机械化搬运、吊车组立水泥杆，人工搬运、人工组立复合电杆，完成导线的断线断股修补。为防止配电站房受淹，采用铝合金组合式防汛挡水板、膨胀沙袋做好防水隔离措施，同时将应急抽水泵接入应急发电车，模拟洪涝灾害后快速排涝。对重要负荷采用发电车接入应急接口等方式开展快速复电演练。配电站房受淹后，采用大功

率抽水机对开闭所进行抽水，对 10kV 开关柜、低压盘柜进行冲洗、烘干、试验等抢修工作。

3. 参与人员

应急演练的参与人员包括参演人员、控制人员、模拟人员、评价人员和观摩人员。这五类人员在演练过程中都有着重要的作用，并且在演练过程中都应佩戴能表明其身份的识别标志。

4. 演练实施的基本过程

由于应急演练是由许多结构和组织共同参与的一系列行为和活动，因此应急演练的组织与实施是一项非常复杂的任务，建立应急演练策划小组（或领导小组）是成功组织开展应急演练工作的关键。策划小组应由多种专业人员组成。对供电企业内部而言，如不涉及社会层面，其策划小组应以本企业内部或相关人员为限。同时为确保演练的成功，参演人员不得参加策划小组，更不能参与演练方案的设计。

5. 结果评价

演练是评估的一部分，是通过实战或虚拟的场景来检查预案实施的效果。应急演练结束后应对演练的效果做出评价，并提交演练报告，详细说明演练过程中发现的问题。应急预案的评估可以从多个角度进行，如预案本身、评估主体、模拟演练的角度。

●●● 6.1.4 应急资源调配

电网在自然灾害影响下造成大面积停电，其恢复效率取决于电网破坏程度和恢复能力的匹配水平，而电网的恢复能力则取决于应急决策能力、应急资源储备和应急环境的情况。其中应急资源的储备、调配和转运处于关键地位，系统储备的应急资源越多，系统恢复的效率就越高。但是在一定资源储备条件下，对资源的合理调配将起到重要的作用。因此，科学的电力应急物资管理对提高电力应急指挥决策效率具有举足轻重的作用。

做好电力抢修物资保障工作，满足电网快速恢复供电的物资需求，必须从以下几方面入手考虑。

1. 合理规划，分级储备

（1）分级储备体系

必须从应急物资仓储定点规划、储备定额、周转模式等角度，建立一套科学的应急物资储备和运输模式。省级应急物资仓储库应设置在交通便利、毗邻高速、码头的区域。同时在每个地市建立区域库，并以此为中心向周转库（根

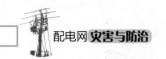

据地理位置结合实际需要确立地市和个数）辐射的网状结构。由于区域库无论是库存面积还是运输情况都优于一般周转库。因此，应将地市的应急物资储存于区域库，而对于偏远地区，可允许部分周转库承担部分本地区的应急物资供应职能。

（2）储备种类和数量

应急物资储备应充分考虑季节和区域因素。对于升级应急物资库应储存省内主要型号的常用抢修物资。而各地市需因地制宜，结合自身特色（如沿海地区应多储备抗腐蚀的导线、金具，山区应多储备线径大、抗压抗冻的导线）做好储备规划。对于乙供物资，由地市、县级供电企业联系本地供应商展开供应。对于应急物资储备量，应考虑运输时间的因素，县级供电企业应储备满足本县12h 的应急物资供应，可保证地市供电企业在 12h 内将剩余抢修物资送达；地市级供电企业应储备应储备满足本地区 1 天的应急物资供应，并及时向省级应急物资库请求增援；省级应急物资库应储备满足全省应急需要 2 天的应急物资数量，同期开展省内应急物资调拨。

（3）应急物资日常维护

对于应急物资储备应根据物资类型设定周期，超过周期的应急物资，由本区域电力物资供应公司组织开展利库，同时再次申报采购，保持应急物资常换常新。

（4）应急物资调配

由于一般供电企业无运送应急物资的专用车辆，无法保证应急状态下应急物资运输的质量和效率。各地市物资供应公司应与当地生产同类物资的供应商签订协议，通过租赁的方式，将供应商的运输资源作为电力应急物资机动物流，这样不但节省购置车辆的成本，还能保证物资运送质量和运送时间。

2. 逐级响应，科学调配

在应急物资保障过程中，必须建立一套科学、合理的应急物资调拨流程，才能保障应急物资供应及时、高效。

（1）逐级利库，盘活仓储资源

对于应急物资调拨，应坚持"先利库，后采购"的原则，县、市、省逐级利库，利库原则：先储备后动态，即优先匹配应急物资库存，一旦本地区应急物资库存资源不满足需要时，再调用本地区动态周转物资，当本地系统内资源无法满足应急物资需求时，则向上一级请求援助。在省电力公司层面上，应当优先开展应急物资库资源利库，对于省级应急物资储备无法满足需要时，则通过ＥＲＰ等信息系统，查找全省电力系统内单位库存、动态周转物资，实现跨地区调拨。

（2）协议库存采购，调用供应商储备

协议库存供应商库存物资作为全省二级应急储备，受灾地市省级应急物资库无法满足或者省内调配供货半径过大的应急物资需求，应比对省内协议库存供应商库存信息，向协议库存供应商调拨库存资源，对于库存资源数量不能完全满足的，则要求中标协议库存供应商开展加工，保障供应。若应急物资需求不列入协议库存中标目录，则需启动应急采购流程，在采购寻源上，优先考虑受灾地区协议库存供应商，其次再考虑本地区非协议库存供应商。

3. 信息共享、运输监控

（1）信息资源的共享与传递

目前，为方便灾害抢修时的应急物资合理有序开展调配，需对各级库存资源、动态周转物资信息做到全面掌握。而对于协议库存供应商信息获取方面，需要与供应商加强沟通与信息共享，要求供应商对可调用的协议库存等信息开展定期维护更新，方便供电企业及时查询并匹配本区域协议库存供应商最新协议库存储备信息，方便应急调用。

（2）运输监控与政企联动

通过加装车辆的 GPS 定位，对于应急状态下的区域内、区域间的应急物资库存资源调配，可实现全程运输监控。同时各级供电企业应争取政府部门的理解和支持，通过对应急物资运送车辆发放特殊牌照等方式，保证灾害恢复抢修阶段的应急物资及时高效运输。

6.2 配电网应急复电

6.2.1 应急复电车辆

6.2.1.1 发电机

应急发电机具有移动灵活、运行可靠、接线方便、维护简单、用户广泛等优点，缺点是容量小。应急发电机是在发电机不能到达的山区、无道路的野外和为一些小容量的负载应急供电时的最好选择，为单一用户（小商业或小工业）提供灾害时的应急供电。

6.2.1.2 移动发电车

移动发电车是为填补电力供应缺口和应对各种灾害供电而专门设计的车载式移动电源车，其特点是机动、灵活。除提供移动电源外，还能随车带一定施工人员和施工工具到施工现场进行作业，能满足各类用户的多种作

业要求。

移动发电车主要由底盘车、柴油发电机组、控制系统、隔音车厢、液压支撑系统、电缆固定及收放系统、电缆快速连接器、监控系统、进风、排风降噪系统、排气系统、电气系统、专用工程警灯、随车及随机工具组成。电源车除了具有固定式发电机组的优点外，还具有行驶性能良好、应急、移动能力强、可在野外露天工作等特点。

目前，主要应用的有中压发电车、低压发电车、UPS 电源车等。

1. 10kV 中压发电车

（1）概述

10kV 中压发电车的工作原理：柴油发电机组改装在电源车车厢内，通过发电机组发电为外接设备提供中压电源。10kV 中压发电车具有移动方便、结构紧凑、功能齐全，现场连接方便快捷、供电时间长等特点，运用 10kV 中压发电车离网运行发电，在灾害抢修和快速复电中可提供应急电源点，对受损的大分支线路和重要生命线工程用户提供应急电源保证。

（2）结构及特点

由中压柴油发电机组、机组控制屏及配电柜、TV 柜及开关柜、输出接线柜、电缆及电缆卷盘、液压支撑系统、整车（含底盘和静音车厢），如图 6-3 所示。

1）配置高压发电机组、具备可直接输出高电压，无需升压；

2）具备远距离输送能力，供电范围可达 5～15km；

3）功率更大，单机拥有 1MW 能力，可实现多机并网，可满足大分支及多台配电变压器的应急供电；

4）可满足快速接入，配置环网柜、旁路开关、柔性电缆及快速插拔头，满足快速复电需求。

（3）工作模式

1）单机保电模式（孤岛运行）。

在台风灾害影响下，配电线路受损停电。此时主流模式采用单机保电模式，中压发电车孤岛运行。车辆接入点可选择架空线路负荷开关负载侧或变压器高压侧，如图 6-4 所示。

2）多机保电模式（孤岛运行）。

在台风灾害影响下，若采用单机保电模式，无法满足受损负荷的需求，可采用多机保电模式，将多辆 10kV 发电车并列运行，如图 6-5 所示。

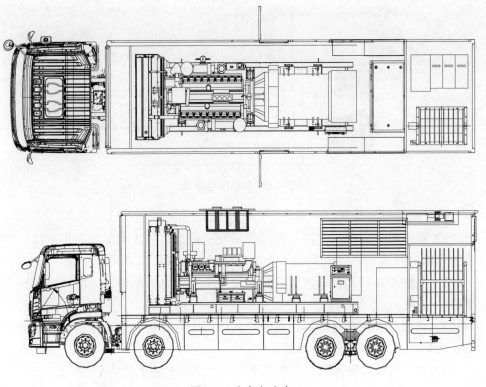

图 6-3 应急复电车

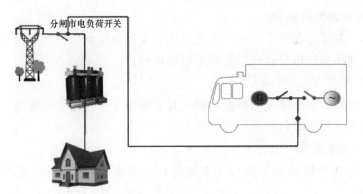

图 6-4 单机保电模式

2. 0.4kV 低压发电车

（1）概述

柴油发电机组改装在电源车车厢内，通过发电机组发电为外接设备提供 380V 供电电源。

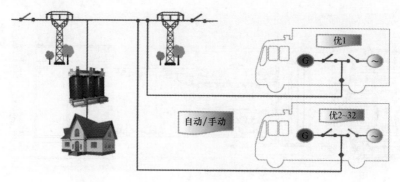

图 6-5 多机保电模式

（2）接入电网条件

1）负载设备局部供电网与市电电网完全隔离，防止电源车在供电过程中窜入市电电源而发生意外事故；

2）负载设备局部供电网有效杜绝发电车电源返送至市电电网而出现安全事故；

3）负载设备局部供电网中排除局部电网中具备自发电设备启动发生电源与发电车电源冲突发生安全事故；

4）确认负载设备局部供电网总负载小于电源车输出总功率。

（3）工作模式

1）变压器台区供电。

当单个变压器台区停电时，可选择用低压发电车给低压台区供电。接入方法是接入变压器低压母排或者是低压柜母排处。

2）低发高供。

当需要给多台小型变压器供电时，且总容量小于发电车总容量，可采用低发高供技术，实现多台变压器台区供电。

3. UPS 电源车

对于不能停电的重要负载（大型活动、重要会议），很有必要准备一套移动电源车，当市电电源出现故障或需要检修时作为备用电源使用，为柴油发电机的启动和现场人员检修提供充足的应急时间，确保供电系统安全可靠。

UPS 电源车是将电源系统作为一套完整的电源，实现快速反应到达供电现场。该车辆解决了主供电源与备供电源切换时几秒的停电时间，实现电力供应零中断。

UPS 电源车的输出电压为 380V，可实现 380V 负载的不间断供电。2011

年深圳大运会期间，开幕式重要负载（央视转播车、首长电梯）不允许有闪络及临时断电情况的发生，因此需要采用 UPS 车供电，实现这些重要负荷的供电零中断，如图 6-6 所示。

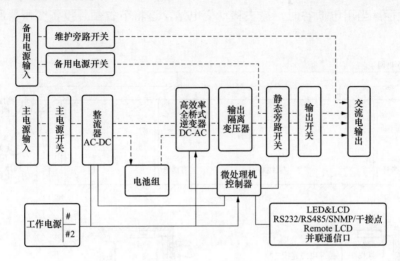

图 6-6　系统原理图

4. 移动箱式变电站车

（1）概述

旁路作业法是利用旁路电缆、移动箱式变电站车等作业工具及装备，在用户不停电或少停电的情况下，实现配电线路设备的检修，目前在电网灾害抢修中也得了成功应用。移动箱式变电站车是装有一台箱式变电站的移动电源，箱式变电站的高、低压侧分别安装一组高压负荷开关和低压空气开关。通过负荷转移视线对杆上变压器的不停电检修，也可以从高压线路临时取电给低压用户供电。

（2）工作模式

1）升压功能。移动式智能升压变电站可以在 0.4/10kV 变压器故障或检修时，采用旁路作业的方式对变压器的检修，实现对用户的不停电。此外，移动式智能升压变电站可与柴油发电机组移动电源车灵活组合，通过柴油发电机向中压线路供电，可作为电源故障时，对用户临时供电的一种重要手段，图 6-7 所示为其工作示意图。

2）降压功能。移动式智能降压变电站同样可以在 10/0.4kV 变压器故障或检修时，采用旁路作业的方式对变压器进行检修，实现对用户的不停电，如图 6-8 所示。此外，福建省部分地区季节性负荷明显，如安溪制茶期间、莆田春

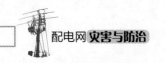

节期间。当处于这段用电高峰时,经常发生变压器超载烧毁的现象,而平常一般时段,负荷很低,变压器经常空载运行。鉴于此,可将移动降压变电站和固定式变压器并列运行,临时增容,满足高峰时期用电需求,保护固定式变压器正常运行;当用电低谷时,撤去移动变电站,这将节省额外投资变压器所造成的浪费。

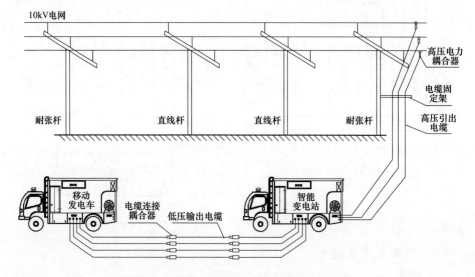

图 6-7　移动式智能升压变电站使用示意图

3)环网柜功能。当某一环网柜发生运行故障时,通过带电作业方式将移动智能变电站的旁路电缆直接跨接故障环网柜,取代环网柜继续对用户供电,可以实现不停电抢修或更换环网柜。

4)应急保供电。如果重要单位或重要活动需要两回路或多回路临时供电,可利用移动式智能变电站作为第二或第三电源,作为临时保障供电的紧急预案。

▶ 6.2.2　应急复电策略

6.2.2.1　0.4kV 线路故障

应用发电机、软电缆、发电车等装备进行应急供电,如图 6-9 所示,供电时应考虑故障区域负荷情况、发电机负荷承受能力、软电缆载流量等因素。

(1)发电机供电方式。在标准化抢修车后厢配置 2~5kW 小型发电机。当发生故障停电,现场居民确有小功率紧急设备需不间断供电时,抢修人员及时采取小型发电机临时供电,保证居民的紧急用电需求。

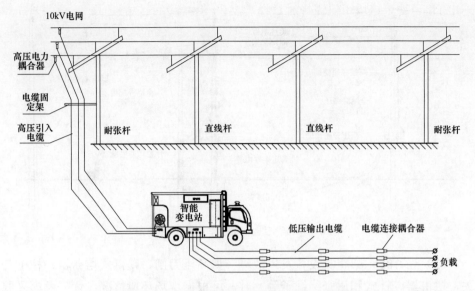

图 6-8　移动式智能降压变电站使用示意图

（2）软电缆接电方式。当发生低压电缆故障后，使用相应线径的低压软电缆进行临时供电，缓解因故障点查找困难及土建破路带来的抢修时间长的问题。

（3）发电车供电方式。重要客户低压线路发生故障，应按照"一户一方案"的要求，启动应急供电机制，派驻发电车，快速恢复供电，满足重要客户用电需求。

图 6-9　发电车向低压用户供电典型接线图

6.2.2.2　10kV 单台变压器故障

当 10kV 单台变压器发生故障，现场环境条件具备的情况下，应采用发电车对配电变压器低压线路进行应急供电。

6.2.2.3　10kV 架空线路及电缆故障

（1）当 10kV 架空线路发生大面积故障（如倒杆、断线等）时，应先将故障隔离至最小范围，使用柔性电缆、旁路负荷开关等进行旁路作业，旁带无法转供的负荷，再组织对故障点进行抢修，如图 6-10 所示。

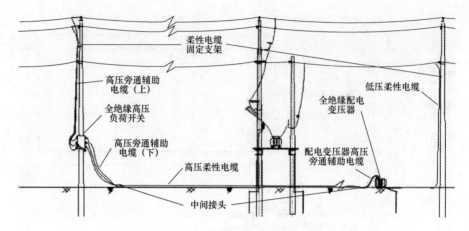

图 6-10　架空线路旁路作业典型接线图

（2）当 10kV 架空类设备发生故障（如高压刀闸、跌落式熔断器、柱上开关、避雷器、针式和耐张绝缘子等）时，可根据现场环境情况，优先考虑采取带电作业方式，开展故障设备的带电消缺，及时恢复供电。

（3）当 10kV 电缆发生故障时，优先考虑不改变原有接线方式，使用柔性电缆替代故障电缆进行应急供电。若柔性电缆长度不足，则可考虑使用临时旁路电缆从附近的架空线或环网柜取电，对无法转供的负荷进行供电，如图 6-11 所示。

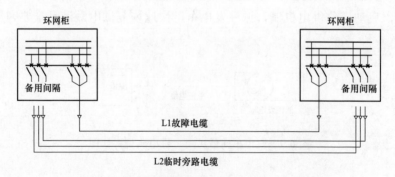

图 6-11　柔性电缆替代故障电缆进行应急供电

6.2.2.4　10kV 环网柜及配电站房故障

（1）单个环网柜故障，若有备用间隔，则可将电缆改接至备用间隔，转移负荷进行供电。

（2）单个环网柜故障，若无备用间隔，则使用柔性高压电缆从附近的架空线或环网柜取电，对无法转供的负荷进行供电，如图 6-12 所示。

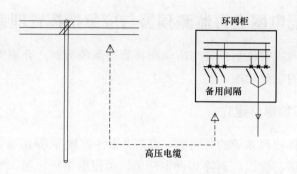

图 6-12 从环网柜临时取电给环网柜供电

（3）站内变压器故障，若变压器有两台及以上，且负荷可以转供，则可通过投切母联开关实现负荷旁带。若站内只有一台变压器或无母联开关，则应使用发电车或移动箱式变压器车对低压线路进行供电。

（4）配电站房发生大面积故障（如高低压柜设备同时故障、母线故障等），可使用移动环网柜车代替原有环网柜对无法转供的高压用户进行供电，如图6-13 所示。

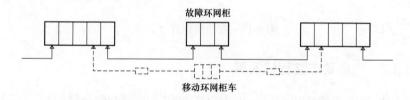

图 6-13 移动环网柜（电缆分接箱）代替原有环网柜

（5）配电室整室设备故障需要更换或抢修时，应使用移动箱式变压器车从就近环网柜或架空线取电，对低压用户进行供电，或使用发电车对低压用户进行供电，如图 6-14 所示。

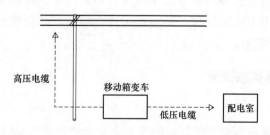

图 6-14 移动箱式变压器车从架空线取电给低压用户供电

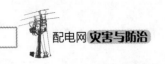

6.3　配电网灾害监测预警与应急指挥管理系统

以福建电网灾害监测预警与应急指挥管理系统为例，介绍灾害预警的各个环节及各模块的主要功能。

6.3.1　应急事件建立

在应急指挥管理系统的首页面，点击"事件管理"，弹出事件管理页面，实现对事件的新增、修改、删除和查询功能，可根据事件标题、事件等级、事发时间等查询条件对事件信息进行查询，如图 6-15 所示。在事件管理页面，选中某事件，点击"启动事件"即可启动该事件。

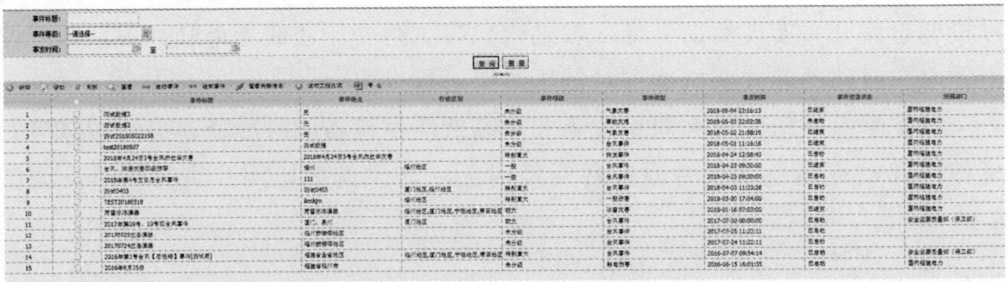

图 6-15　应急事件管理页面

6.3.2　气象动态监测和预测

点击地图下方的历史台风，点击台风名称，即可看到台风路径，点击台风的点，可以看到台风的详细信息以及预测机构预测的路径信息。同时，可查看风情、雨情、水情等气象要素的监测和预测情况，如图 6-16 所示。

6.3.3　电网灾害预警

基于配电网自然灾害预警方法和模型，根据气象预测情况，研判配电网未来可能受自然灾害影响的区域，并进行可视化展示。某台风影响下配电网的灾害预警如图 6-17 所示。

6.3.4　应急状态管理

1. 预警发布

点击"应急状态管理"按钮后的页面上点击"新增"，填写相应的信息，并把发布状态改为预警启动；预警信息填写完后点击保存，可在第 2 个 TAB 页对

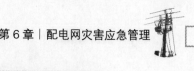

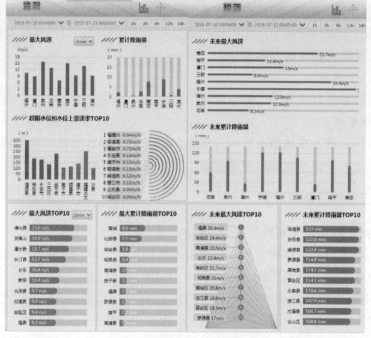

图 6-16　气象动态监测与预测

图 6-17　配电网灾害预警

附件进行管理和上传；勾选预警，点击一键生成预警通知；系统根据预警名称和预警概要生成预警短信；用户根据需要添加手机号码，以及修改发送内容，点击下方发送按钮即可发送短信。

2. 预警调整

修改预警内容信息后，勾选预警信息，点击修改按钮可对预警进行修改。

3. 预警终止

修改预警将发布状态改为响应结束。在第二个 TAB 页附件里上传文档；勾选预警，点击一键生成响应解除按钮，发送响应结束短信。

6.3.5　物资信息监测

1. 供应商库存（省内库存）

在大屏系统物资监测页面点击"需求提报"、"供应商库存"、"省内库存"，可进入相应页面，查询相应信息。

2. 导入上传物资台账

在"需求提报"、"供应商库存"、"省内库存"页面，点击"导入"，可弹出导入页面，点击"模板下载"，可下载导入模板，按照模板填好后，点击"浏览"上传所填的文件，点击"导入"即可，如图 6-18 所示。

图 6-18　导入上传物资台账

3. 大屏系统展示物资监测图表

（1）灾前导入各地市、县仓库的灾前物资准备情况清册至应急指挥系统，系统重点监测变压器、高压柜、配电杆塔、电缆、绝缘导线等九大类抢修物资数量情况。

（2）灾中导入各地市县的物资调配情况清册至应急指挥系统。并以柱状图的形式展示库存、提报需求、已供数量，以抢修物资需求总量为基数，跟踪展示物资受理量、运输在途数量、到货数量以及到货率。

6.3.6　配网停送电信息管理

1. 配网灾损报表

在首页面，点击"配网灾损报表"进入配网灾损报表页面，实现对配网灾损信息的查询。点击"查询"可展示相应报表。

2. 导出灾损数据并打印

在配网灾损报表页面，点击"导出到 Excel"或"导出到 PDF"可导出相应格式报表文件。

3. 配网灾损图形展示

通过安监部设置的应急启动时间点，及时推送调度云平台、SMD 系统停送电信息至应急指挥系统，保障数据准确性和及时性。系统展示停复电配网干线、支线、配变数量，影响用户总数、重要用户数、生命线用户数，以及线路和用户复电比率。配网调度应急专责负责对数据准确性进行审核确认。配网灾损图形展示如图 6-19 所示。

灾情概况	2017-09-11 00：00：00　至 2017-09-13 23：55：00					
	干线	分支线	配变	用户	重要用户	生命线用户
停电数	47	609	8061	390330	8	2
未复电数	5	67	76	220	1	0
未复电百分比	10.64%	11.00%	0.94%	0.06%	12.50%	0.00%

（a）灾情概况

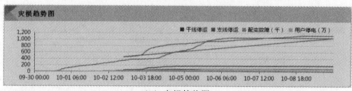

（b）灾损趋势图

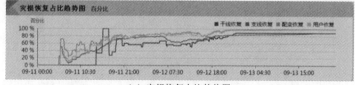

（c）灾损恢复占比趋势图

图 6-19　配网灾损图形展示

6.3.7　抢修队伍和装备监测

1. 新增、完善队伍信息

在大屏系统"电网灾损抢修"页面，点击"基干队伍"，打开基干队伍页面，

实现对基干队伍的新增、修改、删除和查询功能，可根据队伍名称、所属单位等查询条件对基干队伍信息进行查询。

2. 查看抢修队伍、装备信息

在大屏系统"电网灾损抢修"页面，点击"队伍信息"，打开抢修队伍信息页面，实现对抢修队伍的新增、修改、删除和查询功能。

6.3.8 应急车辆和物资调配管理

依托后勤部车辆管理系统，对应急发电车、应急指挥车进行 GPS 定位。接入 ERP 物资仓库信息，对全省分布的物资仓库位置及详情进行 GIS 分布图展示。

6.3.9 调度现场指挥调配管理

根据基层单位职务级别、岗位类别，向个人手机通过 APP 推送具体工作任务；对抢修带队领导、队长、安全员等进行角色划分，队长通过线下收集各队员的勘察巡视记录，通过手机 APP 上报至内网系统，各级运检部在指挥系统 GIS 平台中查看队伍分布、灾损勘察情况等，并通过系统向队长、安全员手机推送工作任务。后勤部通过 GIS 地图获取队伍定位、队伍人数、队长联系电话，提升饮食供给配送精细化水平。手机 APP 如图 6-20 所示，灾损抢修指挥调度管理模块如图 6-21 所示。

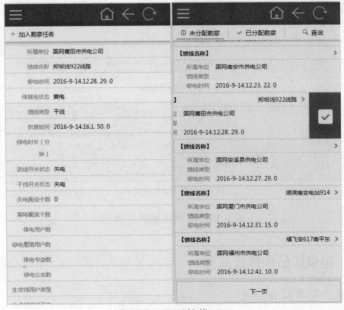

图 6-20　配网抢修 APP

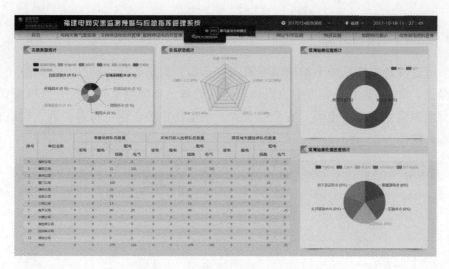

图 6-21　配网现场调度指挥管理

6.3.10　营销安抚信息管理

　　自动同步营销管理系统客户安抚模块数据。系统集成"重要用户"、"生命线工程用户"清单以及营销安抚信息，以饼状、柱状图形式综合展示重点关注用户、大中型小区停电客户安抚、九地市灾害安抚短信推送、95598 抢修情况，以及表计灾损恢复、客户侧自备电源倒送电安全隐患排查、充电站（桩）灾后修复等内容展示，如图 6-22 所示。

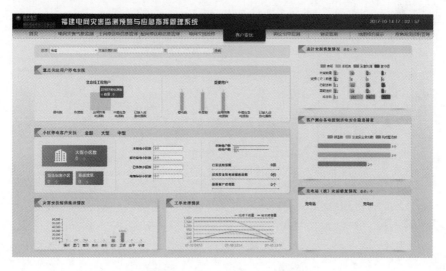

图 6-22　配网营销安抚信息管理

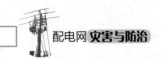

6.3.11 舆情监测

通过应急指挥系统上报舆情专报，展示最新舆情综述、舆情预警信息，并对微信、微博、论坛、省市中央媒体等不同载体上负面舆情数量进行分项统计，将负面舆情划分为停电类、安全隐患类、触电伤亡类、供电服务类四大类进行跟踪，如图 6-23 所示。

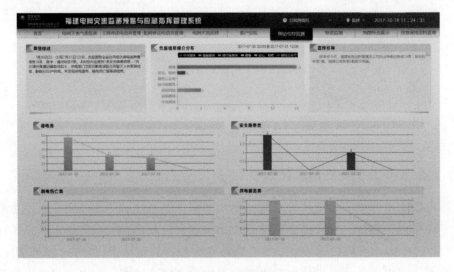

图 6-23　舆情监测管理

参 考 文 献

[1] 丁一汇. 中国气候 [M]. 北京：科学出版社，2013.

[2] 周宁，熊小伏. 电力气象技术及应用 [M]. 北京：中国电力出版社，2015.

[3] Frederick K. Lutgens, Edward J. Tarbuck. The Atmosphere: An Introduction to Meteorology, 12th Edition [M]. 北京：电子工业出版社，2016.

[4] 丁一汇，张建云等. 暴雨洪涝 [M]. 北京：气象出版社，2009.

[5] 陈联寿，端义宏，宋丽莉，许映龙. 台风预报及其灾害 [M]. 北京：气象出版社，2012.

[6] 王抒祥. 电网运营典型自然灾害特征分析 [M]. 北京：中国电力出版社，2015.

[7] 武岳，孙瑛，郑朝荣，孙晓颖. 风工程与结构抗风设计 [M]. 黑龙江：哈尔滨工业大学出版社，2014.

[8] 鹿世瑾，王岩. 福建气候 [M]. 北京：气象出版社，2012.

[9] 李天友. 配电网防灾减灾综述 [J]. 供用电，2016，33（09）：2-5.

[10] 赵宏波，朱朝阳，于振，等. 电力微气象监测与预警系统研究 [J]. 华东电力，2014，42（05）：912-916.

[11] 张勇. 输电线路风灾防御的现状与对策 [J]. 华东电力，2006，34（3）：28-31.

[12] 金焱，张惟，于振，等. 电力微气象灾害监测与预警技术研究 [J]. 电力信息与通信技术，2015，13（4）：11-15.

[13] 李锐，陈颖，梅生伟，等. 基于停电风险评估的城市配电网应急预警方法 [J]. 电力系统自动化，2010，34（16）：19-23.

[14] 王勇. 电力系统运行可靠性分析与评价理论研究 [D]. 山东大学，2012.

[15] 崔建磊. 基于 SOA 的电网安全风险评估系统研究与实现 [D]. 浙江大学，2013.

[16] 李顺赟. 城市供电应急管理体系研究 [D]. 华北电力大学（北京），2009.

[17] 路俊海. 城市核心区供电风险与应急对策研究 [D]. 华北电力大学，2012.

[18] 金华芳. 丽水电网配网灾害预警指挥体系研究 [D]. 华北电力大学（北京），2017.

[19] 容建昌. 关于台风天气配网应急处置的对策 [J]. 质量与安全，2014（35）：217-231.

[20] 孟俊姣. 基于任务的配电网抢修资源配置与调度研究 [D]. 华北电力大学，2014.

[21] 张晶. 基于效用理论的灾后配电网多故障抢修实时调整策略研究 [D]. 燕山大学，2014.

[22] 刘平，叶涛，李立军，等. 基于快速恢复供电的应急抢修研究 [J]. 电力安全技术，2014，16（4）：1-4.

[23] 张静，保广裕，周丹，等. 基于回归模型的青藏铁路水害气象风险评估 [J]. 沙漠与

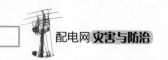

绿洲气象，2018，12（1）：53-60.

[24] 刘胜波，阳林，郝艳捧，等. 中国沿海地区电网覆冰灾害风险评估 [J]. 广东电力，2017，30（12）：1-6.

[25] 马志青，马永福，沈宁，等. 青海地区架空配电线路雷害风险评估与策略 [J]. 青海电力，2017，36（4）：30-34.

[26] 周文娟. 基于 GIS 技术的福建风灾风险评估与应用 [A]. 中国气象学会. 第 34 届中国气象学会年会 S11 创新驱动智慧气象服务——第七届气象服务发展论坛论文集 [C]. 中国气象学会：中国气象学会，2017.

[27] 李颖，邓芳萍，姜瑜君，等. 浙江省输电线路覆冰灾害风险评估方法研究 [J]. 暴雨灾害，2017，36（3）：259-266.

[28] 陈晔，莫新，胡波，等. 沿海地区配电线路防风灾措施研究 [J]. 汕头大学学报（自然科学版），2016，31（2）：66-71.

[29] 王建. 输电线路气象灾害风险分析与预警方法研究 [D]. 重庆大学，2016.

[30] 强祥. 电网雷害风险评估及防雷措施研究 [J]. 华北电力技术，2015（12）：18-22.

[31] 翁世杰. 架空输电线路大风灾害预警方法研究 [D]. 重庆大学，2015.

[32] 熊军. 高分辨率电网风灾预警系统的研究与实现 [A]. 安徽省电机工程学会. 第二十届华东六省一市电机工程（电力）学会输配电技术讨论会论文集 [C]. 安徽省电机工程学会：安徽省科学技术协会学会部，2012.

[33] 张晓明，吴焯军，甘艳，等. 一种基于改进层次分析法的输电线路雷害风险评估模型 [J]. 电力建设，2012，33（8）：35-39.

[34] 赵淳，陈家宏，王剑，等. 电网雷害风险评估技术研究 [J]. 高电压技术，2011，37（12）：3012-3021.

[35] 熊军，林韩，王庆华，等. 基于 GIS 的区域电网风灾预警模型研究 [J]. 华东电力，2011，39（8）：1248-1252.

[36] 国家电网公司运维检修部. 输电线路六防工作手册（防雷害）[M]. 北京：中国电力出版社，2015.

[37] 郭凤霞，李雅雯，鲍敏，等. 雷暴单体的对流强度对电荷结构的影响 [J]. 科学技术与工程，2017，17（25）：8-16.

[38] 郄秀书，张义军，张其林. 闪电放电特征和雷暴电荷结构研究 [J]. 气象学报，2005（5）：646-658.

[39] 孟青，吕伟涛，姚雯，等. 通过地面电场资料在雷电预警技术中的应用 [J]. 气象，2005，31（9）：30-33.

[40] 林建，曲晓波. 中国雷电事件的时空分布特征 [J]. 气象，2008，34（11）：22-32.

[41] 张敏锋，冯霞．我国雷暴天气的气候特征［J］．热带气象学报，1998，14（2）：156-162.

[42] 曹敏，罗学礼，石少勇，等．基于覆冰增长速度的覆冰在线监测系统动态预警方案研究与探讨［J］．南方电网技术，2009，3（s1）：187-189.

[43] DL/T 1500—2016，电力气象灾害预警系统技术规范.

[44] 谢云云，薛禹胜，王昊昊，等．电网雷击故障概率的时空在线预警［J］．电力系统自动化，2013，37（17）：44-51.

[45] 曹永兴，张昌华，黄琦，等．输电线路覆冰在线监测及预警技术的国内外研究现状［J］．华东电力，2011，39（1）：96-99.

[46] 刘宇，田妍，熊俊，等．广州电网雷电预警方法研究［J］．陕西电力，2015，43（7）：88-91.

[47] 王明邦，王常余，王哲斐．架空配电线路防雷设计与应用［M］．北京：中国电力出版社，2012.

[48] 丁一汇，朱定真．中国自然灾害要览［M］．北京：北京大学出版社，2013.

[49] 李志强．关注风灾［M］．长春：东北师范大学出版社，2015.

[50] 徐向阳．水灾害［M］．北京：中国水利水电出版社，2006.

[51] Simiu E，Scanlan R H．Wind effects on stnlctures：fundamentals and applications to design（third edition）［M］．New York：John Wiley&Sons，1996.

[52] John D．Holmes．Wind Loading of Structures［M］．Menton：CRC Press，2015.

[53] 张宏杰，杨靖波，杨风利，等．台风风场参数对输电杆塔力学特性的影响［J］．中国电力，2016，49（2）：41-47.

[54] 谢强，张勇，李杰．华东电网500kV任上5237线飑线风致倒塔事故调查分析［J］．电网技术，2006，30（10）：71-75+101.

[55] 史培军．灾害研究的理论与实践［J］．南京大学学报（自然科学版），自然灾害研究专辑，1991.

[56] 楼文娟，罗罡，胡文侃．输电线路等效静力风荷载与调整系数计算方法［J］．浙江大学学报（工学版），2016，50（11）：2120-2027.

[57] 汪大海，吴海洋，梁枢果．输电线风荷载规范方法的理论解析和计算比较研究［J］．中国电机工程学报，2014，34（36）：6613-6621.

[58] 马辉．风载荷作用下混凝土电杆的破坏分析［J］．三峡大学学报（自然科学版），2017，39（3）：66-69.

[59] 周景．电网自然灾害预警管理模型及决策支持系统研究［D］．华北电力大学（北京），2016.

[60] GB 4623—2014，环形混凝土电杆［S］.

［61］GB 50061—2010，66kV 及以下架空电力线路设计规范［S］.

［62］GB 50068—2017，建筑结构可靠度设计统一标准［S］.

［63］GB 50009—2012，建筑结构荷载规范［S］.

［64］Q/GDW 10370—2016，配电网技术导则［S］.

［65］DL/T 5219—2014，架空输电线路基础设计技术规定［S］.

［66］BIENEN B，BYRNE B W，HOULSBY G T，et al. Investigating six-degree-of-freedom loading of shallow foundations on sand［J］. Geotechnique，2006，56（6）：367-379.

［67］朱斌，应盼盼，邢月龙. 软土中吸力式桶形基础倾覆承载性能离心模型试验［J］. 岩土力学，2015，36（1）：247-252.

［68］张相庭. 直立管式结构抗风防灾分析和经济损失估算研究［J］. 特种结构，2006，23（3）：40-44.

［69］章国材. 自然灾害风险评估与区划原理和方法［M］. 北京：气象出版社. 2013.

［70］GB/T 35706—2017，电网冰区分布图绘制技术导则［S］.

［71］Q/GDW 11004—2013，冰区分级标准和冰区分布图绘制规则［S］.

［72］Q/GDW 11005—2013，风区分级标准和风区分布图绘制规则［S］.

［73］DL/T 1533—2016，电力系统雷区分布图绘制方法［S］.

［74］Q/GDW 672—2011，雷区分级标准与雷区分布图绘制规则［S］.

［75］田红，谢五三，卢燕宇，等. 安徽省气象灾害风险区划方法与实践［M］. 北京：气象出版社，2017.

［76］谢五三，田红，温华洋. 基于 GIS 的安徽省暴雨洪涝风险区划研究［A］. 第二十六届中国气象学会年会气象灾害与社会和谐分会场论文集［C］. 杭州：中国气象学会，2009.

［77］陈彬，于继来. 考虑通信影响的配网恢复力评估及提升措施研究［J］. 电网技术，2019，43（7）：2134-2320.

［78］陈彬，姚裕，易弢，等. 基于回流多风扇主动控制引导风洞的风场模拟试验［J］. 南京航空航天大学学报，2019，51（3）：374-381.

［79］郭敬东，陈彬，王仁书，等. 基于 YOLO 的无人机电力线路杆塔巡检图像实时检测［J］. 中国电力，2019，52（7）：17-23.

［80］汤奕，徐香香，陈彬，等. 基于台风路径预测信息的输电杆塔累积损伤模型研究［J］. 中国电力，2019，52（7）：69-77.

［81］陈莹，王松岩，陈彬，等. 台风环境下考虑地理高程信息的输电通道结构失效故障概率评估方法［J］. 电网技术，2018，42（7）：2295-2302.

［82］陈彬，于继来，等. 强台风环境下配电线路故障概率评估方法［J］. 中国电力，2019，

52（5）：89-95.

[83] 陈彬，倪明，周霞，等．极端灾害下基于时空网格的配电网多源数据融合方法［J］．中国电力，2019，52（11）：79-85.

[84] 王健，吴涵，陈彬，等．装配式方形基础的黏土地基承载力特性研究［J］．福建师范大学学报（自然科学版），2019，35（2）：40-47.

[85] 陈彬，于继来．强台风环境下配电网断杆概率的网格化评估［J］．电气应用，2018，37（16）：42-47.

[86] 陈彬，舒胜文，黄海鲲，等．沿海区域输配电线路抵御强台风预警技术研究进展［J］．高压电器，2018，54（7）：64-72.

[87] 范元亮，黄桂兰，陈彬，等．移动式电池储能直流融冰装置的功率与容量的优化选取［J］．电气应用，2017，36（1）：42-48.

[88] 黄桂兰，范元亮，林韩，等．山区农网中压线路直流融冰电流计算［J］．电气应用，2016，35（1）：56-61.